职业教育建筑类改革与创新系列教材

安装工程预算与清单计价

第2版

主　编　曹丽君

副主编　耿东阳　倪　乐　张　红

参　编　何嘉熙　张秀凤　王巧莲　陈淦琳

主　审　阮　新

U0339153

机械工业出版社

安装工程是建筑工程的重要组成部分。本书针对目前职业院校招生对象、入学标准的具体情况和安装工程造价岗位的需要，根据2013版《建设工程工程量清单计价规范》（GB 50500—2013）及其他法规编写，内容包括安装工程造价概述，水暖及水灭火工程量计算，通风、空调工程量计算，建筑强电工程量计算，建筑弱电工程量计算，安装工程计价及附录。

本书可供高等职业技术学院工程造价、建筑设备安装、建筑工程技术等专业的学生使用，也可供中等职业技术学校工程造价、建筑经济管理（偏预算方向）、建筑设备等专业的学生使用，还可作为安装造价员的培训教材和初学安装预算的技术人员的参考用书。

本书配有电子课件，选用本书作为教材的教师可登录 www.cmpedu.com 网站注册、免费下载，或联系编辑（010-88379934）索取。

图书在版编目（CIP）数据

安装工程预算与清单计价/曹丽君主编. —2版. —北京：机械工业出版社，2016.5（2021.8重印）

职业教育建筑类改革与创新系列教材

ISBN 978-7-111-53569-0

Ⅰ.①安… Ⅱ.①曹… Ⅲ.①建筑安装-建筑预算定额-中等专业学校-教材②建筑安装-工程造价-中等专业学校-教材 Ⅳ.①TU723.3

中国版本图书馆CIP数据核字（2016）第080343号

机械工业出版社（北京市百万庄大街22号 邮政编码100037）
策划编辑：王莹莹 责任编辑：王莹莹 郭克学 责任校对：樊钟英
封面设计：马精明 责任印制：张 博
涿州市般润文化传播有限公司印刷
2021年8月第2版第6次印刷
184mm×260mm · 17.25印张 · 424千字
标准书号：ISBN 978-7-111-53569-0
定价：38.00元

电话服务	网络服务
客服电话：010-88361066	机　工　官　网：www.cmpbook.com
010-88379833	机　工　官　博：weibo.com/cmp1952
010-68326294	金　　书　　网：www.golden-book.com
封底无防伪标均为盗版	机工教育服务网：www.cmpedu.com

编写说明

进入21世纪以来，由于工程招标模式在建筑行业的普及，承包企业的利润需要依赖于三个方面：①工程量清单计价（报价）的合理性；②工程项目施工过程的合理组织和造价成本控制；③承包企业本身的管理成本控制。基于以上原因，建筑行业需要大量熟悉工程造价基本方法的造价人员、懂得科学组织施工的技术人员、能对项目进行管理的项目管理人员、会进行企业内部成本控制的会计人员。

“教书育人、教材先行”，针对建筑行业出现的新形势和职业教育“以能力为本位”的培养目标，机械工业出版社启动了本套教材的出版。本套教材主要有以下特点：

1. 依据最新的《建筑工程工程量清单计价规范》（GB 50500—2013）和《通用安装工程工程量计算规范》（GB 50856—2013）及FIDIC合同文本（白皮书）编写。

2. 结合“双证书”制度，教材中留设大量与造价员、会计员考试相关的习题，方便教师留置。

3. 在教材编写模式上尽量浅化理论知识，对于许多枯燥乏味的理论知识采用实例进行说明解释。

考虑到目前职业学校对实训、实习模块的重视，本套教材在课程框架结构设计和内容上也进行了一些创新。从课程框架结构上，本套教材可供工程造价、工程管理、建筑会计三个专业的学生选用；从内容上，设置了导入案例、实训案例以及市场调研作业等，方便各校安排小型实训内容。关于本套教材的课程框架结构设计模式及每本教材的特点、主要内容、特色说明及样章，可以登录 www.cmpedu.com 免费注册，进行下载。

第2版 前言

本书第2版主要根据2013版《建设工程工程量清单计价规范》（GB 50500—2013）、《通用安装工程工程量计算规范》（GB 50856—2013）、《全国统一安装工程预算定额》、《全国统一安装工程预算定额工程量计算规则》、《全国统一安装工程施工仪器仪表台班费用定额》及2012年《全国统一安装工程预算定额河北省消耗量定额》进行编写。

全书在内容上针对目前职业院校招生对象、入学标准的具体情况和安装工程造价岗位的需要，侧重专业技能的培养和训练，关于工程量计算、工程量清单编制、分部分项工程量清单综合单价计算等内容详细具体，突出实用性，理论知识通俗易懂，以够用为度。全书各章配备了例题和实例，有很强的操作性，思考题有很强的针对性，以期通过练习让学生掌握安装工程造价知识及清单计价知识，以满足安装工程预算管理人员岗位的需要。

安装工程是建筑工程的重要组成部分，本书分6章，介绍了安装工程定额计价和清单计价两种模式的计价方法及实例，内容包括安装工程造价概述，水暖及水灭火工程量计算，通风、空调工程量计算，建筑强电工程量计算，建筑弱电工程量计算，安装工程计价，针对各专业原有施工图预算（定额计价）的实例，对应新增了各专业的（招标）工程量清单实例。

书中带“*”的章为选学内容，教师可针对学生的学习程度酌情选用。

本书由河北地质大学曹丽君任主编并统稿，由河北地质大学耿东阳、河南建筑职业技术学院倪乐、抚顺职业技术学院张红任副主编，由石家庄市工程造价管理站阮新任主审。参加编写的人员及具体分工：云南建设学校何嘉熙（第1章），河北地质大学耿东阳、抚顺职业技术学院张红（第2章），河北省第四建筑工程有限公司王巧莲（第3章），抚顺建筑工业学校张秀凤、河南建筑职业技术学院倪乐（第4章、第5章），河北建工集团有限责任公司陈淦琳（第6章）。

本书在编写过程中，参考了部分已出版的文献，在此谨向文献作者表示深深的谢意。

由于编者水平有限，书中不足之处在所难免，恳请使用本书的教师和广大读者批评指正。

编　者

第1版 前言

本书主要根据2008版《建设工程工程量清单计价规范》（GB 50500—2008）、《全国统一安装工程预算定额》、《全国统一安装工程预算定额工程量计算规则》、《全国统一安装工程施工仪器仪表台班费用定额》及河北省消耗量定额编写。

全书在内容上针对目前职业院校招生对象、入学标准的具体情况和安装工程造价岗位的需要，侧重专业技能的培养和训练，关于工程量计算、工程量清单编制、分部分项工程量清单综合单价计算等内容详细具体，突出实用性，理论知识通俗易懂，以够用为度。全书各章配备的例题和实例，有很强的操作性，思考题有很强的针对性，以期通过练习让学生掌握安装工程造价知识，以满足安装工程预算管理人员岗位的需要。

安装工程是建筑工程的重要组成部分，本书共7章，分别介绍了安装工程定额、安装工程造价组成及费用计算，建筑给排水、采暖、建筑电气及相关知识点的工程量计算方法和定额套用，介绍了安装工程工程量清单及计价，造价软件在安装工程中的应用等。

书中带“*”的章为特殊选学内容，第3章通风、空调工程量计算，教师可针对学生的学习程度酌情处理；第7章预算软件在安装工程中的应用，教师应结合当地普及的预算软件和学校的情况进行讲解。

本书由河北地质大学曹丽君主编，石家庄市工程造价管理站阮新主审。参加编写工作的有河北地质大学曹丽君（第2章），云南建设学校何嘉熙（第1章、第7章），抚顺建筑工业学校张秀凤（第4章、第5章），抚顺建筑工业学校张红（第6章），中国电信石家庄分公司综合部崔伟峻（第3章）。

本书在编写过程中，参考了部分已出版的文献，在此谨向文献作者表示深深的谢意。

由于编者水平有限，书中不足之处在所难免，恳请使用本书的教师和广大读者批评指正。

编　者

目　录

第1章　安装工程造价概述

知识储备

本书内容可作为学生参加本省安装工程造价员考试的知识储备，也可作为从事安装工程计价工作的基础性知识储备。安装工程造价员一般分为水暖、电气两个专业，各省有具体的报考条件；国家注册造价工程师分为安装专业和土建专业，不分级别。

学习目标和要求：

1. 熟悉安装工程费用的组成及基本概念。
2. 熟悉施工图预算（定额计价）编制的依据、步骤和计算程序。
3. 掌握安装工程预算定额的组成及使用方法。
4. 掌握工程量清单及清单计价的基本概念。

1.1　安装工程预算定额

本节导学

理解定额的概念、作用，了解人工、材料、机械台班消耗量的确定，掌握定额基价的组成及预算定额基价的确定。

建设工程定额是由国家授权有关部门和地区统一组织编制、颁布实施的工程建设标准。

1.1.1　安装工程预算定额的概念

1. 预算定额

预算定额是指按社会平均必要生产力水平确定的完成建筑安装工程合格单位产品所必须消耗的人工、材料和机械台班的数量标准。

2. 安装工程预算定额

安装工程预算定额是指按社会平均必要生产力水平确定的完成安装工程规定计量单位的分项工程所消耗的人工、材料和机械台班的数量标准。它不但给出了实物消耗量指标，而且也给出了相应的货币消耗量指标。按照主编单位和执行范围，安装工程预算定额可分为四类，分别是全国统一定额、行业统一定额、地区统一定额和企业定额。

全国统一定额，是由国家建设行政主管部门综合全国工程建设中的技术和施工组织管理水平而编制的，并在全国范围内执行的定额，如《全国统一安装工程预算定额》。

行业统一定额，是考虑到各行业部门专业工程技术特点，以及施工生产的管理水平而编制的，一般只在本行业和相同专业性质的范围内执行，属专业性定额，如《铁路建设工程定额》。

地区统一定额，包括省、自治区、直辖市定额，是各地区相关主管部门根据本地区自然气候、物质技术、地方资源和交通运输等条件，参照全国统一定额水平编制的，并只能在本地区使用，如2012年《全国统一安装工程预算定额河北省消耗量定额》。

企业定额，是由施工企业考虑本企业具体情况，参照国家、部门或地区定额的水平而编制的定额，只在本企业内部使用，是企业素质的标志。一般来说，企业定额水平高于国家、部门或地区现行定额的水平，才能满足生产技术发展、企业管理和市场竞争的需要。

下面主要对《全国统一安装工程预算定额》进行介绍。

(1)《全国统一安装工程预算定额》的组成　现行《全国统一安装工程预算定额》是由原国家建设部（现住房和城乡建设部）组织参编单位修编的，于2000年3月17日发布实施。

现行的《全国统一安装工程预算定额》共分十三册，包括：

第一册　机械设备安装工程　GYD—201—2000；

第二册　电气设备安装工程　GYD—202—2000；

第三册　热力设备安装工程　GYD—203—2000；

第四册　炉窑砌筑工程　GYD—204—2000；

第五册　静置设备与工艺金属结构制作安装工程　GYD—205—2000；

第六册　工业管道工程　GYD—206—2000；

第七册　消防及安全防范设备安装工程　GYD—207—2000；

第八册　给排水、采暖、燃气工程　GYD—208—2000；

第九册　通风空调工程　GYD—209—2000；

第十册　自动化控制仪表安装工程　GYD—210—2000；

第十一册　刷油、防腐蚀、绝热工程　GYD—211—2000；

第十二册　通信设备及线路工程　GYD—212—2000；

第十三册　建筑智能化系统设备安装工程　GYD—213—2003。

另有《全国统一安装工程预算定额工程量计算规则》和《全国统一安装工程施工仪器仪表台班费用定额》，它们是计算工程量、确定施工仪器仪表台班预算价格的依据，也可作为确定施工仪器仪表台班租赁费的参考。

(2)《全国统一安装工程预算定额》的作用和适用范围　《全国统一安装工程预算定额》是完成规定计量单位分项工程计价所需的人工、材料、施工机械台班的消耗量标准，是统一全国安装工程预算工程量计算规则、项目划分、计量单位的依据，是编制安装工程地区单位估价表、施工图预算、招标工程标底、确定工程造价的依据，也是编制安装工程概算定额（指标）、投资估算指标的基础，还可作为制订企业定额和投标报价的基础。

《全国统一安装工程预算定额》适用于海拔高程2000m以下，地震烈度七度以下的地区，超过上述情况时，可结合具体情况，由省、自治区、直辖市或国务院有关部门制定调整办法。

(3)《全国统一安装工程预算定额》编制的依据　定额是依据国家现行的有关产品标准、设计规范、施工及验收规范、技术操作规程、质量评定标准和安全操作规程编制的，也参考了行业、地方标准，以及有代表性的工程设计、施工资料和其他资料。

(4)《全国统一安装工程预算定额》的适用条件　定额是按正常施工条件进行编制的，所以定额中的消耗量只适用于正常施工条件。正常施工条件是指：

1）设备、材料、成品、半成品、构件完整无损，符合质量标准和设计要求，并附有合格证书和试验记录。

2）安装工程和土建工程之间的交叉作业正常。

3）安装地点、建筑物、设备基础、预留孔洞等符合安装要求。

4）水、电供应均满足安装施工正常使用要求。

5）处于正常的气候、地理条件和施工环境。

当在非正常施工条件下施工时，如在高原、高寒地区及洞库、水下等特殊自然地理条件下施工，应根据有关规定增加其相应的安装费用。

1.1.2 安装工程预算定额的组成

无论是全国统一安装工程预算定额还是地区统一安装工程预算定额，一般均由封面、扉页、版权页、颁发文、总说明、册说明、目录、章说明、定额表、附注和附录等组成。

1. 总说明

总说明主要介绍定额的内容、适用范围、编制依据、适用条件和工作内容，人工、材料、机械台班消耗量和预算单价的确定方法、确定依据，有关费用（如水平和垂直运输等）的说明，定额的使用方法、使用中应注意的事项和有关问题的说明等。

2. 册说明

册说明主要介绍该册定额的内容、适用范围、编制依据、适用条件和工作内容，有关费用（如脚手架搭拆费、高层建筑增加费、工程超高增加费等）的计取方法和定额系数的规定，该册定额包括的工作内容和不包括的工作内容，定额的使用方法、使用中应注意的事项和有关问题的说明等。

3. 目录

目录为查找、检索定额项目提供方便，包括章、节名称和页次。

4. 章说明

章说明主要说明本章分部工程定额中包括的主要工作内容和不包括的工作内容，使用定额的一些基本规定和有关问题的说明（如界限划分、适用范围等）。

5. 定额表

定额表是定额的重要内容。它将安装工程基本构造要素有机组合，并按章—节（项）—分项（类型）—子目（工程基本构成要素）等次序排列起来，还将其按排列的顺序编上号，以便检索应用。定额表主要包括下列内容：

1）分项工程的工作内容，一般列在项目表的表头。

2）各分项工程的计量单位及完成该计量单位所需的人工、材料和机械台班的消耗数量标准（实物消耗量）及种类。

3）预算定额基价，即人工费、材料费、机械台班使用费（消耗量的货币指标）。

4）综合工日单价、各种材料单价、机械台班单价（定额预算价格）。

5）在定额表的下方还有附注，用于解释一些定额章节说明中未尽的问题。

6. 附录

附录放在每册定额表之后，为使用定额提供参考数据。一般包括：材料、元件、构件等的质（重）量表，配合比表，主要材料损耗率表，材料价格表，施工机械台班单价表等。

1.1.3 安装工程预算定额表的结构形式

安装工程预算定额表的样例见表1-1（以河北省2012年《全国统一安装工程预算定额河北省消耗量定额》为例）。

表1-1 安装工程预算定额表的样例

二、室内管道

1. 镀锌钢管（螺纹连接）

工作内容：留堵洞眼、切管、套丝[⊖]、上零件、调直、管卡及管件安装、水压试验。

单位：10m

定额编号				8—166	8—167	8—168
项目名称				公称直径（mm以内）		
				15	20	25
基价/元				141.71	139.89	170.80
其中	人工费/元			100.20	100.20	120.60
	材料费/元			41.51	39.69	48.62
	机械费/元			—	—	1.58
名称		单位	单价/元	数量		
人工	综合用工二类	工日	60.00	1.670	1.670	2.010
材料	镀锌钢管	m	—	(10.200)	(10.200)	(10.200)
	室内镀锌钢管接头零件 *DN*15	个	1.09	16.370	—	—
	室内镀锌钢管接头零件 *DN*20	个	1.57	—	11.520	—
	室内镀锌钢管接头零件 *DN*25	个	2.45	—	—	9.780
	膨胀螺栓 M（8～10）×（120～150）	套	0.80	3.100	3.160	3.220
	水泥32.5级	kg	0.36	2.835	2.385	1.935

⊖ “套丝”规范的书面用语应称为“套螺纹”，本书考虑读者对象及工程习惯，仍沿用“套丝”的说法。

（续）

定额编号				8—166	8—167	8—168
名　　称		单位	单价/元	数　　量		
材料	管卡子（单立管）*DN*25	个	0.50	1.640	1.850	2.060
	管子托钩 *DN*15	个	0.60	1.370	—	—
	管子托钩 *DN*20	个	0.80	—	1.310	—
	管子托钩 *DN*25	个	1.00	—	—	1.160
	镀锌铁丝 8 号～12 号	kg	6.00	0.140	0.190	0.240
	砂轮片 ϕ400mm	片	35.00	—	—	0.050
	聚四氟乙烯生料带（宽 20mm）	m	1.60	9.036	7.834	8.372
	砂子	m^3	34.00	0.009	0.008	0.006
	机油	kg	11.20	0.230	0.170	0.170
	水	m^3	5.00	0.050	0.060	0.080
	其他材料费	元	1.00	0.090	0.090	0.100
机械	管子切断机 ϕ60～ϕ150mm	台班	46.90	—	—	0.020
	管子切断套丝机	台班	21.51	—	—	0.030

下面将对上述样例中比较复杂的“基价”一栏进行说明。

表 1-1 中，基价 = 人工费 + 材料费 + 机械费

（1）人工费　人工费 = 综合工日（人工消耗数量）× 综合工日单价

人工工日不分列工种和技术等级，一律以综合工日表示，内容包括基本用工、超运距用工和人工幅度差。每工日按 8 小时计算。

综合工日单价可以参照工程所在地工程造价管理机构的规定。例如河北省现行安装定额人工综合工日采用综合工日二类、综合工日三类两种，人工工日单价分别为：综合工日二类 60.00 元/工日、综合工日三类 47.00 元/工日。人工综合工日单价可以根据实际情况结合当地相关规定进行调整。

以表 1-1 中定额编号为 8—167 的子目为例，每完成 10m 的 *DN*20 螺纹连接的室内镀锌钢管管道安装工作，需要消耗的人工数量定额规定是 1.67 个工日，该消耗量是不允许调整的。

定额基价中的人工费 =（1.67工日/10m）×（60.00元/工日）= 100.20元/10m

（2）材料费　材料费 = Σ（材料消耗数量 × 材料单价）

安装预算定额中材料分为计价材和未计价材两类。

第一类是计价材，也称为辅材。计价材是指在定额中既给出材料的消耗数量，又给出材料预算单价的材料。这一类材料一般在预算中所占费用较低，对预算造价影响较小，故一般只用基价中的材料费直接表示其消耗量。

表 1-1 中定额编号为 8—167 的子目，其计价材有室内镀锌钢管接头零件 *DN*20、膨胀螺栓 M（8～10）×（120～150）、水泥 32.5 级、管卡子（单立管）*DN*25、管子托钩 *DN*20、镀锌铁丝 8 号～12 号、聚四氟乙烯生料带（宽 20mm）、砂子、机油、水、其他材料费等。

定额基价中的计价材料费 =（11.52 × 1.57 + 3.16 × 0.8 + 2.385 × 0.36 + 1.85 × 0.5 +

1.31×0.8+0.19×6.0+7.834×1.6+0.008×34.0+0.17×11.2+0.06×5.0+0.09×1.0)元/10m=39.69元/10m

第二类是未计价材，也称为主材。在定额项目表下方的材料表中，有的数据是用“（　）”括起来的，括号内的数据是该材料的消耗量（该消耗量不允许调整），但在定额中未给出其单价，基价中的材料费未包括其价格。这一类材料往往在预算中所占材料费比例较大，对预算造价影响也较大，故应作为安装预算中的重点控制对象。

表1-1中定额编号为8—167的子目中，镀锌钢管的单价在定额中没有列出，消耗量为（10.200）m/10m，该材料为未计价材。其价格不含在39.69元/10m（定额基价中的材料费）中。设镀锌钢管预算单价为11.73元/m，则：

定额基价中的未计价材料费=(10.2m/10m)×(11.73元/m)=119.65元/10m

另外，在安装工程预算定额中，个别未计价材并没有出现在定额表中，而是在“附注”中注明。这一类未计价材就需要另行确定消耗量和单价，如第二册电气设备安装工程的“避雷引下线敷设”定额，材料中没有引下线，定额表下有“注：主要材料：引下线。”

（3）施工机具使用费　施工机具使用费由施工机械使用费和仪器仪表使用费两部分组成。

1）施工机械使用费=Σ（施工机械台班消耗量×机械台班单价）

2）仪器仪表使用费=工程使用的仪器仪表摊销费+维修费

机械台班消耗量是按正常合理的机械配备和大多数施工企业的机械化装备程度综合取定的。实际施工中品种、规格、型号、数量与定额不一致时，除章节说明中另有说明者之外，均不做调整。

机械台班单价，是按原建设部（现住房和城乡建设部）颁发的《全国统一施工机械台班费用定额》计算的，各省、自治区、直辖市结合当地的有关规定计算其单价。例如河北省管子切断套丝机的机械台班单价为21.51元/台班。

表1-1中定额编号为8—168的子目中，每完成10m的*DN*25螺纹连接的室内镀锌钢管管道安装工作，定额规定需要消耗管子切断套丝机的机械台班数量是0.03个台班，消耗管子切断机的机械台班数量是0.02个台班，该消耗量是不允许调整的，故

定额基价中的机械费=(21.51元/台班)×(0.03台班/10m)+(46.9元/台班)×(0.02台班/10m)=1.58元/10m

小知识

未计价材：定额基价中的材料费未包括其价格，在定额项目表的材料表中，有的数据是用“(　)”括起来的，括号内的数据是该材料的消耗量，此种材料即为未计价材，未计价材根据需要也可以是多个，如浴盆定额中的未计价材是浴盆和浴盆水嘴两个。

1.2　安装工程造价组成

本节导学

为适应深化工程计价改革的需要，根据国家有关法律、法规及相关政策，在总结原建设部（现住房和城乡建设部）、财政部《关于印发〈建筑安装工程费用项目组成〉的通知》（建标〔2003〕206号）（以下简称《通知》）执行情况的基础上，修订完成了《建筑安装

工程费用项目组成》（建标〔2013〕44号）（以下简称《费用组成》），《费用组成》自2013年7月1日起执行。

工程预算的过程，实质上是把工程作为一件或数件交易商品来进行处理的。工程预算，就是把作为交易商品的工程项目的价格计算出来。作为商品，它的价格一般来说由成本、利润、税金等内容组成。所谓建筑安装工程费用，就是作为交易商品的工程项目价格的组成内容。

1.2.1　按费用构成要素划分费用项目组成

1. 费用项目组成

建筑安装工程费按费用构成要素划分为人工费、材料费、施工机具使用费、企业管理费、利润、规费和税金。其中人工费、材料费、施工机具使用费、企业管理费和利润包含在分部分项工程费、措施项目费、其他项目费中，如图1-1所示。

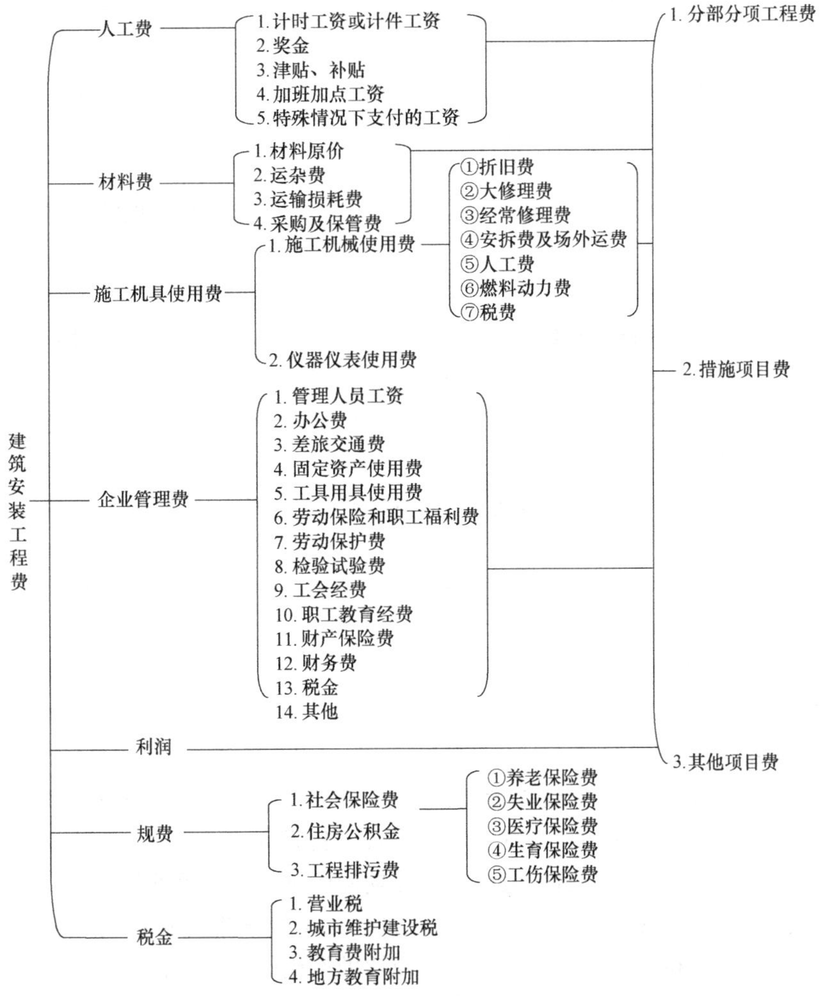

图1-1　建筑安装工程费用项目组成（按费用构成要素划分）

2. 基本概念

（1）人工费　人工费是指按工资总额构成规定，支付给从事建筑安装工程施工的生产工人和附属生产单位工人的各项费用。内容包括：

1）计时工资或计件工资：是指按计时工资标准和工作时间或对已做工作按计件单价支付给个人的劳动报酬。

2）奖金：是指对超额劳动和增收节支支付给个人的劳动报酬，如节约奖、劳动竞赛奖等。

3）津贴补贴：是指为了补偿职工特殊或额外的劳动消耗和因其他特殊原因支付给个人的津贴，以及为了保证职工工资水平不受物价影响支付给个人的物价补贴。如流动施工津贴、特殊地区施工津贴、高温（寒）作业临时津贴、高空作业津贴等。

4）加班加点工资：是指按规定支付的在法定节假日工作的加班工资和在法定日工作时间外延时工作的加点工资。

5）特殊情况下支付的工资：是指根据国家法律、法规和政策规定，因病、工伤、产假、计划生育假、婚丧假、事假、探亲假、定期休假、停工学习、执行国家或社会义务等原因按计时工资标准或计时工资标准的一定比例支付的工资。

（2）材料费　材料费是指施工过程中耗费的原材料、辅助材料、构配件、零件、半成品或成品、工程设备的费用。内容包括：

1）材料原价：是指材料、工程设备的出厂价格或商家供应价格。

2）运杂费：是指材料、工程设备自来源地运至工地仓库或指定堆放地点所发生的全部费用。

3）运输损耗费：是指材料在运输装卸过程中不可避免的损耗。

4）采购及保管费：是指为组织采购、供应和保管材料、工程设备的过程中所需要的各项费用，包括采购费、仓储费、工地保管费、仓储损耗。

工程设备是指构成或计划构成永久工程一部分的机电设备、金属结构设备、仪器装置及其他类似的设备和装置。

（3）施工机具使用费　施工机具使用费是指施工作业所发生的施工机械、仪器仪表使用费或其租赁费。

1）施工机械使用费：以施工机械台班耗用量乘以施工机械台班单价表示，施工机械台班单价应由下列七项费用组成：

① 折旧费：是指施工机械在规定的使用年限内，陆续收回其原值的费用。

② 大修理费：是指施工机械按规定的大修理间隔台班进行必要的大修理，以恢复其正常功能所需的费用。

③ 经常修理费：是指施工机械除大修理以外的各级保养和临时故障排除所需的费用。包括为保障机械正常运转所需替换设备与随机配备工具附具的摊销和维护费用，机械运转中日常保养所需润滑与擦拭的材料费用及机械停滞期间的维护和保养费用等。

④ 安拆费及场外运费：安拆费是指施工机械（大型机械除外）在现场进行安装与拆卸所需的人工、材料、机械和试运转费用以及机械辅助设施的折旧、搭设、拆除等费用；场外运费是指施工机械整体或分体自停放地点运至施工现场或由一施工地点运至另一施工地点的运输、装卸、辅助材料及架线等费用。

⑤ 人工费：是指机上司机（司炉）和其他操作人员的人工费。

⑥ 燃料动力费：是指施工机械在运转作业中所消耗的各种燃料及水、电等费用。

⑦ 税费：是指施工机械按照国家规定应缴纳的车船使用税、保险费及年检费等。

2）仪器仪表使用费：是指工程施工所需使用的仪器仪表的摊销及维修费用。

（4）企业管理费 企业管理费是指建筑安装企业组织施工生产和经营管理所需的费用。内容包括：

1）管理人员工资：是指按规定支付给管理人员的计时工资、奖金、津贴补贴、加班加点工资及特殊情况下支付的工资等。

2）办公费：是指企业管理办公用的文具、纸张、账表、印刷、邮电、书报、办公软件、现场监控、会议、水电、烧水和集体取暖降温（包括现场临时宿舍取暖降温）等费用。

3）差旅交通费：是指职工因公出差、调动工作的差旅费，住勤补助费，市内交通费和误餐补助费，职工探亲路费，劳动力招募费，职工退休、退职一次性路费，工伤人员就医路费，工地转移费以及管理部门使用的交通工具的油料、燃料等费用。

4）固定资产使用费：是指管理和试验部门及附属生产单位使用的属于固定资产的房屋、设备、仪器等的折旧、大修、维修或租赁费。

5）工具用具使用费：是指企业施工生产和管理使用的不属于固定资产的工具、器具、家具、交通工具和检验、试验、测绘、消防用具等的购置、维修和摊销费。

6）劳动保险和职工福利费：是指由企业支付的职工退职金、按规定支付给离休干部的经费、集体福利费、夏季防暑降温补贴、冬季取暖补贴、上下班交通补贴等。

7）劳动保护费：是指企业按规定发放的劳动保护用品的支出，如工作服、手套、防暑降温饮料以及在有碍身体健康的环境中施工的保健费用等。

8）检验试验费：是指施工企业按照有关标准规定，对建筑及材料、构件和建筑安装物进行一般鉴定、检查所发生的费用，包括自设试验室进行试验所耗用的材料等费用。不包括新结构、新材料的试验费，对构件做破坏性试验及其他特殊要求检验试验的费用和建设单位委托检测机构进行检测的费用，对此类检测发生的费用，由建设单位在工程建设其他费用中列支。但对施工企业提供的具有合格证明的材料进行检测不合格的，该检测费用由施工企业支付。

9）工会经费：是指企业按《中华人民共和国工会法》规定的全部职工工资总额比例计提的工会经费。

10）职工教育经费：是指按职工工资总额的规定比例计提，企业为职工进行专业技术和职业技能培训，专业技术人员继续教育、职工职业技能鉴定、职业资格认定以及根据需要对职工进行各类文化教育所发生的费用。

11）财产保险费：是指施工管理用财产、车辆等的保险费用。

12）财务费：是指企业为施工生产筹集资金或提供预付款担保、履约担保、职工工资支付担保等所发生的各种费用。

13）税金：是指企业按规定缴纳的房产税、车船使用税、土地使用税、印花税等。

14）其他：包括技术转让费、技术开发费、投标费、业务招待费、绿化费、广告费、公证费、法律顾问费、审计费、咨询费、保险费等。

（5）利润 利润是指施工企业完成所承包工程获得的盈利。

（6）规费 规费是指按国家法律、法规规定，由省级政府和省级有关权力部门规定必须缴纳或计取的费用。包括：

1）社会保险费

① 养老保险费：是指企业按照规定标准为职工缴纳的基本养老保险费。

② 失业保险费：是指企业按照规定标准为职工缴纳的失业保险费。

③ 医疗保险费：是指企业按照规定标准为职工缴纳的基本医疗保险费。

④ 生育保险费：是指企业按照规定标准为职工缴纳的生育保险费。

⑤ 工伤保险费：是指企业按照规定标准为职工缴纳的工伤保险费。

2）住房公积金：是指企业按照规定标准为职工缴纳的住房公积金。

3）工程排污费：是指企业按照规定缴纳的施工现场工程排污费。

其他应列而未列入的规费，按实际发生计取。

（7）税金　税金是指国家税法规定的应计入建筑安装工程造价内的营业税、城市维护建设税、教育费附加以及地方教育附加。

1.2.2　按工程造价形成划分费用项目组成

1. 费用项目组成

为指导工程造价专业人员计算建筑安装工程造价，将建筑安装工程费按工程造价形成顺

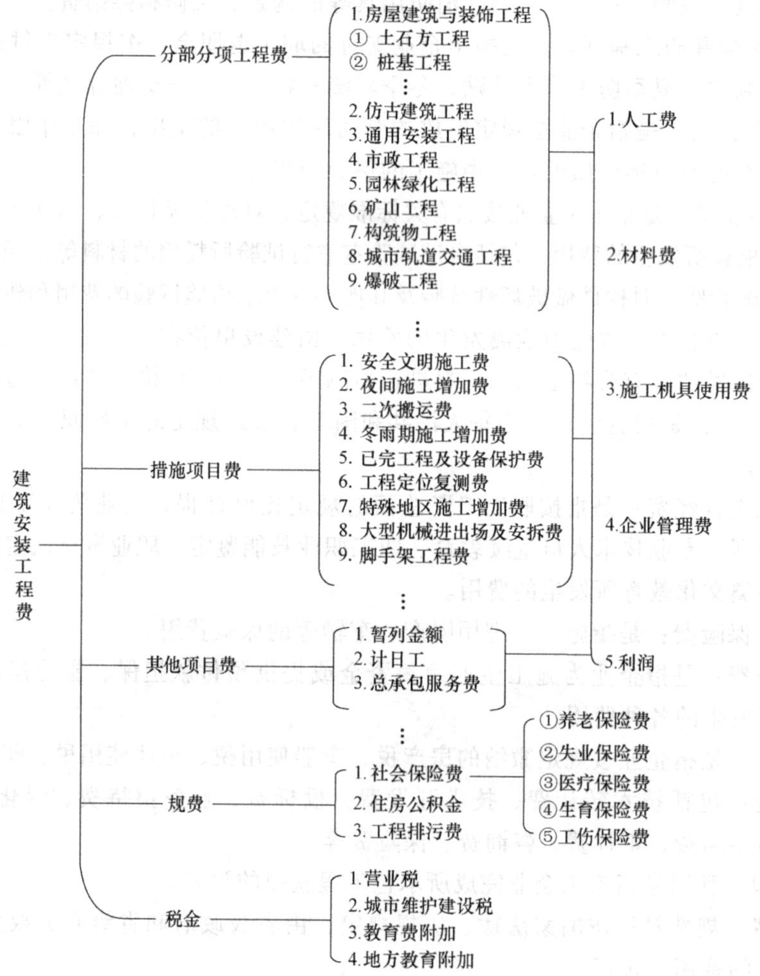

图 1-2　建筑安装工程费用项目组成（按工程造价形成划分）

序划分为分部分项工程费、措施项目费、其他项目费、规费和税金。分部分项工程费、措施项目费、其他项目费包含人工费、材料费、施工机具使用费、企业管理费和利润，如图 1-2 所示。

2. 基本概念

（1）分部分项工程费　分部分项工程费是指各专业工程的分部分项工程应予列支的各项费用。

1）专业工程：是指按现行国家计量规范划分的房屋建筑与装饰工程、仿古建筑工程、通用安装工程、市政工程、园林绿化工程、矿山工程、构筑物工程、城市轨道交通工程、爆破工程等各类工程。

2）分部分项工程：是指按现行国家计量规范对各专业工程划分的项目。如房屋建筑与装饰工程划分的土石方工程、地基处理与桩基工程、砌筑工程、钢筋及钢筋混凝土工程等。

各类专业工程的分部分项工程划分见现行国家或行业计量规范。

（2）措施项目费　措施项目费是指为完成建设工程施工，发生于该工程施工前和施工过程中的技术、生活、安全、环境保护等方面的费用。内容包括：

1）安全文明施工费

①环境保护费：是指施工现场为达到环保部门要求所需要的各项费用。

②文明施工费：是指施工现场文明施工所需要的各项费用。

③安全施工费：是指施工现场安全施工所需要的各项费用。

④临时设施费：是指施工企业为进行建设工程施工所必须搭设的生活和生产用的临时建筑物、构筑物和其他临时设施费用。包括临时设施的搭设费、维修费、拆除费、清理费或摊销费等。

2）夜间施工增加费：是指因夜间施工所发生的夜班补助费、夜间施工降效、夜间施工照明设备摊销及照明用电等费用。

3）二次搬运费：是指因施工场地条件限制而发生的材料、构配件、半成品等一次运输不能到达堆放地点，必须进行二次或多次搬运所发生的费用。

4）冬雨期施工增加费：是指在冬期或雨期施工所采取的临时设施、防滑、排除雨雪措施，以及人工、施工机械效率降低所增加的费用。

5）已完工程及设备保护费：是指竣工验收前，对已完工程及设备采取的必要保护措施所发生的费用。

6）工程定位复测费：是指工程施工过程中进行全部施工测量放线和复测工作的费用。

7）特殊地区施工增加费：是指工程在沙漠或其边缘地区、高海拔、高寒、原始森林等特殊地区施工增加的费用。

8）大型机械设备进出场及安拆费：是指机械整体或分体自停放场地运至施工现场或由一个施工地点运至另一个施工地点，所发生的机械进出场运输、转移费用及机械在施工现场进行安装、拆卸所需的人工费、材料费、机械费、试运转费和安装所需的辅助设施的费用。

9）脚手架工程费：是指施工需要的各种脚手架搭、拆、运输费用以及脚手架购置费的摊销（或租赁）费用。

措施项目及其包含的内容详见各类专业工程的现行国家或行业计量规范。

（3）其他项目费

1）暂列金额：是指建设单位在工程量清单中暂定并包括在工程合同价款中的一笔款项。用于施工合同签订时尚未确定或者不可预见的所需材料、工程设备、服务的采购，施工中可能发生的工程变更、合同约定调整因素出现时的工程价款调整以及发生的索赔、现场签证确认等的费用。

2）暂估价：是指招标人在工程量清单中提供的用于必然发生但暂时不能确定价格的材料、工程设备的单价以及专业工程的金额。

3）计日工：是指在施工过程中，施工企业完成建设单位提出的施工图样以外的零星项目或工作所需的费用。

4）总承包服务费：是指总承包人为配合、协调建设单位进行的专业工程发包，对建设单位自行采购的材料、工程设备等进行保管以及施工现场管理、竣工资料汇总整理等服务所需的费用。

（4）规费、税金　规费、税金同前面所述，详见 1.2.1 节内容。

小知识

1）原建设部（现住房和城乡建设部）、财政部印发了《建筑安装工程费用项目组成》（建标［2003］206 号）。根据 206 号文件的规定，建筑安装工程费由直接费、间接费、利润和税金四部分组成，如图 1-3 所示。

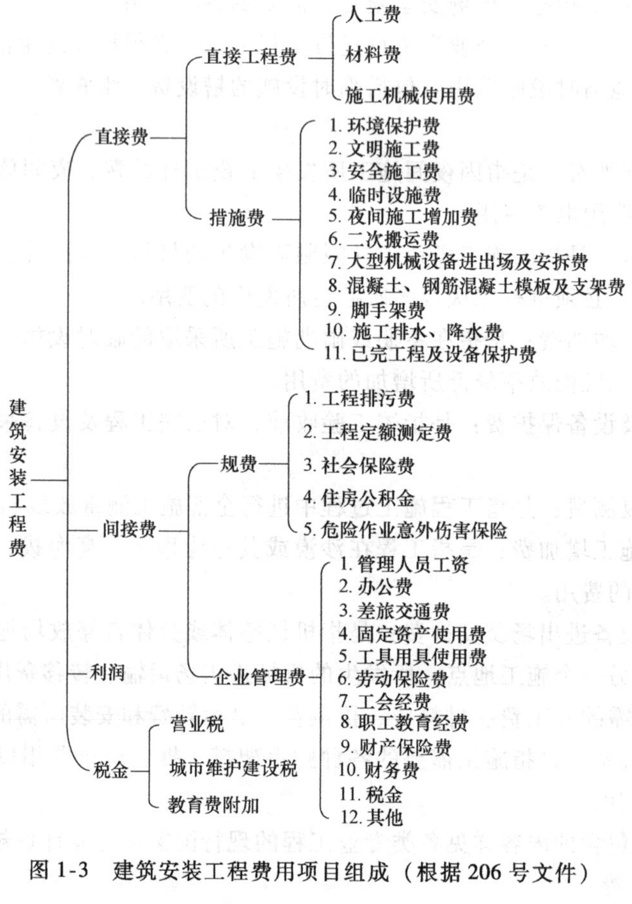

图 1-3　建筑安装工程费用项目组成（根据 206 号文件）

2）目前是从建标［2003］206号文件到建标［2013］44号文件的过渡时期，本书还沿用建标［2003］206号文件的有关名词。

1.3 安装工程施工图预算

本节导学

安装工程施工图预算是基于定额计价法，依据建标［2013］44号文件的规定而计算的安装工程各专业的工程造价。通过学习施工图预算的计算程序，使学生理解定额计价法的计算过程，结合本地区的规定掌握安装工程各专业工程造价的计算。

1.3.1 安装工程施工图预算的计算程序

从建筑安装工程造价的构成来看，安装工程施工图预算的计算过程，实质上就是按费用构成要素分别计算出人工费、材料费、施工机具使用费、企业管理费、利润、规费、税金等费用，再将其汇总求和的过程。

定额计价法是根据预算定额规定的计量单位和计算规则，逐项计算拟建工程施工图中的分项工程量，先套用安装预算定额基价确定人工费、材料费、施工机具使用费之和，即直接工程费（实体项目部分）；然后按规定的计算基数和相应费率确定措施费（包含人工费、材料费、施工机具使用费）；再按计费程序和费率计算企业管理费、规费、利润；按市场指导价进行价款调整；按规定计取税金后汇总施工图预算造价。

施工图预算计算工程造价的基本程序为：

① 直接工程费 = ∑[工程量 × 预算定额基价(人工费 + 材料费 + 施工机具使用费)]

② 措施费 = ∑[按规定计算的基数 × 相应费率(人工费率 + 材料费率 + 施工机具使用费率)]

③ 直接费用 = 直接工程费 + 措施费 = ① + ②

④ 企业管理费 = (直接工程费中的计算基数 + 措施费中的计算基数) × 相应管理费费率
= 直接费中的计算基数 × 相应管理费费率

⑤ 规费 = (直接工程费中的计算基数 + 措施费中的计算基数) × 相应规费费率
= 直接费中的计算基数 × 相应规费费率

⑥ 间接费 = 企业管理费 + 规费 = ④ + ⑤

⑦ 利润 = (直接工程费中的计算基数 + 措施费中的计算基数) × 相应利润率
= 直接费中的计算基数 × 相应利润率

⑧ 税金 = (直接工程费 + 措施费 + 企业管理费 + 规费 + 利润) × 相应税率
= (直接费 + 间接费 + 利润) × 相应税率

⑨ 单位工程造价 = 直接工程费 + 措施费 + 企业管理费 + 规费 + 利润 + 税金
= 直接费 + 间接费 + 利润 + 税金

⑩ 单项工程造价 = ∑单位工程造价

⑪ 建设项目总造价 = ∑单项工程造价

1.3.2 安装工程施工图预算的编制

1. 施工图预算的编制依据

1）施工图样。

2）预算定额或计价表。

3）工程量计算规则。

4）安装定额解释汇编。

5）工程所在地安装工程费用计算规定。

6）施工组织设计或施工方案。

7）材料预算价格或材料市场价格汇总资料。

8）国家和地区有关工程造价的文件。

9）安装工程概预算手册，或有关工程造价咨询单位提供的相关资料。

10）工程承包合同或工程协议书。

2. 施工图预算的编制步骤

1）读施工图，熟悉施工图及市场价格情况资料。识读施工图，不但要弄清施工图的内容，而且要对施工图进行审核：图样间相关尺寸是否有误；设备与材料表上的规格、数量是否与图示相符；详图、说明、尺寸和其他符号是否正确等。若发现错误，应及时与建设单位及设计单位联系。

另外，整套图样应以设计为依据，除各施工图和总图外，采用的大样图、标准图以及设计更改通知（或类似文件）也都是施工图的组成部分，识读和熟悉过程中不可遗漏。

2）熟悉施工组织设计或施工方案。施工组织设计和施工方案是确定工程进度、施工方法、施工机械、技术措施、现场平面布置等内容的文件，直接关系到定额的套用。

3）按施工图和工程现场实际情况列项计算工程量。根据施工图和工程现场实际情况列项计算工程量，按照定额规定的工程量计算规则计算工程量，工程计量单位要与定额计量单位一致。在计算工程量时，必须严格按照施工图表示尺寸进行计算，不能加大或缩小。划分的工程项目，必须和定额规定的项目一致，这样才能正确地套用定额。不能重复列项计算，也不能漏项少算。

4）汇总工程量，套定额。将工程量全部计算完成后，要对工程项目和工程量进行整理，即合并同类项和按序排列。分项工程的工作内容必须和定额子目工作内容完全一致，才能套用该项定额子目。

套定额就是用汇总的工程量乘以预算定额基价，汇总确定工程费用通常称为“直接工程费”。在套定额时还需考虑定额换算、定额系数调整、补充定额及特殊情况等。

5）计算人工费、材料费、施工机具使用费之和，即直接工程费。

6）按计算费用程序计算各种费用及工程造价。

7）计算各种经济指标。

8）编写施工图预算（工程造价）书的编制说明。施工图预算（工程造价）书的编制说明应包括以下内容：

① 编制依据：采用的图样名称及编号，采用的预算定额，采用的计费依据，施工组织或施工方案。

② 有关设计修改或施工图会审记录。

③ 遗留项目或暂估项目统计数据及原因说明。

④ 存在问题及处理方法。

⑤ 其他事项。

9）施工图预算（工程造价）书的自校、审核、签章。

1.4 安装工程工程量清单

本节导学

安装工程工程量清单是清单计价的基础，了解定额计价与工程量清单计价的区别，熟悉工程量清单及工程量清单计价的基本概念，掌握工程量清单计价的基本程序，通过学习使学生理解工程量清单计价的计算过程，结合本地区的规定掌握安装工程的工程量清单计价程序。

1.4.1 工程量清单概述

1. 工程量清单的概念

工程量清单是载明建设工程分部分项工程项目、措施项目、其他项目的名称和相应数量以及规费、税金等内容的明细清单。

2. 工程量清单的种类

由招标人根据国家标准、招标文件、设计文件以及施工现场实际情况编制的工程量清单称为招标工程量清单；而作为投标文件组成部分的已标明价格并经承包人确认的工程量清单称为已标价工程量清单。

招标工程量清单应由具有编制能力的招标人或受其委托，具有相应资质的工程造价咨询人编制。

采用工程量清单方式招标，招标工程量清单必须作为招标文件的组成部分，其准确性和完整性应由招标人负责。

招标工程量清单是工程量清单计价的基础，应作为编制招标控制价、投标报价、计算或调整工程量、索赔等的依据之一。

3. 工程量清单的组成

工程量清单应由分部分项工程项目清单、措施项目清单、其他项目清单、规费项目清单和税金项目清单组成。

（1）分部分项工程项目清单　分部分项工程项目清单必须载明项目编码、项目名称、项目特征、计量单位和工程量。

分部分项工程项目清单为不可调整的清单，投标人对招标文件提供的分部分项工程量清单必须逐一计价，对清单所列内容不允许做任何更改变动。投标人如果认为清单内容有不妥或遗漏之处，应通过质疑的方式由清单编制人做统一的修改更正，清单编制人应将修正后的工程量清单发给所有投标人。

（2）措施项目清单　措施项目清单是为完成工程项目施工，发生于该工程施工准备和施工过程中的技术、生活、安全、环境保护等方面的项目和相应数量的清单。

措施项目清单为可调整的清单（安全文明施工费除外），投标人对招标文件中所列的项目，可根据企业自身特点做适当的变更。投标人要对拟建工程可能发生的措施项目和措施费用做通盘考虑。清单一经报出，即被认为是包括了图样中应该发生的所有措施项目的全部费用。如果投标人报出的清单中没有列项，且施工中又必须发生的项目，业主有权认为其已经综合在分部分项工程量清单的综合单价中。将来措施项目发生时，投标人不得以任何借口提出索赔与调整。

（3）其他项目清单　其他项目清单是指分部分项工程项目清单、措施项目清单所包含的内容以外，因招标人的特殊要求而发生的与拟建工程有关的其他费用项目和相应数量的清单。

其他项目清单包括：暂列金额、暂估价（包括材料暂估单价、工程设备暂估单价、专业工程暂估价）、计日工和总承包服务费。

1）暂列金额是招标人在工程量清单中暂定并包括在合同价款中的一笔款项，用于工程合同签订时尚未确定或者不可预见的所需材料、工程设备、服务的采购，施工中可能发生的工程变更、合同约定调整因素出现时的工程价款调整以及发生的索赔、现场签证确认等的费用。

2）暂估价是招标人在工程量清单中提供的用于支付必然发生但暂时不能确定价格的材料、工程设备的单价以及专业工程的金额，包括材料暂估单价、工程设备暂估单价和专业工程暂估价。

3）计日工是在施工过程中，承包人完成发包人提出的工程合同范围以外的零星项目或工作，按合同中约定的单价计价的一种方式。

4）总承包服务费是总承包人为配合协调发包人进行的专业工程发包，对发包人自行采购的材料、工程设备等进行保管以及施工现场管理、竣工资料汇总整理等服务所需的费用。招标人应预计该项费用并按投标人的投标报价向投标人支付该项费用。

（4）规费项目清单　规费是根据国家法律、法规规定，由省级政府或省级有关权力部门规定施工企业必须缴纳的，应计入建筑安装工程造价的费用。规费项目清单应按照下列内容列项：社会保险费（包括养老保险费、失业保险费、医疗保险费、工伤保险费、生育保险费）、住房公积金、工程排污费。政府和有关权力部门可根据形势发展的需要，对规费项目进行调整，因此，如出现规费中未列的项目，应根据省级政府或省级有关权力部门的规定列项。

（5）税金项目清单　税金是指国家税法规定的应计入建筑安装工程造价内的营业税、城市维护建设税、教育费附加和地方教育附加。如国家税法发生变化或地方政府及税务部门依据职权对税种进行了调整，则应对税金项目清单进行相应调整。

1.4.2　工程量清单计价概述

工程量清单计价是指按照工程量清单计价规范的规定，完成工程量清单所需的全部费用，包括分部分项工程费、措施项目费、其他项目费、规费和税金等。

1. 工程量清单计价的作用

（1）提供一个平等的竞争平台　采用施工图预算来投标报价，由于设计图样的缺陷，不同施工企业的人员理解不同，计算出的工程量也就不同，报价就会相差甚远，也容易产生纠纷。而工程量清单报价就为投标者提供了一个平等竞争的平台，相同的工程量，由企业根据自身的实力自主报价，使得企业的优势体现到投标报价中，可在一定程度上规范建筑市场秩序，确保工程质量。

（2）满足市场经济条件下竞争的需要　招投标过程就是竞争的过程，招标人提供工程量清单，投标人根据自身情况确定综合单价，将综合单价与工程量逐项计算每个清单的合价，再分别填入工程量清单表内，计算出投标总价。综合单价成了决定性因素，综合单价的高低直接取决于企业管理水平和技术水平的高低，这样促成了企业整体实力的竞争，有利于建筑市场的快速发展。

（3）有利于提高计价效率，能真正实现快速报价　采用工程量清单计价方式，避免了传统计价方式下招标人与投标人在工程量计算上的重复工作，各投标人以招标人提供的工程量清单为统一平台，结合自身的管理水平和施工方案进行报价，促进了各投标企业对企业定额的完善和对工程造价信息的积累及整理，体现了现代工程建设中快速报价的要求。

（4）有利于工程价款的拨付和工程造价的最终结算　中标后，业主要与中标单位签订施工合同，中标价就是确定合同价的基础，投标时的综合单价就成了拨付工程款的依据。业主根据施工企业完成的工程量，可以很容易地确定进度款的拨付额。工程竣工后，根据设计变更、工程量增减等，业主也很容易确定工程的最终造价，在某种程度上减少了业主与施工企业之间的纠纷。

（5）有利于业主对投资的控制　采用施工图预算形式，业主对设计变更、工程量增减所引起的工程造价变化不敏感，往往等到竣工结算时才知道这些变更对项目投资的影响有多大，但此时常常为时已晚。而采用工程量清单计价的方式则可对投资变化一目了然，在要进行设计变更时，能马上知道它对工程造价的影响，业主就能根据投资情况来决定是否变更或进行方案的比较，以决定最恰当的处理方法。

2. 工程量清单计价与定额计价的区别

（1）计价形式不同　采用定额计价时，单位工程造价由人工费、材料费、施工机具使用费、企业管理费、规费、利润、税金构成。计价时先计算人工费、材料费、施工机具使用费之和，即直接工程费；然后按直接工程费中的计算基数及费率计算出措施费（包含人工费、材料费、施工机具使用费）；最后按规定的计算基数和相应费率计算企业管理费、规费、利润，按规定计取税金等各项费用，汇总为单位工程造价。

采用工程量清单计价时，单位工程造价由分部分项工程费、措施项目费、其他项目费、规费和税金构成。工程量清单计价将施工过程中的实体性消耗和措施性消耗分开，对于措施性消耗费用只列出项目名称，由投标人根据招标文件要求和施工现场情况、施工方案自行确定，从而体现出以施工方案为基础的造价竞争；对实体性消耗费用，则列出具体的工程数量，投标人要报出每个清单项目的综合单价，以便在报价中比较。

（2）单价构成不同　按照定额计价规定，分项工程单价是工料单价，只包括人工费、材料费、机械使用费。而工程量清单计价的分项工程单价一般为综合单价，除了包括人工费、材料费、机械使用费，还包括企业管理费、利润和一定范围内的风险费。

实行综合单价有利于工程价款的支付、工程造价的调整以及工程造价的最终结算。同时避免了因为“取费”产生的纠纷。综合单价中的各项费用由投标人根据企业实际支出及利润预期、投标策略确定，是施工企业实际成本的反映。

（3）单位工程项目划分不同　定额计价的工程项目是按预算定额中的分部分项子目进行划分的，其划分的原则是按工程的不同部位、不同材料、不同工艺、不同施工机械、不同施工方法和材料型号规格进行划分，且十分详细。

工程量清单计价的工程项目划分比定额项目划分有较大的综合性，考虑了工程部位、材料、工艺特征，但未考虑具体的施工方法或措施，如人工或机械、机械的不同型号等。同时，对于同一项目不再按阶段或过程分为几项，而是综合在一起，能够有利于企业自主选择施工方法并以此为基础竞价，也能使企业摆脱对定额的依赖，逐渐建立起企业定额以及管理企业定额和企业价格的体系。

（4）计价依据不同 计价依据不同是清单计价与定额计价最根本的区别。

定额计价的唯一依据就是定额，而工程量清单计价的主要依据是国家计价规范和企业定额。企业定额包括企业生产要素消耗量指标、材料价格、施工机械配备及管理状况、各项管理费支出标准等。目前多数企业还没有企业定额，但随着工程量清单计价形式的推广和报价实践的增加，企业将逐步建立自己的定额和相应的项目单价，这也正是工程量清单计价所要达成的目标。工程量清单计价的本质是改变政府定价模式，建立市场形成造价机制，只有造价依据个别化，这一目标才能实现。

3. 工程量清单计价的基本程序

工程量清单计价的基本程序可以描述为：按照工程量清单计价规范规定，在各相关专业工程计量规范规定的工程量清单项目设置和工程量计算规则基础上，针对具体工程的施工图和施工组织设计计算出各个清单项目的工程量，根据清单项目特征描述及工作内容计算出综合单价，并汇总各清单合价得出分部分项工程费和措施项目费，再汇总其他项目费，根据规定计算规费和税金，最后汇总工程总价。

1）分部分项工程费 = ∑（分部分项工程量 × 相应清单综合单价）

其中，清单综合单价包括人工费、材料费、施工机具使用费、企业管理费和利润，并考虑一定范围内的风险费用。

2）措施项目费 = 单价措施项目费 + 总价措施项目费

① 单价措施项目费 = ∑（措施项目工程量 × 相应措施项目综合单价）

② 总价措施项目费 = ∑（措施项目计算基数 × 相应措施项目综合费率）

3）其他项目费 = 暂列金额 + 专业工程暂估价 + 计日工费 + 总承包服务费

4）规费 =（分部分项工程费中的计算基数 + 措施项目费中的计算基数 + 其他项目费中的计算基数）× 费率

5）税金 =（分部分项工程费 + 措施项目费 + 其他项目费 + 规费）× 税率

6）单位工程造价 = 分部分项工程费 + 措施项目费 + 其他项目费 + 规费 + 税金

7）单项工程造价 = ∑单位工程造价

8）建设项目总造价 = ∑单项工程造价

本章回顾

1. 定额是生产单位合格产品所必须消耗的人工、材料、机械台班的数量标准，是社会某个时期劳动生产水平的反映。安装工程预算定额是指按社会平均必要生产力水平确定安装工程中规定计量单位分项工程所消耗的人工、材料和机械台班的数量标准。

2. 定额消耗量与单价的关系。在实行定额“量”“价”分离和工程量清单计价的情况下，“量”是工程造价的基础，“单价”是工程造价的真实反映，要正确理解两者之间的关系。

3. 安装工程定额的组成，定额基价中人工费、材料费、施工机具使用费单价的确定，未计价材的概念。

4. 建筑安装工程费按费用构成要素组成划分为人工费、材料费、施工机具使用费、企业管理费、利润、规费和税金。其中人工费、材料费、施工机具使用费、企业管理费和利润包含在分部分项工程费、措施项目费、其他项目费中。

为指导工程造价专业人员计算建筑安装工程造价，将建筑安装工程费按工程造价形成顺序划分为分部分项工程费、措施项目费、其他项目费、规费和税金。分部分项工程费、措施项目费、其他项目费包含人工费、材料费、施工机具使用费、企业管理费和利润。

需要注意的是，各地的费用计算有差异，各位教师可结合当地的规定讲解这部分内容，让学生更好地接受费用的组成和计算方法。

5. 施工图预算计算工程造价的基本程序如下：

① 直接工程费＝∑[工程量×预算定额基价(人工费＋材料费＋施工机具使用费)]

② 措施费＝∑[按规定计算的基数×相应费率(人工费率＋材料费率＋施工机具使用费率)]

③ 直接费用＝直接工程费＋措施费＝①＋②

④ 企业管理费＝(直接工程费中的计算基数＋措施费中的计算基数)×相应管理费费率
＝直接费中的计算基数×相应管理费费率

⑤ 规费＝(直接工程费中的计算基数＋措施费中的计算基数)×相应规费费率
＝直接费中的计算基数×相应规费费率

⑥ 间接费＝企业管理费＋规费＝④＋⑤

⑦ 利润＝(直接工程费中的计算基数＋措施费中的计算基数)×相应利润率
＝直接费中的计算基数×相应利润率

⑧ 税金＝(直接工程费＋措施费＋企业管理费＋规费＋利润)×相应税率
＝(直接费＋间接费＋利润)×相应税率

⑨ 单位工程造价＝直接工程费＋措施费＋企业管理费＋规费＋利润＋税金
＝直接费＋间接费＋利润＋税金

⑩ 单项工程造价＝∑单位工程造价

⑪ 建设项目总造价＝∑单项工程造价

6. 工程量清单是载明建设工程分部分项工程项目、措施项目、其他项目的名称和相应数量以及规费、税金等内容的明细清单。

分部分项工程量清单包括项目编码、项目名称、项目特征、计量单位和工程量五个要素。

7. 工程量清单计价的作用有：提供一个平等的竞争平台；满足市场经济条件下竞争的需要；有利于提高计价效率，能真正实现快速报价；有利于工程价款的拨付和工程造价的最终结算；有利于业主对投资的控制。

8. 工程量清单计价的基本程序如下：

1） 分部分项工程费＝∑(分部分项工程量×相应清单综合单价)

2） 措施项目费＝单价措施项目费＋总价措施项目费

① 单价措施项目费 = ∑(措施项目工程量 × 相应措施项目综合单价)

② 总价措施项目费 = ∑(措施项目计算基数 × 相应措施项目综合费率)

3) 其他项目费 = 暂列金额 + 专业工程暂估价 + 计日工费 + 总承包服务费

4) 规费 = (分部分项工程费中的计算基数 + 措施项目费中的计算基数 + 其他项目费中的计算基数) × 费率

5) 税金 = (分部分项工程费 + 措施项目费 + 其他项目费 + 规费) × 税率

6) 单位工程造价 = 分部分项工程费 + 措施项目费 + 其他项目费 + 规费 + 税金

7) 单项工程造价 = ∑单位工程造价

8) 建设项目总造价 = ∑单项工程造价

思 考 题

1-1 根据建标［2013］44 号文件规定，建筑安装工程费用项目按费用构成要素组成划分为哪些组成部分？按工程造价形成顺序划分为哪些组成部分？

1-2 安装工程预算定额中的未计价材只给“量”未计“价”，如何根据表 1-1 计算室内镀锌钢管（螺纹连接）*DN*20 的材料费？

1-3 施工图预算计算工程造价的基本程序？

1-4 工程量清单的概念？工程量清单由哪几部分组成？分部分项工程量清单的五个要件是什么？

1-5 其他项目清单包含哪些内容？

1-6 工程量清单计价的作用是什么？

1-7 工程量清单计价计算工程造价的基本程序？

第 2 章　水暖及水灭火工程量计算

知识储备

熟悉给排水、采暖工程的系统组成，给排水、采暖工程常用的材料、图例，能够识读给排水、采暖工程施工图，为后续学习工程量计算打好基础。

学习目标和要求：

1. 复习水暖工程的系统组成，从而增强识图能力，为学习计量与计价奠定基础。
2. 了解水暖工程的常用材料，熟悉常用图例。
3. 重点掌握水暖及水灭火工程的工程量计算和分部分项工程量清单的编制。

2.1　水暖工程常用材料及各系统组成

本节导学

回顾给排水工程、采暖工程的系统组成及常用水暖材料，熟悉常用图例，进一步提高识读水暖施工图的能力，为后续学习水暖及水灭火工程计量与计价做好铺垫。

2.1.1　水暖工程常用材料及常用图例

1. 钢管

（1）镀锌焊接钢管　镀锌焊接钢管用公称直径 *DN* 表示，一般 $DN \leqslant 80$mm 采用螺纹连接，$DN > 80$mm 采用法兰连接或沟槽连接。

（2）焊接钢管　焊接钢管用公称直径 *DN* 表示，一般 $DN \leqslant 32$mm 采用螺纹连接，$DN >$ 32mm 采用焊接。

（3）无缝钢管　无缝钢管用管外径 × 壁厚表示，即 $D \times \delta$，如 159mm × 4.5mm，常采用焊接。

2. 塑料管

（1）聚丙烯（PP—R）管　聚丙烯管用管道外径 *De* 表示，常采用热熔连接方式。

（2）聚乙烯（PE）管　聚乙烯管用管道外径 *De* 表示，常采用热熔连接方式。

（3）聚氯乙烯（UPVC）管　聚氯乙烯管用管道外径 *De* 表示，多用于排水管，采用专用胶承插粘接。

3. 铝塑复合管

铝塑复合（PAP）管用管道外径 *De* 表示，采用专用铜管件卡套式连接。

4. 铸铁管

（1）给水铸铁管　给水铸铁管用公称直径 *DN* 表示，有承插连接和法兰连接两种，多用于室外工程。

（2）排水铸铁管　排水铸铁管用公称直径 *DN* 表示，一般采用承插连接，常采用石棉水泥接口、膨胀水泥接口、青铅接口等。

5. 水暖工程常用图例

水暖工程常用图例见表 2-1。

表 2-1　水暖工程常用图例

序　号	名　称	图　例	说　明
1	管道	—— J ——	给水管道
		—— P ——	排水管道
		—— X ——	消防管道
		——— 供水　- - - 回水	采暖管道
		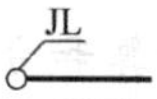 平面　 系统	J 为给水管代号，L 为立管，可用 P、X、R、N 代替 J
2	截止阀		
3	止回阀		
4	闸阀		
5	蝶阀	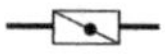	
6	延时自闭冲洗阀		
7	角阀		
8	地漏	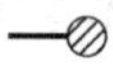 平面　 系统	
9	清扫口	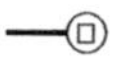 平面　 系统	
10	存水弯		
11	立式检查口		
12	水表井		
13	消火栓	 平面　 系统	
14	水泵接合器	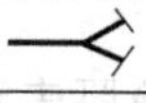	
15	消防喷头	 平面　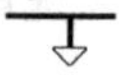 系统	
16	消防报警阀		
17	自动排气阀		
18	散热器	平面　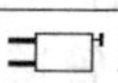 系统	

（续）

序　号	名　称	图　例	说　明
19	方形伸缩器		
20	压力表		
21	温度计		
22	Y 形过滤器		
23	固定支架		

2.1.2 给排水系统组成

1. 给水系统组成

室内给水系统主要由引入管、干管、立管、给水支管、水表节点、给水附件、给水设备等组成，如图 2-1 所示。下面将结合图 2-1 对给水系统各组成部分进行介绍。

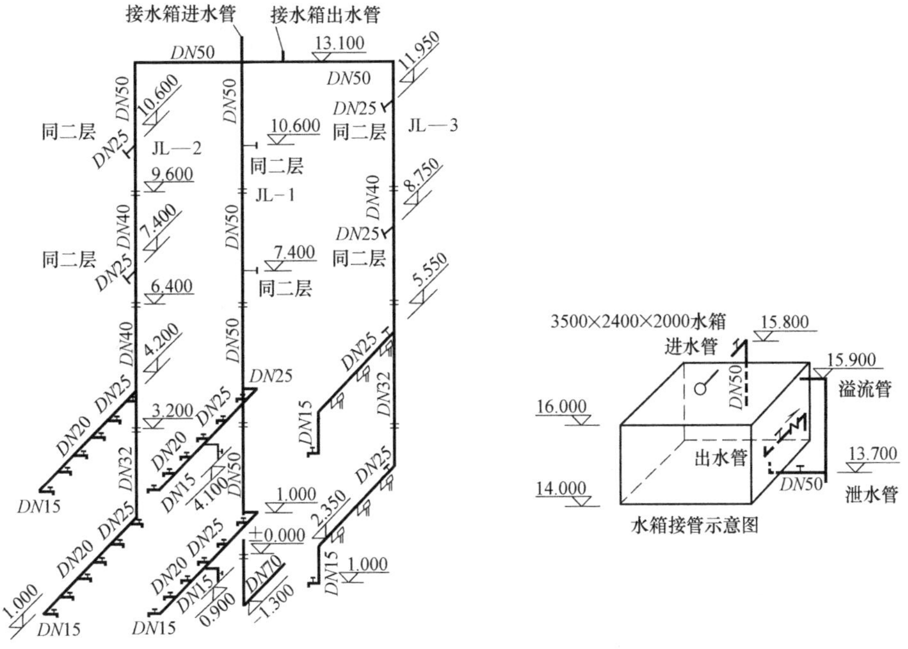

图 2-1　给水系统图

（1）引入管　引入管也称入户管，图 2-1 中的引入管管径为 *DN*70，标高为 -1.300m。

（2）干管　图 2-1 中的干管管径为 *DN*50，标高为 13.100m。

（3）立管　立管分别为图 2-1 中 JL—1、JL—2、JL—3 三根，其中 JL—1 管径由 *DN*70 变为 *DN*50，变径点在一层给水支管处，其标高为 1.000m。

（4）给水支管　根据用途不同标高不同，以 JL—3 为例，一层支管标高为 2.350m，管径由 *DN*25 变为 *DN*15，变径点在第三个大便器给水支管处，*DN*15 的管其标高由 2.350m 变为 1.000m。

（5）水表节点　建筑物的功能不同，水表位置会不同，一般在引入管上或各户给水支管上。

（6）给水附件 给水附件有水龙头、阀门等，阀门管径按其所在管的管径确定，如JL—3各层支管上的阀门为 *DN*25。

（7）给水设备 图2-1中的给水设备是水箱，其尺寸为3500mm×2400mm×2000mm，底标高为14.000m，顶标高为16.000m，有进水管、出水管、溢流管、泄水管等。

2. 排水系统组成

室内排水系统主要由卫生器具及器具排水管、排水横支管、排水立管、通气管、排出管组成，如图2-2所示。下面将结合图2-2对排水系统各组成部分进行介绍。

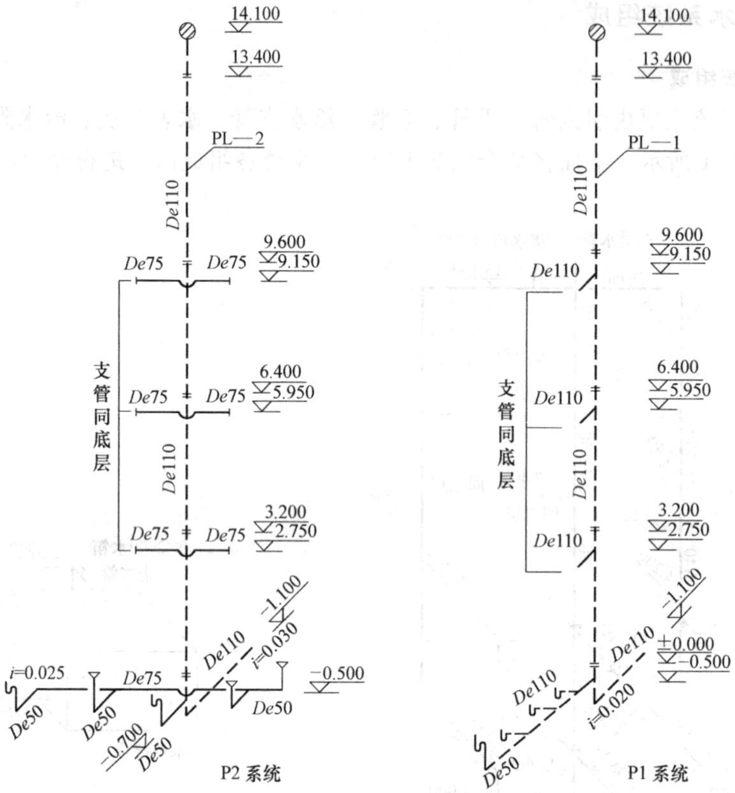

图2-2 排水系统图

（1）卫生器具及器具排水管 器具排水管是连接卫生器具和排水横支管之间的短管，在P2系统中，每层连接了2个 *De*50 的S形存水弯和3个 *De*50 的地漏的短管。

（2）排水横支管 在P1系统中，首层排水横支管标高为-0.500m，横支管分别连接3个 *De*110 的P形存水弯和1个 *De*50 的S形存水弯，管径在第3个P形存水弯处由 *De*110 变为 *De*50。

（3）排水立管 图2-2中的排水立管分别是PL—1、PL—2两根，管径均为 *De*110，标高由-1.100m升至14.100m。

（4）排出管 图2-2中排出管管径为 *De*110，标高为-1.100m。

（5）通气管 通气管是指排水立管上从顶层排水横支管至屋顶铅丝球部分，标高由9.150m升至14.100m。

3. 消火栓消防系统组成

消火栓消防系统主要由入户管、管网、控制附件、消火栓（消防设备）组成，如图 2-3 所示。下面将结合图 2-3 对消火栓消防系统各组成部分进行介绍。

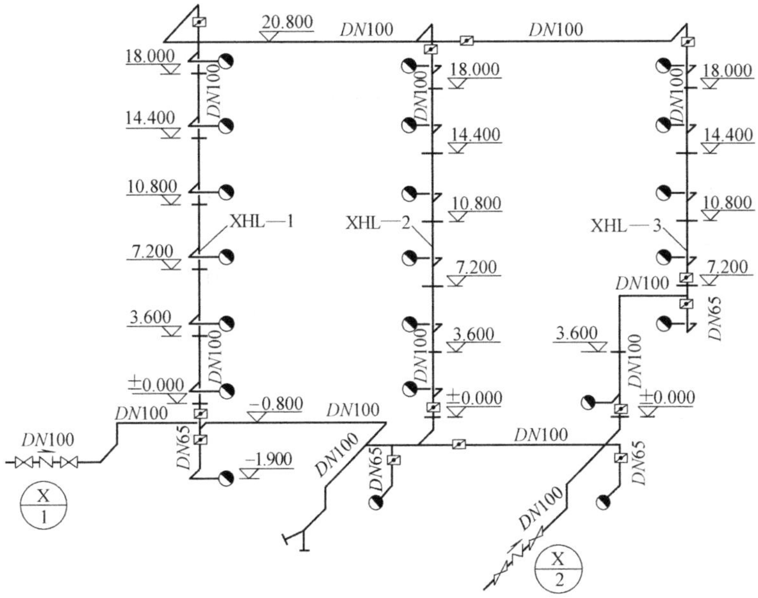

图 2-3 消防系统图

注：消火栓支管为 DN65，入户管标高为 -2.000。

（1）引入管　图中是两根管径为 DN100、标高为 -2.000m 的引入管，引入管上装有 2 个 DN100 的闸阀和 1 个 DN100 的止回阀，一根连接了 DN100 的水泵接合器。

（2）管网　横干管有 2 根，标高分别为 -0.800m 和 20.800m。立管分别是 XHL—1、XHL—2、XHL—3，共 3 根，管径均为 DN100。连接消火栓的支管管径为 DN65，消火栓距楼地面高度为 1.100m。

（3）控制附件　控制附件包括引入管上 DN100 的闸阀、止回阀，管网上 DN100 和 DN65 的蝶阀等。

（4）消防设备　消防设备包括 DN65 消火栓和 DN100 水泵接合器。

2.1.3 采暖系统组成

1. 热水采暖系统组成

室内采暖系统由热力入口装置、供回水干管、立支管、管道附件、散热器等组成，如图 2-4 所示。下面将结合图 2S-4 对热力采暖系统各组成部分进行介绍。

（1）热力入口装置　根据采用标准图集的不同，热力入口装置一般有平衡阀、闸阀、过滤器、压力表、温度计等。入口装置可参见图 2-5 所示热水采暖系统入口装置剖面图。

（2）供、回水干管

1）供水管：管径分别由入户管→DN50→DN40→DN32→DN25→DN20，标高由 -1.400m升至 6.280m。

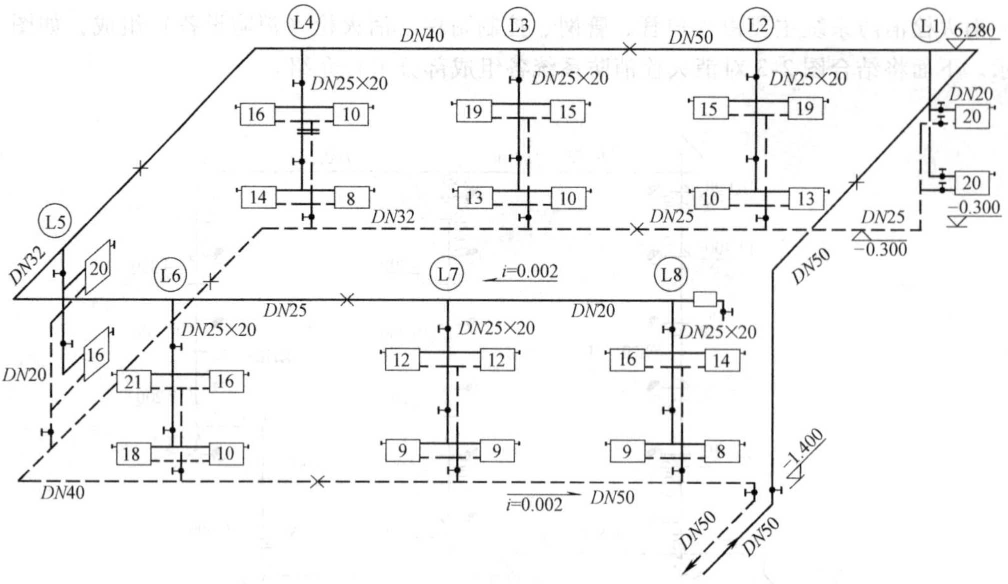

图 2-4 采暖系统图

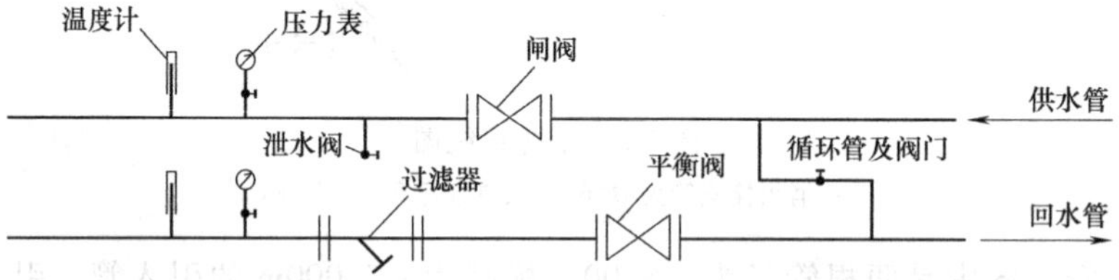

图 2-5 热水采暖系统入口装置剖面图

2）回水管：管径分别由 *DN*25→*DN*32→*DN*40→*DN*50→出户管，标高由 -0.300m 降至 -1.400m。

（3）立支管 立支管是双管式，共有 8 根，标有 *DN*25×20 有 6 根，表示立管管径均为 *DN*25，连接散热器的支管管径为 *DN*20；L1、L5 立管、支管管径均为 *DN*20。

（4）管道附件 采暖管道上的附件包括阀门、手动排气阀、集气罐或自动排气阀、伸缩器等。

手动排气阀旋紧在散热器上部专设的螺纹孔上，以手动方式排除空气。集气罐或自动排气阀一般设在供水干管的末端（最高点），用于排除系统中的空气。伸缩器的主要作用是补偿管道因受热而产生的伸长，常用方形伸缩器。

（5）散热器 散热器是使室内空气温度升高的设备。散热器的种类很多，常用散热器的规格、型号及相应参数见表 2-2。

散热器通常安装在室内外墙内侧的窗台下（居中）、走廊和楼梯间等处。安装时，一般先栽托钩（架），然后将组装好的散热器组固定在托钩上。

2. 低温地板辐射采暖系统（热水地采暖系统）

热水地采暖系统是我国大力发展的一种采暖系统，一般由热力入口装置、供回水立管、分户支管、分户计量表、集分水器及附件、热水盘管等组成，如图 2-6 所示。

表 2-2 常用散热器参数

散热器类型	型号	长度/mm	散热面积/(m^2/片)	进出口中心距/mm
灰铸铁圆翼型	TY0. 75—6(4)	L = 750	1. 3	
	TY1. 0—6(4)	L = 1000	1. 8	
灰铸铁长翼型	TC0. 2/5—4(小 60)	L = 200	0. 8	500
	TC0. 28/5—4(大 60)	L = 280	1. 17	500
单面定向对流	400 型	58. 5	0. 37	400
	500 型	58. 5	0. 40	500
	600 型	58. 5	0. 43	600
辐射对流	TFD_1(Ⅰ)—0. 9/6—5	60	0. 355	600
	TFD_1(Ⅱ)—0. 9/6—5	75	0. 422	600
	TFD_1(Ⅲ)—1. 0/6—5	65	0. 420	600
	TFD_1(Ⅳ)—1. 2/6—5	65	0. 340	600
柱型	二柱 M—132	82	0. 24	500
	四柱 813	57	0. 28	642
	四柱 760	51	0. 235	600

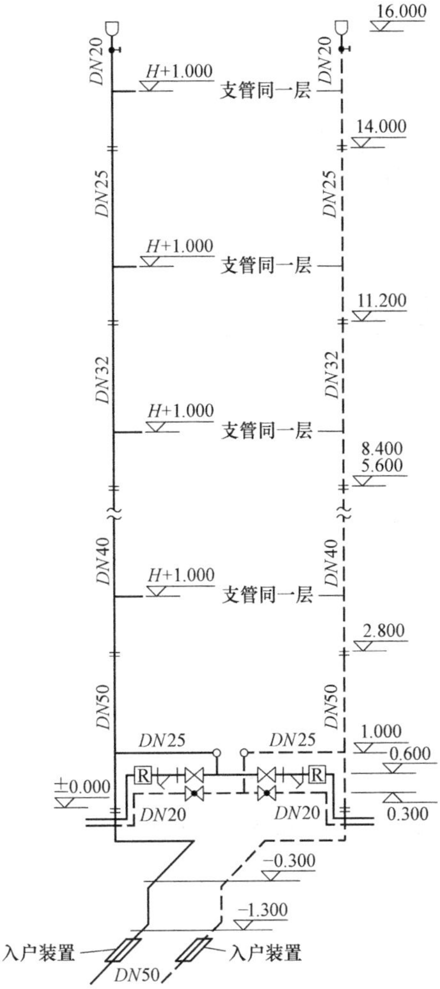

采暖立管系统图

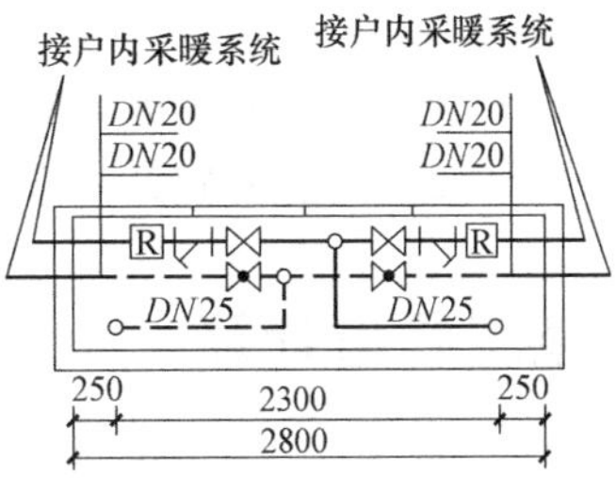

管井平面大样图

图 2-6 热水地采暖系统图

(1) 热力入口装置　根据采用标准图集的不同，热力入口装置一般由平衡阀、闸阀、过滤器、压力表、温度计等组成。入户装置参见图 2-5 所示热水采暖系统入口装置剖面图。

(2) 供回水立管　供回水立管布置在楼道内，顶端分别安装自动排气阀。图 2-6 中，供水管用粗实线表示，回水管用粗虚线表示。

供水管：管径分别由入户管 DN50→DN40→DN32→DN25→DN20。入户管标高为 -1.300m；自动排气阀标高为 16.000m。

回水管：管径分别由 DN20→DN25→DN32→DN40→DN50 出户管。

(3) 分户支管　分户支管由供水支管和回水支管构成，各层根据建筑户型的不同而不同。图2-6中，每层有两个分户支管。

(4) 分户计量表　分户计量表安装在分户支管上，计量各用户供热量。

(5) 集分水器　集分水器是户内分配各房间供水、收集各房间回水的设备。可根据每户需要供暖房间的数量，确定其型号、规格。

(6) 热水盘管　热水盘管的布置方式很多，三种常用布置方式为往复式、回旋式、直列式，如图 2-7 所示。

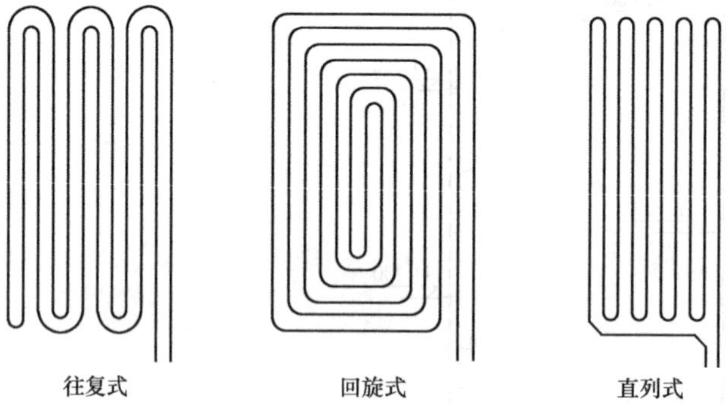

图 2-7　热水盘管布置形式

小知识

1) 图 2-6 中，标高标注为 $H+1.000$，其中 H 代表管道所在楼层的地面标高 (m)。即表示各户支管接入点在距该层地面 1.000m 处。

2) DN65 和 DN70 是同一种规格的管道，目前没有统一。

想一想

热水地采暖系统中供回水立管各变径点的标高。

供水管：管径分别由入户管 DN50→DN40→DN32→DN25→DN20。

回水管：管径分别由 DN20→DN25→DN32→DN40→DN50 出户管。

2.2　管道工程量计算

本节导学

在回顾了水暖施工图的识图知识后，进一步学习水暖工程管道的工程量计算，为后续编制水暖工程工程量清单作好铺垫。

注意：本教材工程量计算以计算单位来讲解。计算单位是自然单位，如管道的计算单位是“m”，而定额单位、计量单位是“10m”。

2.2.1　给排水系统管道工程量计算

给排水系统管道工程量计算规则是：各种管道均以施工图所示管道中心线长度计算延长米，不扣除阀门、管件（包括减压阀、疏水器、水表、伸缩器等成组安装的附件）所占的长度。管道中的弯头、三通等接头零件已在定额中统一考虑。

管道工程量计算，以“m”为计算单位。准确计算管道长度的关键是找准管道变径的位置，管道变径（即变径点）通常在管道的分支处、交叉处，弯头处较少。

1. 水平管道计算

水平管应根据施工平面图上标注的尺寸进行计算，可是安装工程施工平面图中的尺寸通常不是逐段标注的，所以实际工作中都利用比例尺进行计量。如图2-8所示为某卫生间给排水平面图，管径变化依据排水系统图，如图2-9所示，计算水平管道的长度时，在平面图中用比例尺量取各段长度。

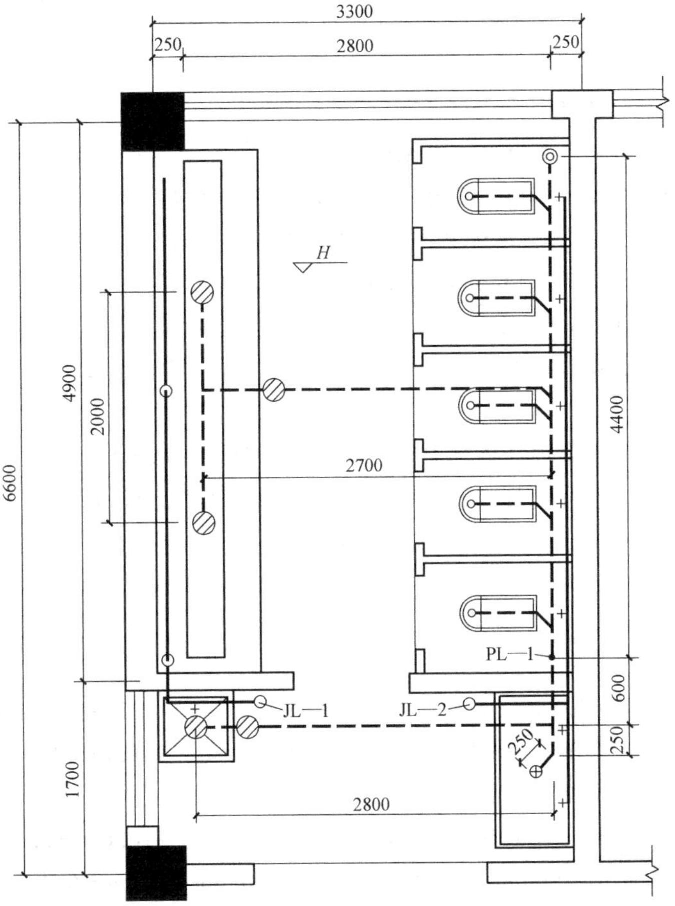

图2-8　某卫生间给排水平面图

注：因图幅限制，本图未能按比例画，图上标注长度是用比例尺量取的，供学习参考。专业教师也可以让学生用1:100的比例尺计算，这样学生就能亲自操作，加深记忆。

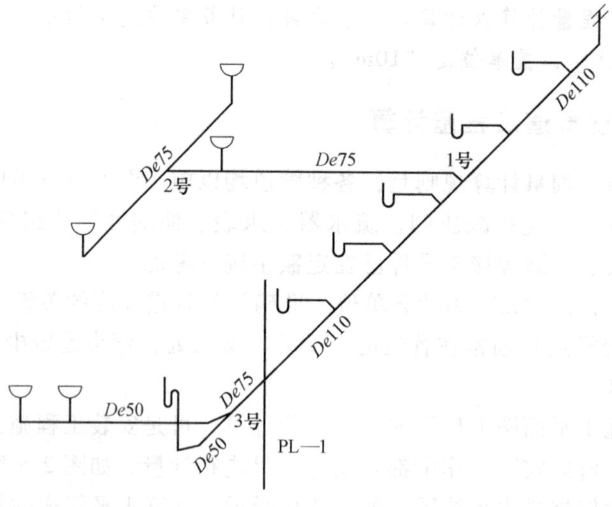

图 2-9 排水系统图

［例 2-1］ 计算图 2-8 所示卫生间排水系统中各水平管道的长度。

解： 首先，查看施工图比例，选择合适的比例尺并复核。然后对管道按管径进行分类，分别计算各管径管道的长度。

（1）*De*110 从 PL—1 立管中心量至清扫口中心，其长度为：4.4m。

（2）*De*75 从排水横管三通（1 号）量至小便槽三通（2 号），其长度为：2.7m；小便槽内两个地漏间之长为：2m；再从 PL—1 立管中心量至三通（3 号）处，其长度为：0.6m。

合计 *De*75：2.7m＋2.0m＋0.6m＝5.3m。

（3）*De*50 从（3 号）三通处量至最远的地漏处，其长度为：2.8m；从（3 号）三通处量至排水栓处，其长度为：0.25m＋0.25m＝0.5m，合计 *De*50：2.8m＋0.5m＝3.3m。

2. 垂直管计算

垂直管应根据系统图上标注的标高进行计算。系统图上切忌用比例尺量取，而应该找标高求差进行计算。下面将以立管为例说明垂直管道长度计算步骤和方法。

［例 2-2］ 计算图 2-1 所示给水系统的 JL—1、JL—2、JL—3 立管长度。

解： 每根立管可分三步进行计算。即，第一步：对管道按管径分类；第二步；找到变径点；第三步：计算各变径点之间标高之差，并按管径汇总。

（1）JL—1 立管

1）*DN*70：标高从－1.300m 到1.000m，长度为1.0m－(－1.3)m＝2.3m。

2）*DN*50：标高从 1.000m 到 13.100m，长度为 13.1m－1.0m＝12.1m。

（2）JL—2 立管

1）*DN*50：标高从 10.600m 到 13.100m，长度为 13.1m－10.6m＝2.5m。

2）*DN*40：标高从 4.200m 到 10.600m，长度为 10.6m－4.2m＝6.4m。

3）*DN*32：标高从 1.000m 到 4.200m，长度为 4.2m－1.0m＝3.2m。

（3）JL—3 立管

1）*DN*50：标高从 11.950m 到 13.100m，长度为 13.1m－11.95m＝1.15m。

2）*DN*40：标高从 5.550m 到 11.950m，长度为 11.95m − 5.55m = 6.4m。

3）*DN*32：标高从 2.350m 到 5.550m，长度为 5.55m − 2.35m = 3.2m。

垂直管道合计：*DN*70 为 2.3m；

*DN*50 为 12.1m + 2.5m + 1.15m = 15.75m；

*DN*40 为 6.4m + 6.4m = 12.8m；

*DN*32 为 3.2m + 3.2m = 6.4m。

小知识

（1）室内外给水管道界限划分

1）入户处设阀门者以阀门为界。

2）入户处无阀门者以建筑物外墙皮 1.5m 处为界。

（2）室内外排水管道界限划分　以出户第一个排水检查井为界。

（3）室内管道挖填土方工程量计算　厂房给排水工程，经常遇到室内管道埋地，需要计算管道挖填土石方的工程量，套用各地土建定额，计算方法如下。

1）管沟挖方量计算，参见图 2-10。

$$V = h\ (b + Kh)\ L$$

式中　h——沟深（m），按设计管底标高计算；

b——沟底宽（m），一般取值为：*DN*50 ~ *DN*75，$b = 0.6$m；*DN*100 ~ *DN*200，$b = 0.7$m。

L——沟长（m）；

K——放坡系数，一般取 0.3。

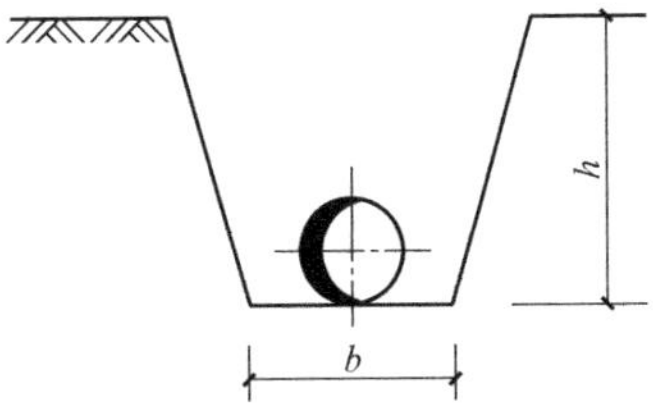

图 2-10　管沟断面

2）管沟回填土方工程量。管道在 *DN*500 以下的管沟回填土方量不扣除管道所占体积，即土方回填工程量仍按挖方量体积计算。

（4）消防管道

1）消火栓消防系统的管道，室外给水管道安装及水箱制作安装：执行第八册《给排水、采暖、燃气工程》的相应项目。

2）自动喷水灭火系统的管道、各种组件、消火栓、气压罐的安装及管道支架的制作、安装、管网水冲洗：执行第七册《消防及安全防范设备安装工程》的相应项目。

2.2.2　采暖系统管道工程量计算

采暖系统管道工程量的计算规则是：按图示管道中心线计算延长米，管道中阀门和管件所占长度均不扣除，但要扣除散热器所占长度。

采暖系统的水平干管、垂直干管的计算与给排水管道的水平管、垂直管的计算相同，本节不再讲述，只讲与散热器连接的水平支管、立支管的计算。

1. 基础知识

1）根据管道的连接方式，找到管道的变径点是准确计算管道工程量的关键。

焊接钢管当管径 $DN \leqslant 32$mm 时，采用螺纹连接，变径点一般在管道分支处；当 $DN > 32$mm 时，采用焊接方式，变径点一般在管道分支后 200mm 处，如图 2-11 所示。

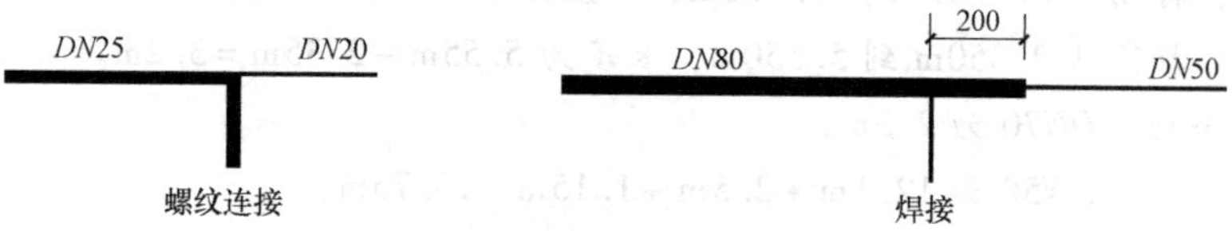

图 2-11　管道变径位置

2）揻弯增加长度

在采暖系统的安装过程中，常常需要对管道进行揻弯，以满足管道热胀量。在横干管与立支管连接处、水平支管与散热器连接处，设乙字弯；立支管与水平支管交叉处，设抱（括）弯绕行；在立管、水平管分支处，设羊角弯，其形式如图 2-12 所示。常见管道揻弯的近似增加长度见表 2-3。

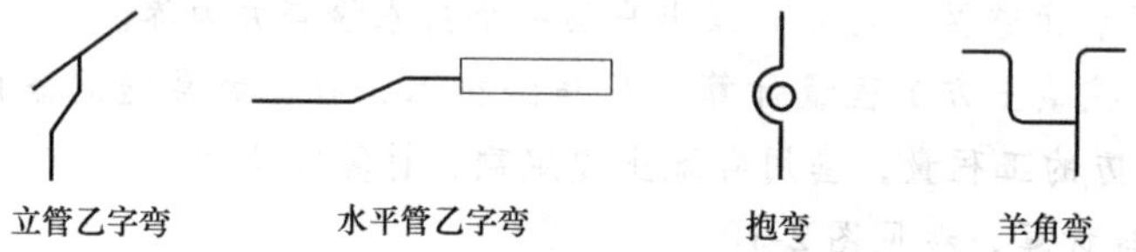

图 2-12　揻弯的形式

表 2-3　常见管道揻弯的近似增加长度　（单位：mm）

增加长度 / 揻弯形式 / 管道	乙字弯	抱弯	羊角弯
立管	60	60	分支处设置 300 ~ 500
支管	35	50	

注：此表为参考数据，在实际预算的计算中往往忽略。

2. 水平支管（散热器支管）工程量的计算

（1）水平串联支管的计算

［**例 2-3**］　计算图 2-13 所示水平串联支管工程量。

解：图 2-13 中，在平面图上，用比例尺量出供、回水两立管管中心长度为 15m。

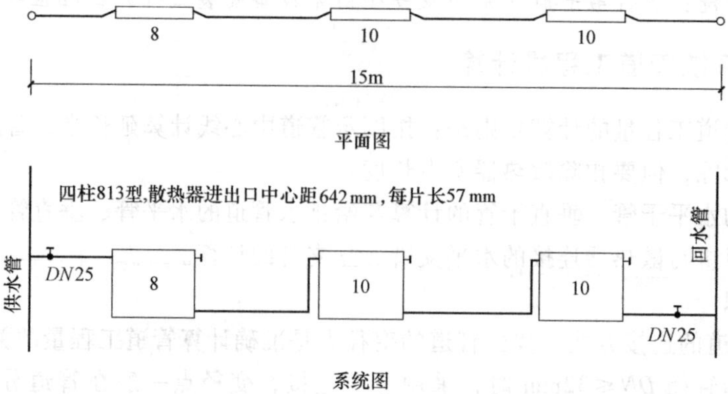

图 2-13　水平串联支管示意图

1）水平长度＝供、回水两立管中心管线长度－散热器长度＋乙字弯增加长度。

$DN25$ ＝15m－（8＋10＋10）×0.057m＋6×0.035m（水平管乙字弯）

＝15m－1.596m＋0.21m＝13.614m

2）垂直长度＝散热器进出口中心距长×个数。

$DN25$＝2×0.642m＝1.284m

合计：$DN25$＝13.614m＋1.284m＝14.898m。

（2）单侧散热器水平支管的计算

［**例2-4**］ 计算图2-14所示单侧散热器水平支管工程量（散热器为四柱813型）。

解：图2-14中，在平面图上，用比例尺量出立管中心至散热器中心长度为2m，散热器中心对准窗户中心安装。

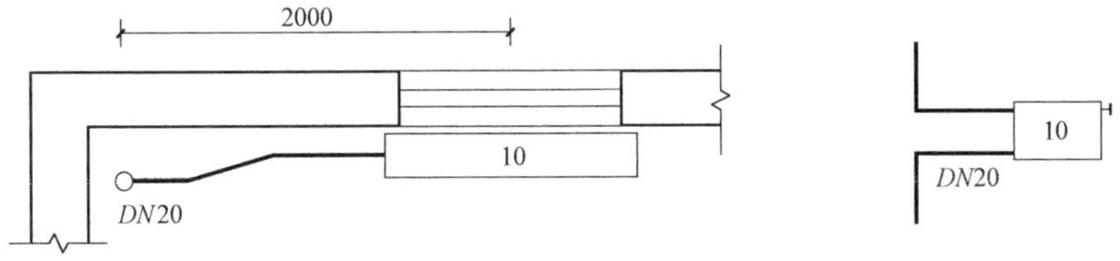

图2-14　单侧散热器支管示意图

水平长度＝立管中心至散热器中心长度×2－散热器长度＋乙字弯增加长度

$DN20$ ＝2.0m×2－10×0.057m＋2×0.035m（水平管乙字弯）

＝4m－0.57m＋0.07m＝3.5m

（3）双侧散热器水平支管的计算

［**例2-5**］ 计算图2-15所示双侧散热器水平支管工程量（散热器为四柱813型）。

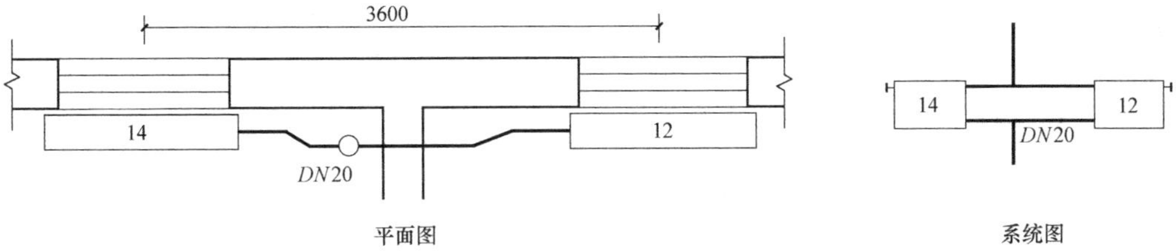

图2-15　双侧散热器水平支管示意图

解：图2-15中，在平面图上，用比例尺量出两组散热器中心（窗户中心）长度为3.6m。

水平长度＝两组散热器中心长度×2－散热器长度＋乙字弯增加长度

$DN20$＝3.6m×2－（14＋12）×0.057m＋4×0.035m（水平管乙字弯）

＝7.2m－1.482m＋0.14m＝5.858m

3. 立支管工程量的计算

［**例2-6**］ 计算图2-16所示垂直立支管的工程量。已知图2-16为某二层建筑部分采暖系统图，散热器为四柱813型，请依据标高进行计算。

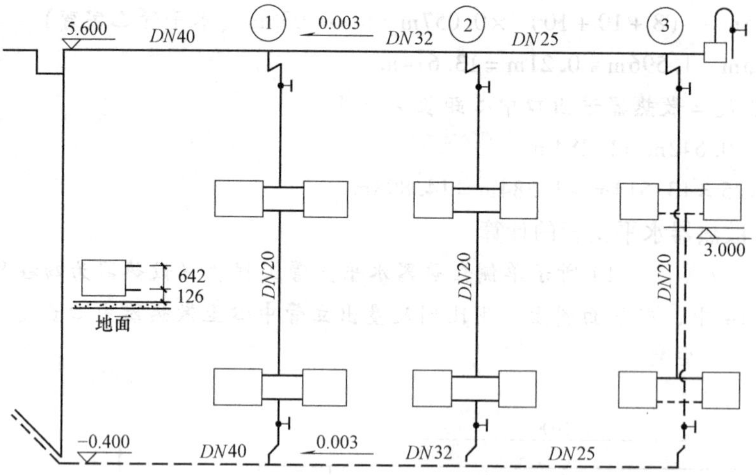

图 2-16 采暖系统示意图

解： 该题可分单管立管和双管立管分别计算。

1）单管立管长度＝立管上、下端标高差－断开的散热器的中心距长＋立管摵弯所增加的长度

1 号立管：$DN20=5.6\text{m}-(-0.4)\text{m}-2\times0.642\text{m}+2\times0.06\text{m}$（立管乙字弯）$=4.836\text{m}$

1 号、2 号立管合计：$DN20=4.836\text{m}\times2=9.672\text{m}$

2）双管立管长度＝供水管标高差＋回水管标高差＋立管各种摵弯所增加的长度

供水管上标高为 5.600m，下标高为 $0.642\text{m}+0.126\text{m}=0.768\text{m}$（参见散热器尺寸与地面示意图）。

回水管上标高为 $3.0\text{m}+0.126\text{m}=3.126\text{m}$；下标高为 -0.400m。

3号立管 $DN20=5.6\text{m}-0.768\text{m}+3.126\text{m}-(-0.4)\text{m}+2\times0.06\text{m}$（立管抱弯）$+2\times0.06\text{m}$（立管乙字弯）$=8.598\text{m}$

练一练

如图 2-4 所示，某办公楼采暖工程，层高 3.6m，立支管采用双管式，散热器采用四柱 760 型铸铁散热器，计算各立支管的工程量。

小知识

1）采暖系统与各专业管道界限划分

① 室内外采暖管道划分以入户阀门或建筑物外墙皮外 1.5m 为界。

② 采暖管道与工业管道划分以锅炉房或泵站外墙皮 1.5m 为界。

③ 工厂车间内采暖管道以采暖系统与工业管道碰头点为界。

④ 设在高层建筑内的加压泵间管道以泵间外墙皮为界，泵房管道执行工业管道定额。

2）羊角弯根据管道的管径、施工条件的不同，长度一般为 0.3～0.5m。

3）《通用安装工程工程量计算规范》中给排水、采暖、燃气管道（编码 031001）部分内容见表 2-4。

表 2-4 给排水、采暖、燃气管道（编码 031001）（部分）

<table>
<tr><th>项目编码</th><th>项目名称</th><th>项 目 特 征</th><th>计量单位</th><th>工程量计算规则</th><th>工作内容</th></tr>
<tr><td>031001001</td><td>镀锌钢管</td><td rowspan="2">1. 安装部位
2. 介质
3. 规格、压力等级
4. 连接形式
5. 压力试验及吹、洗设计要求
6. 警示带形式</td><td rowspan="3">m</td><td rowspan="3">按设计图示管道中心线以长度计算</td><td rowspan="2">1. 管道安装
2. 管件制作、安装
3. 压力试验
4. 吹扫、冲洗
5. 警示带铺设</td></tr>
<tr><td>031001002</td><td>钢管</td></tr>
<tr><td>031001006</td><td>塑料管</td><td>1. 安装部位
2. 介质
3. 材质、规格
4. 连接形式
5. 阻火圈设计要求
6. 压力试验及吹、洗设计要求
7. 警示带形式</td><td>1. 管道安装
2. 管件安装
3. 塑料卡固定
4. 阻火圈安装
5. 压力试验
6. 吹扫、冲洗
7. 警示带铺设</td></tr>
</table>

2.3 器具安装工程量计算

本节导学

本节学习给排水、采暖工程的器具工程量计算。给排水工程器具主要有卫生器具、消火栓、喷淋头等；采暖工程器具有散热器、分集水器、地暖盘管等。其工程量计算简单，难点是各种器具定额中所包含的管道数量不同，需要有针对性地掌握各种器具的定额含量。本书参照全国统一定额编写，各地区会有相应变动，希望各位教师参照本地区定额，灵活讲解本节内容，让学生能学以致用。

2.3.1 卫生器具安装工程量计算

卫生器具本身工程量计算简单，分别按照施工图设计统计数量。

卫生器具的定额一般按全国给排水标准图集编制，本书参考《全国统一安装工程预算定额》及《卫生设备安装》图集而编制。定额按“组”或“套”计价，定额中除含卫生器具、配件外，还综合考虑了一定数量的给排水管道。准确计算给排水工程造价的关键是：找准定额项目中所包括的给排水管道与管道延长米计算的分界点，否则会计算错误。

1. 浴盆安装，以“组”为计算单位

浴盆安装项目定额主材（未计价材）有浴盆及冷热水嘴或冷热水混合水嘴带喷头。

浴盆安装项目定额辅材有浴盆排水配件（铜）、浴盆存水弯、给水管及管件等其他零星材料，这些不另行计算。浴盆支架及周边的砌砖、粘贴的瓷砖，应执行土建预算定额。浴盆安装如图 2-17 所示。

1）给水管分界：分界点是水平管与支管的交接处，冷热水混合水嘴或冷水嘴的标高一般为 $H+0.670$m，若水平管的设计高度与其不符时，则需增加引上（下）管，该管段应计

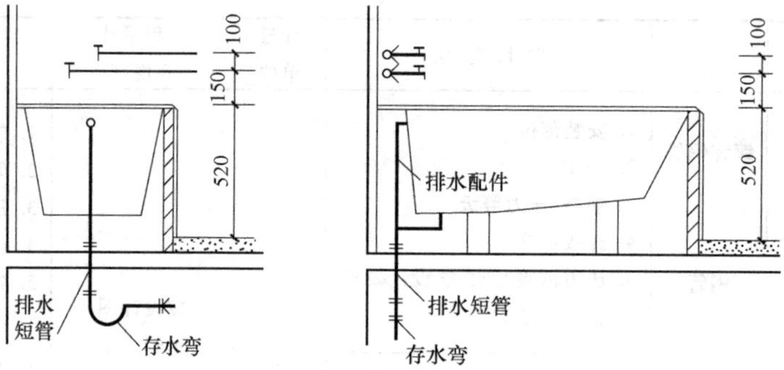

图 2-17　浴盆安装示意图

入室内给水管道的延长米中。冷水浴盆定额中含给水管 0.15m；冷热水浴盆定额中含给水管 0.30m。

2）排水管分界：分界点以存水弯排出口处为界，定额排水部分含浴盆排水配件和一个存水弯，但排水配件和存水弯之间的垂直排水短管应计入室内排水管道的延长米中。

2. 洗脸盆、洗手盆安装，以“组”为计算单位

洗脸盆、洗手盆安装项目定额主材（未计价材）有盆具、立式洗脸盆和理发用洗脸盆铜配件（混合龙头、莲蓬头等）、肘式和脚踏式开关阀门等。

洗脸盆、洗手盆安装项目定额辅材有角阀、截止阀、水嘴、排水配件（排水栓带堵、S形存水弯）、洗脸盆托架、给水管及管件等其他零星材料，这些不另行计算。

（1）给水管分界　洗脸盆、洗手盆给水管的布置主要有两种，如图 2-18 所示。

1）上配水形式，分界点是水嘴支管与水平管连接的三通处，水平管标高一般为 $H+1.000$m。

2）下配水形式，分界点是角式截止阀（角阀）处，角阀以上的给水管包括在定额中，角阀标高一般为 $H+0.450$m，若水平管的设计高度与其不符时，则需增加引上（下）管，该管段应计入室内给水管道的延长米中。

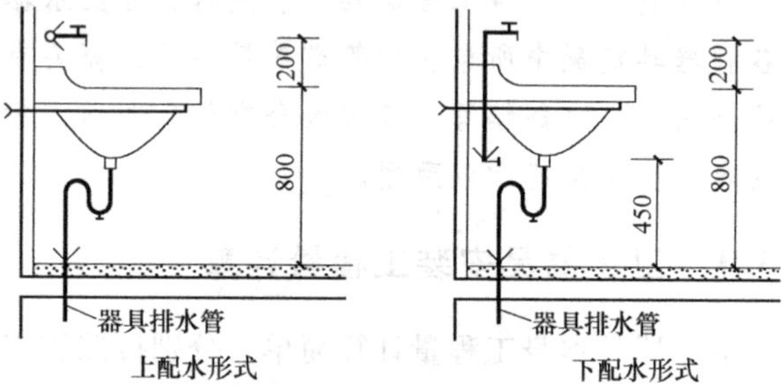

图 2-18　洗脸盆给排水示意图

（2）排水管分界　排水管分界点在存水弯与器具排水管交接处，一般是地面位置。

3. 洗涤盆、化验盆安装，以“组”为计算单位

（1）洗涤盆安装　洗涤盆安装项目定额主材（未计价材）有洗涤盆、肘式开关（或脚踏式开关）、洗手喷头等。

洗涤盆安装项目定额辅材有水嘴、排水栓带堵、S 形存水弯、洗涤盆托架、给水管及管件、排水管 *DN*50（焊接钢管）及管件等其他零星材料，这些不另行计算。

1）给水管分界：分界点同洗脸盆。

2）排水管分界：分界点是排水横管与器具排水立管交接处，因定额中含 *DN*50 排水管 0.4m/组，若排水横管的设计与其不符时，则需增加引上管，该管段应计入室内排水管道的延长米中，如图 2-19 所示。

（2）化验盆安装　化验盆安装项目定额主材（未计价材）有化验盆、脚踏式开关阀门和鹅颈水嘴等。

化验盆安装项目定额辅材有化验盆水嘴、排水栓带堵、化验盆托架、给水管及管件、排水管 *DN*50（焊接钢管）及管件等其他零星材料，这些不另行计算。化验盆本身有水封，排水管上不需安装存水弯。

1）给水管分界：单联、双联、三联化验盆的分界点在化验盆上沿（实验桌台面），因为定额中化验盆含给水管 0.2m/组；脚踏式开关化验盆分界点在脚踏开关处，因为定额中含给水管 1.3m/组。

2）排水管分界：分界点是排水横管与器具排水立管交接处，因定额中含 *DN*50 排水管 0.6m/组。若排水横管的设计与其不符，则需增加引上管，该管段应计入室内排水管道的延长米中，如图 2-20 所示。若化验盆用洗涤盆代替，则排水分界点执行洗涤盆的标准，如图 2-19 所示。

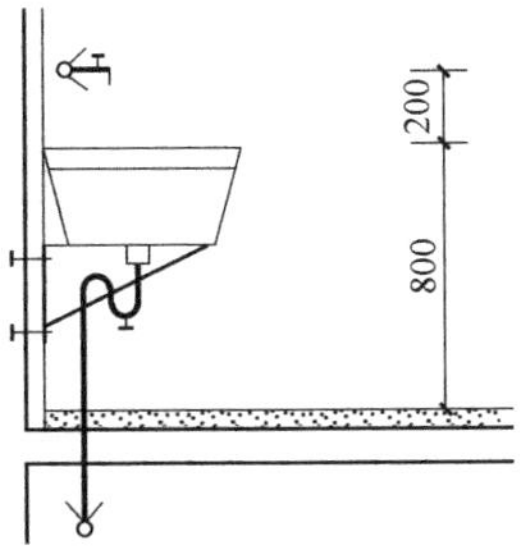

图 2-19　洗涤盆给排水示意图

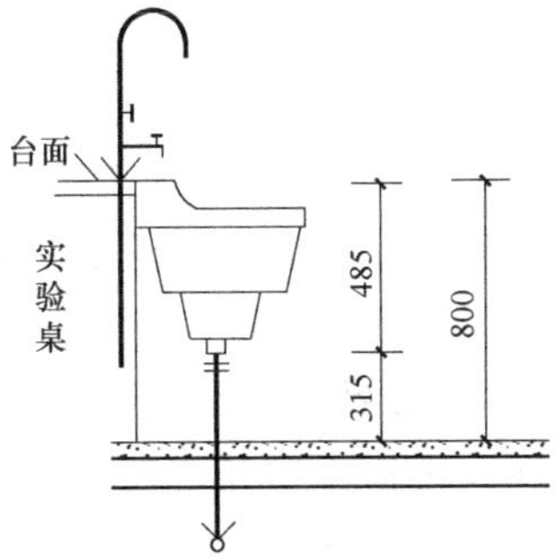

图 2-20　化验盆给排水示意图

4. 淋浴器安装，以“组”为计算单位

淋浴器安装项目定额主材（未计价材）有莲蓬喷头或成品淋浴器。

淋浴器安装项目定额辅材有截止阀、给水管及管件、立管卡子等其他零星材料。

给水管分界：分界点是水平管与支管的交接处，定额含混合水管和相应阀门、喷头，冷水管标高一般为 $H+0.900$m，如图 2-21 所示。

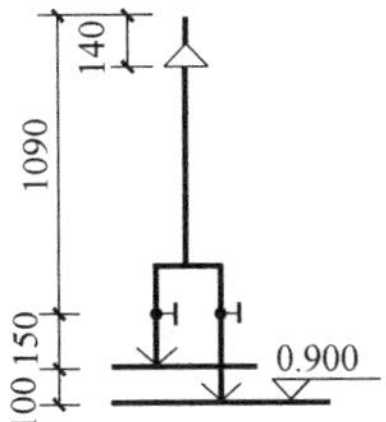

图 2-21　淋浴器给水示意图

5. 大便器安装，以“套”为计算单位

（1）蹲式大便器安装　蹲式大便器安装项目定额主材（未计价材）有蹲式大便器，高、低水箱及配件或手压阀、脚踏阀等。

蹲式大便器安装项目定额辅材有截止阀（或角阀或自闭冲洗阀）、给水管及管件、存水弯等其他零星材料，这些不另行计算。蹲式大便器的砌筑工程量应执行土建预算定额。

1）给水管分界：参照图 2-22 所示的蹲式大便器给水示意图确定。

① 高水箱：分界点是水平管与水箱支管的交接处，定额中含 *DN*15 给水管 0.3m/套，含 *DN*32 冲洗管 2.5m/套。

② 低水箱：分界点是角阀处，角阀标高一般为 $H+0.700$m，水箱底距离蹲便器台面为

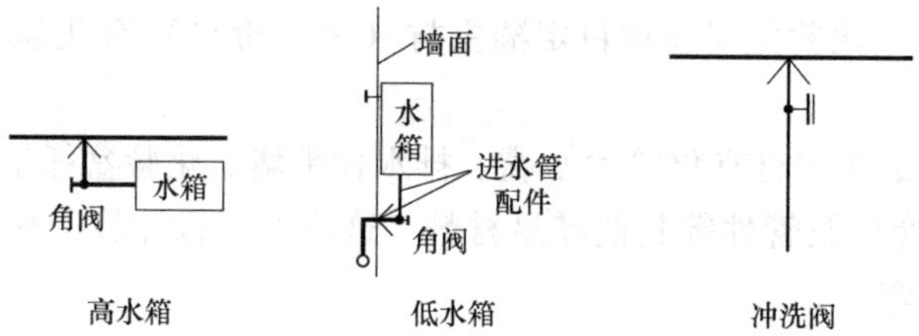

图 2-22　蹲式大便器给水示意图

900mm，定额中含 *DN*50 冲洗管 1.1m/套。

③ 冲洗阀：分界点是水平管与冲洗管交接处，普通冲洗阀和手压式冲洗阀的交接点标高一般为 $H+1.500$m；脚踏式冲洗阀和自闭式冲洗阀的交接点标高一般为 $H+1.000$m。

2）排水管分界：分界点以存水弯排出口为界，定额中每套蹲式大便器含 1 个 *DN*100 存水弯，但蹲式大便器排水口和存水弯之间的垂直器具排水短管应计入室内排水管道的延长米中，如图 2-23 所示。

(2) 坐式大便器安装　坐式大便器安装项目定额主材（未计价材）有坐式大便器，水箱及配件或自闭冲洗坐便配件，连体进水阀配件，连体排水口配件，坐便器桶盖等。

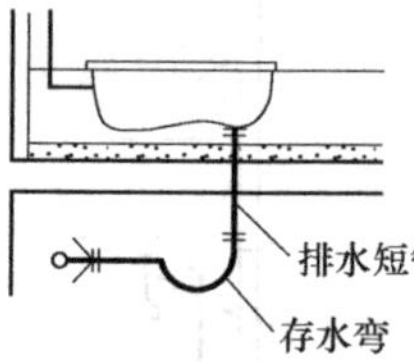

图 2-23　蹲式大便器排水示意图

坐式大便器安装项目定额辅材有角阀或自闭冲洗阀，给水管及管件等其他零星材料，这些不另行计算。

1）给水管分界：分界点是水平管与连接水箱支管的交接处，坐式大便器安装定额中含进水箱的给水管 0.3m/套，角阀标高一般为 $H+0.250$m。若水平管的设计高度与其不符，则需增加引上（下）管，该管段应计入室内给水管道的延长米中，如图 2-24 所示。

2）排水管分界：分界点为坐式大便器排出口与器具排水立管交接处。坐式大便器本身有水封设施，定额中不含存水弯，如图 2-25 所示。

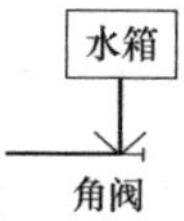

图 2-24　坐式大便器给水示意图

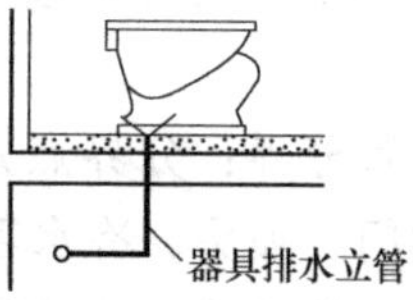

图 2-25　坐式大便器排水示意图

6. 小便器安装，以“套”为计算单位

小便器安装项目定额主材有小便器、高水箱或冲洗阀等。

小便器安装项目定额辅材有存水弯、排水栓、角阀、配件、冲洗阀、给排水管及管件等其他零星材料，这些不另行计算。

1）给水管分界：分界点是水平管与冲洗管交接处，如图 2-26 所示，挂斗式普通水平管标高一般为 $H+1.200$m，定额中含给水管 0.15m/套；高水箱（单联、双联、三联）水平管标高一般为 $H+2.000$m，定额中含给水管 0.3m/套。

2）排水管分界：挂斗式小便器分界点是存水弯与器具排水立管交界处，如图 2-26 所

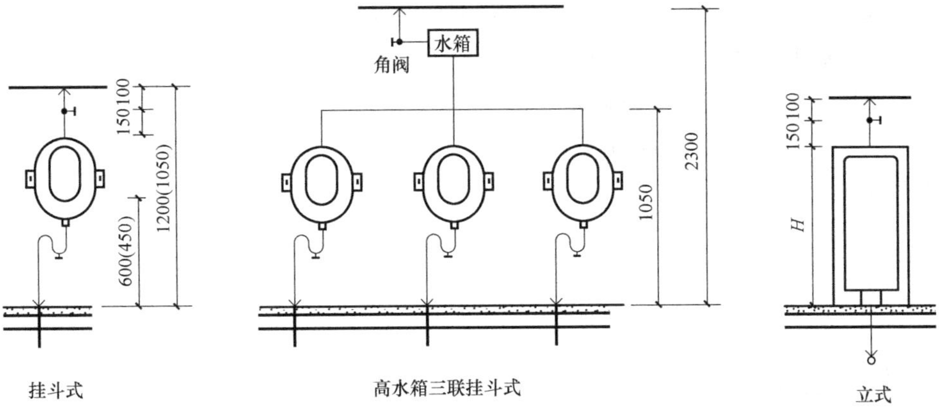

图 2-26 小便器给排水示意图

示，一般是地面位置；立式小便器分界点是排水横管与器具排水立管交界处，因立式小便器安装定额中含 *DN*50 排水管，其中单联、双联、三联所含排水管分别为 0.3m/套、0.6m/套、0.9m/套。

7. 地漏、扫除口安装，以“个”为计算单位

（1）地漏安装 根据其公称直径的不同，分别以“个”为计算单位。

（2）扫除口安装 根据其公称直径的不同，分别以“个”为计算单位。扫除口可分为地面扫除口和水平扫除口，上返到地面上的为地面扫除口，安装于各层排水横管末端的为水平扫除口，如图 2-27 所示。

图 2-27 扫除口排水示意图

8. 排水栓安装，以“组”为计算单位

排水栓定额有带存水弯的排水栓和不带存水弯的排水栓两种，带存水弯的排水栓，定额中每组含一个存水弯；不带存水弯的排水栓，定额中每组含排水管 0.5m。

排水栓按直径划分子目，以“组”为计算单位，需要单独计算排水栓的器具有污水池、洗碗（菜）池、盥洗槽（池）等，这种池或槽本身是水磨石或砖砌的，其工程量执行土建预算定额。

（1）污水池 安装形式有甲型和乙型两种，如图 2-28 所示，污水池、洗涤池上安装的排水栓，一般按带存水弯考虑，其给水龙头另计。

1）甲型污水池安装在地面上，排水管分界点是横支管与存水弯连接处。

2）乙型污水池安装高度为 800mm，存水弯在地面上，排水管分界点是器具排水管与存水弯交界处，一般是地面位置。

（2）盥洗槽 盥洗槽长度在 3m 内时设一个排水栓，按乙型污水池考虑；长度超过 3m 时设两个排水栓，带存水弯和不带存水弯各一个，如图 2-29所示。

1）盥洗槽给水管及水龙头另计。

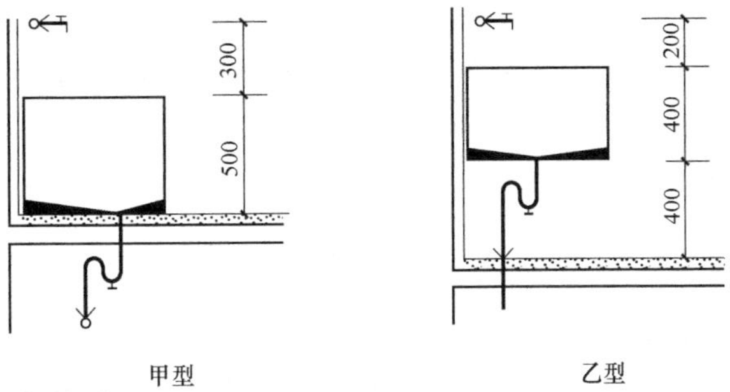

图 2-28 污水池、洗涤池给排水示意图

2）排水管分界点是地面标高，每个排水栓垂直排出部分定额已经考虑，但两个排水栓之间的横管长度要计入排水管延长米中。

9. 小便槽冲洗管，以“m”为计算单位

给水管道延长米算至冲洗花管的高度，阀门、冲洗花管应另行计算，分别套相应定额，如图 2-30 所示。

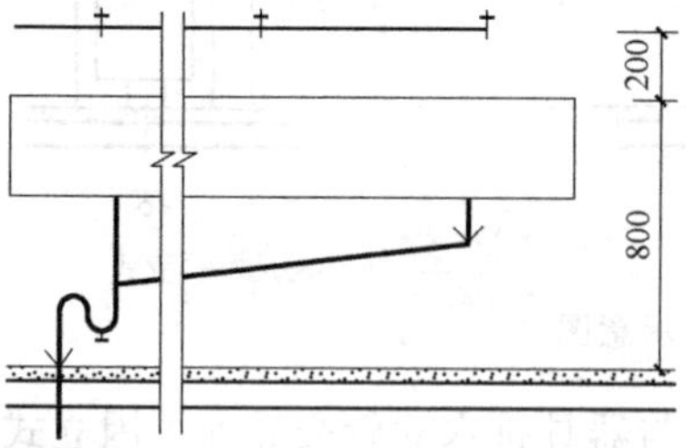

图 2-29　3m 以上盥洗槽排水示意图

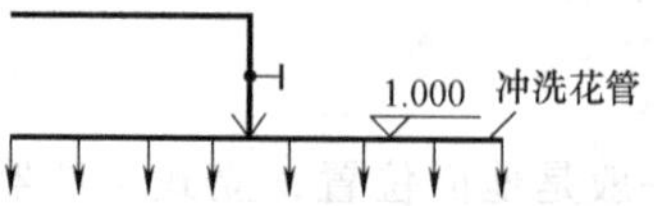

图 2-30　小便槽给水示意图

10. 水箱

水箱根据成形情况分为成品水箱和现场制作的水箱（钢板），成品水箱只计算水箱安装，现场制作的水箱要计算水箱的制作和水箱的安装。

（1）成品水箱安装　以“个”为计算单位，按水箱容量（m^3）的大小，执行相应安装项目，水箱为未计价材。

（2）钢板水箱制作、安装。

1）钢板水箱制作，以“kg”为计算单位。按施工图所示尺寸，不扣除人孔、手孔质量进行计算，其上的法兰、短管、水位计、内外人梯均未包括在项目内，发生时可另行计算。

① 标准钢板水箱制作，质量采用标准图集提供的质量。

② 非标准钢板水箱制作，可以采用内插法，参考标准图集提供的水箱体积和质量进行计算，也可以按水箱详图所示尺寸详细计算水箱质量。

2）钢板水箱安装，以“个”为计算单位，按水箱容量（m^3）的大小，执行相应安装项目。

小知识

1）成品玻璃钢水箱安装按水箱容量执行钢板水箱安装项目，人工乘以系数 0.9。

2）各类水箱均未包括支架制作、安装，如为型钢支架则执行管道支架项目，如为混凝土或砖支墩则执行土建相应项目。

3）内插法，查标准图集标准水箱的体积分别为 V_1、V_2；质量分别为 G_1、G_2，非标准水箱体积为 V（选择 V_1、V_2 的条件是 $V_1 < V < V_2$），求非标准水箱的质量 G。

内插法公式：$(V_2 - V)/(V - V_1) = (G_2 - G)/(G - G_1)$，解方程可求出非标准水箱的质量 G。

2.3.2 供暖器具安装工程量计算

1. 散热器

散热器工程量计算按施工图设计根据不同类型统计“片”数量或“组”数量，一般散热器安装定额已综合考虑了托钩或卡子的安装，只有闭式散热器，若主材价不包括托钩，托钩价格需另行计算。

（1）铸铁散热器安装　长翼、圆翼、柱形散热器组成安装均以“片”为计算单位。

（2）光排管散热器制作安装　按光排管的长度以“m”为计算单位。联管作为材料已列入定额，不得重复计算。

（3）钢制散热器安装　钢制散热器根据不同种类，分别按以下规定计算：钢制闭式散热器按不同型号以“片”为计算单位；钢制板式散热器按不同型号以“组”为计算单位；钢制壁式散热器按不同质量（15kg以内、15kg以上）以“组”为计算单位；钢制柱式散热器按不同片数（6～8片、10～12片）以“组”为计算单位。

2. 低温地板辐射热水盘管

低温地板辐射热水盘管常采用交联铝塑复合（XPAP）管、交联聚乙烯（PE—X）管、聚丙烯（PP—R）管、聚丁烯（PB）管等，其工程量计算有两种方式。

1）以“m^2”为计算单位，按设计图示采暖房间净面积计算。

2）以“m”为计算单位，按设计图示管道长度计算。

3. 保温隔热层铺设

1）聚苯乙烯板（保温隔热板）、铝箔纸、钢丝网，均以“m^2”为计算单位，按设计图示采暖房间净面积计算。其中聚苯乙烯板（保温隔热板）按厚度的不同划分定额子目。

2）聚苯乙烯板条，用于大面积的分割和房间四周的铺设，以“m”为计算单位，按设计图示长度计算。

4. 集分水器安装，以“台”为计算单位

按设计图示数量计算工程量。按地暖盘管外径划分定额项目，按其分支环路的不同划分定额子目。如*De*16以内的有2环路、3环路等。

2.3.3　消防器具安装工程量计算

消防器具安装均执行第七册《消防及安全防范设备安装工程》的相应项目。

1. 室内消火栓

室内消火栓工程量计算按施工图设计统计数量，定额按单栓、双栓和公称直径的不同划分定额子目，以“套”为计算单位。

室内消火栓成套产品包括除消防按钮外的消火栓箱、消火栓、水枪、水龙带、水龙带接口、挂架、消防按钮，其中消防按钮的安装另行计算。

室内消火栓组合卷盘安装，执行室内消火栓安装项目乘以系数1.2，成套产品包括：消火栓箱、消火栓、水枪、水龙带、水龙带接口、挂架、消防按钮、消防软管卷盘，其中消防按钮的安装另行计算。

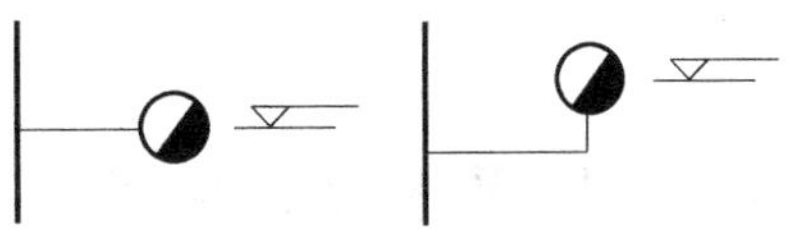

图2-31　室内消火栓进水管布置形式示意图

室内消火栓进水管布置形式有两种，如图2-31所示，其管道工程量计算根据给水形式的不同算至消火栓。

2. 消防喷头（喷淋头）

自动喷淋消防系统中的消防喷头安装不分型号、规格和类型，按安装形式分为有吊顶和无吊顶两种，以“个”为计算单位。消防喷头的工程量按施工图设计统计数量。

3. 消防水泵接合器

消防水泵接合器按安装方式及公称直径划分定额子目，以“套”为计算单位。安装方式有地下式、地上式、墙壁式三种，公称直径有 *DN*100 和 *DN*150 两种。工程量按施工图设计统计数量。每套水泵接合器内含有：消防接口本体、止回阀、安全阀、闸阀、弯管底座、放水阀及墙壁式的标牌。

4. 报警装置

报警装置安装是成套产品，均以“组”为计算单位。按系统类型和功能的不同，定额划分为湿式报警装置和温感式水幕装置两项，按公称直径划分定额子目。工程量按施工图设计统计数量。

湿式报警装置目前型号为 ZSS，该成套装置包括湿式阀、蝶阀、供水压力表、装置压力表、试验阀、泄放试验阀、泄放试验管、试验管流量计、过滤器、延迟器、水力警铃、报警截止阀、漏斗、压力开关等。

其他报警装置有干式报警装置、干湿两用报警装置、电动雨淋报警装置、预作用报警装置，与湿式报警装置组成类似，均为成套产品。安装参考湿式报警装置安装项目，按各地区的具体规定执行。河北省规定安装执行湿式报警装置安装项目，其人工乘以系数 1.2，其余不变。

报警装置安装包括相应的装配管（除水力警铃进水管）的安装，水力警铃进水管应计入消防管道的工程量。

5. 水流指示器

水流指示器按连接方式（螺纹连接、法兰连接）划分项目，按公称直径划分定额子目，以“个”为计算单位。工程量按施工图设计统计数量。

6. 其他组件安装

（1）末端试水装置　末端试水装置包括压力表、控制阀门等附件安装，按不同公称直径划分定额子目，以“组”为计算单位，有 *DN*25 和 *DN*32 两种。工程量按施工图设计统计数量。

末端试水装置安装中不包括连接管和排水管安装，其工程量应计入消防管道的工程量。

（2）减压孔板　减压孔板安装按不同公称直径划分定额子目，以“个”为计算单位。工程量按施工图设计统计数量。

2.4 水暖及水灭火附属项目工程量计算

本节导学

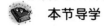

本节主要讲述水暖系统的附属项目工程量计算，包括管道附件、管道支架、套管、管道消毒、冲洗以及系统调整的项目，为后续编制分部分项工程量清单做好铺垫。

2.4.1 管道附件工程量计算

在水暖安装工程中，管道的各种管件，如弯头、三通等，均综合考虑在管道的安装定额中，但管道上安装的阀门、低压器具、水表等附件要逐项计算。

1. 阀门安装

各种阀门安装均以“个”为计算单位。

阀门工程量计算按施工图设计以不同类别、规格型号、公称直径和连接方式统计数量。法兰阀门安装定额是按一副法兰考虑的，法兰数量不另行计算，如仅为一侧法兰连接时，定额中的法兰、带帽螺栓及钢垫圈数量减半。

2. 低压器具、水表组成与安装

水表、疏水器、减压器组成与安装均以“组”为计算单位，每组所含附件名称、数量按标准图集编制，如实际组成与此不同时，可按设计用量进行调整。

（1）水表组成、安装　如图2-32所示，螺纹水表定额主材（未计价材）是螺纹水表，辅材包括配套的闸阀，闸阀不应重复计算；法兰水表定额主材（未计价材）是法兰水表，辅材包括旁通管（焊接钢管）及管件、法兰闸阀、法兰止回阀等其他零星材料，如实际安装形式与此不同时，阀门及止回阀数量可按实际调整，其余不变。

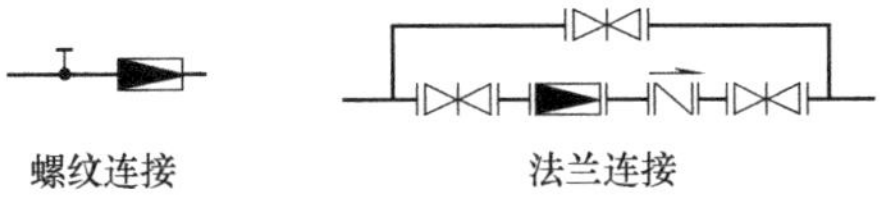

图2-32　水表组成

（2）疏水器组成、安装　如图2-33所示，定额主材（未计价材）是疏水器，辅材有焊接钢管及管件、截止阀、旋塞阀等其他零星材料。实际组成与此不同时，可按实际调整。

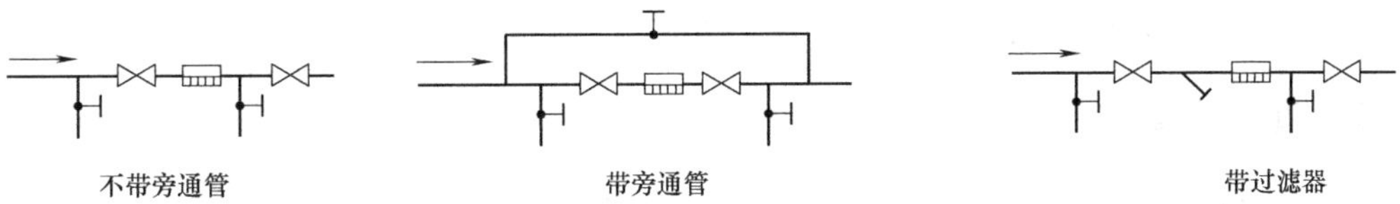

图2-33　疏水器组成

（3）减压器组成、安装　按高压侧的管径计算。定额主材（未计价材）是减压器（法兰），辅材有焊接钢管及管件、截止阀、安全阀、压力表等其他零星材料，实际组成与此不同时，阀门和压力表数量可按实际调整，其余不变。比定额含量多时要增加，比定额含量少时要减去。

3. 伸缩器制作安装

采暖、热水系统的管道上为补偿因受热而产生的伸长，需要安装伸缩器，其形式有方形伸缩器、套筒式伸缩器、波形伸缩器等。

各种伸缩器制作安装，均以“个”为计算单位，按不同类别、规格型号、公称直径统计数量。

（1）方形伸缩器　方形伸缩器计算规则：其两臂的长度计入管道延长米中，其主材在计算管道时考虑。

方形伸缩器用钢管摵制而成，中间只允许有1~2个接口，如果是用弯头等管件组装的，则不是方形伸缩器，按管道计算规则进行。

（2）套筒式伸缩器、波形伸缩器　定额分为螺纹连接和法兰连接两类，其主材（未计价材）是伸缩器，均按公称直径划分子目。

4. 排气装置

排气装置是为了更好地排除热水采暖系统中的空气，促进系统循环而设置的，常用排气装置有集气罐、自动排气阀、手动排气阀三种。

（1）集气罐　其制作、安装要分别计算，套用第6册定额相应子目，制作以“kg”为计算单位，安装以“个”为计算单位，一般现场用 *DN*100～*DN*250 的管子制作，两侧加封堵，有立式、卧式两种，规格参见表2-5，现场制作还要考虑集气罐除锈、刷油、支架等的工程量。

表2-5　集气罐规格尺寸（国标94K402—1）

型号	*DN*100	*DN*150	*DN*200	*DN*250
$D\times\delta$/(mm×mm)	108×4.0	159×4.5	219×6.0	273×6.0
$H(L)$/mm	200	250	300	350
质量/kg	4.21	7.35	15.51	31.95
支架质量/kg	1.03	1.48	1.98	3.16

（2）自动排气阀　自动排气阀属于阀门类，安装以“个”为计算单位，按不同管径统计数量，与其连接的阀门未包括在定额内，应另行计算。

（3）手动排气阀（手动放风阀）　手动排气阀旋紧在散热器上部专设的螺纹孔上，以手动方式排除散热器内的空气，以“个”为计算单位，规格为 ϕ10mm。

2.4.2　管道支架工程量计算

管道的材质不同，支架的材料也不同，钢管需要型钢支架，塑料管需要塑料管夹，工程量计算也就不同。在计算管道支架制作、安装的工程量时，要注意以下两点：室内 *DN*32mm 及以内给水、采暖管道均已包括管卡及托钩制作安装；排水管均包括管卡及托吊支架、通气帽、雨水漏斗制作安装。常见的型钢支架如图2-34所示。

1. 型钢支架工程量计算

以“kg”为计算单位，需要计算型钢支架总质量。计算时分两步进行：先统计不同规格的型钢支架数量；再乘以标准图集每个型钢支架的质量，并在最后计算总质量。

（1）第一步：统计支架数量　管道支架按安装形式分为立管支架、水平管支架、吊架三种形式。

1）立管支架数量按不同管径分别统计。楼层层高 $H\leqslant 4$m 时，每层设一个；楼层层高 $H>4$m 时，每层不得少于两个。

2）水平管支架、吊架数量按不同管径分别统计。总体数量按式（2-1）进行计算。

$$水平管支架、吊架数量=\frac{某规格管子长度}{该管水平最大间距数} \tag{2-1}$$

钢管水平安装时，水平管支架、吊架最大间距见表2-6。

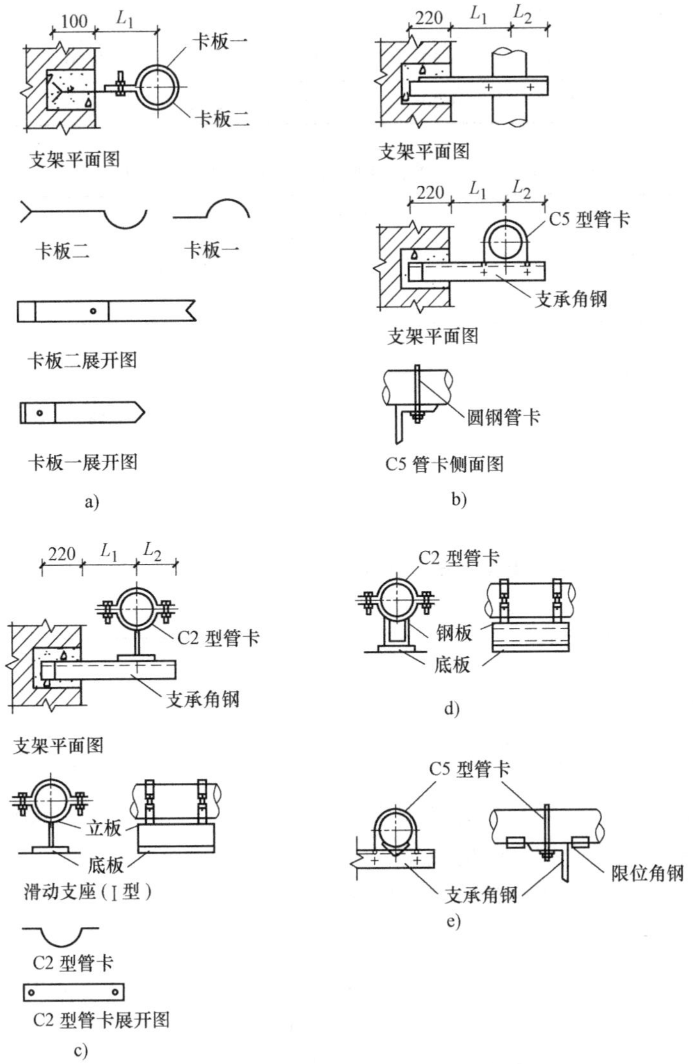

图 2-34 常见的型钢支架

a）单立管管卡（Ⅱ型） b）沿墙安装单管托架图

c）沿墙安装单管滑动托架图 d）水平管滑动支座（Ⅱ型） e）单管固定托架图

表 2-6 水平管支架、吊架最大间距表

公称直径/mm		*DN*15	*DN*20	*DN*25	*DN*32	*DN*40	*DN*50	*DN*70	*DN*80	*DN*100	*DN*125	*DN*150
支架最大间距/m	保温管	1.5	2	2	2.5	3	3	4	4	4.5	5	6
	非保温管	2.5	3	3.5	4	4.5	5	6	6	6.5	7	8

（2）第二步：计算支架质量 根据标准图集的安装要求，计算每种规格支架的单个质量，再乘以支架数量，求和计算总质量。不同类型的支架单个质量依据国家建筑标准图集的有关数据计算，表 2-7 ~ 表 2-10 列出了部分支架及管卡的质量数据供参考。

表 2-7 砖墙上单立管管卡质量（Ⅱ型）（国标 03S402P_{78}）（单位：kg）

公称直径/mm	DN15	DN20	DN25	DN32	DN40	DN50	DN65	DN80
保温	0.49	0.50	0.60	0.84	0.87	0.90	1.11	1.32
非保温	0.17	0.19	0.20	0.22	0.23	0.25	0.28	0.38

表 2-8 砖墙上单立管管卡质量（国标 03S402$P_{80}+P_{33-34}$）（单位：kg）

公称直径/mm	DN50	DN65	DN80	DN100	DN125	DN150	DN200
保温	1.502	1.726	1.851	2.139	2.547	2.678	4.908
非保温	1.38	1.54	1.66	1.95	2.27	2.41	4.63

表 2-9 沿墙安装单管托架质量（国标 03S402$P_{51}+P_{33-34}$）（单位：kg）

公称直径/mm	DN15	DN20	DN25	DN32	DN40	DN50	DN65	DN80	DN100	DN125	DN150
保温	1.362	1.365	1.423	1.433	1.471	1.512	1.716	1.801	2.479	2.847	5.348
非保温管	0.96	0.99	1.05	1.06	1.10	1.14	1.29	1.35	1.95	2.27	3.57

表 2-10 沿墙安装单管滑动支座质量（Ⅰ型）（国标 03S402$P_{51}+P_{93}+P_{29-30}$）

（单位：kg）

公称直径/mm	DN15	DN20	DN25	DN32	DN40	DN50	DN65	DN80	DN100	DN125	DN150
保温	2.96	3.00	3.19	3.19	3.36	3.43	3.94	4.18	5.02	7.61	10.68
非保温管	2.18	2.23	2.38	2.5	2.65	2.72	3.1	3.34	4.06	6.17	7.89

表 2-7～表 2-10 根据国家建筑标准图集《室内管道支架及吊架》（03S402）提供的有关数据计算汇总而来，仅是个别型号的数据，供学习参考，实际工作时一定要根据最新的标准图集及施工图样的具体要求认真计算单个质量。

[例 2-7] 某砖混结构住宅给水工程，层高 2.9m，镀锌钢管 *DN*15 工程量为 100m，*DN*20 工程量为 150m，*DN*25 工程量为 150m，*DN*32 工程量为 200m，以上钢管均不保温；*DN*40 的水平长度为 135m，其中需保温部分为 90m，*DN*40 的立管穿过 3 层（不保温），*DN*50 的水平长度为 220m，其中需保温部分为 120m，*DN*50 的立管穿过 4 层（不保温）。计算管道支架制作、安装工程量（立管支架按Ⅱ型考虑）。

解：因为室内 *DN*32 及以内给水、采暖管道均已包括管卡及托钩制作安装，所以计算管道支架制作、安装工程量时不考虑 *DN*15～*DN*32 的管。

（1）第一步：统计数量

1）立管支架数量。*DN*40：3 个；*DN*50：4 个（层高 $H\leqslant 4$m 时，每层设一个）。

2）水平支架数量。*DN*40 保温的个数：（90/3）个 = 30 个；非保温的个数：[（135 − 90）/4.5] 个 = (45/4.5）个 = 10 个。*DN*50 保温的个数：（120/3）个 = 40 个；非保温的个数：[(220 − 120）/5] 个 = (100/5）个 = 20 个。

（2）第二步：计算支架质量

1）立管支架质量。按Ⅱ型考虑，可由表 2-7 查得（按非保温考虑）。立管支架单个质量 *DN*40 为 0.23kg/个，*DN*50 为 0.25kg/个。

2）水平管支架质量。按固定支架执行，可由表 2-9 查得。水平管支架单个质量 *DN*40：

保温 1.471kg/个，非保温 1.1kg/个；*DN*50：保温 1.512kg/个、非保温 1.14kg/个。

3）支架总质量统计：

支架质量 = 0.23kg × 3 + 0.25kg × 4 + 1.471kg × 30 + 1.1kg × 10 + 1.512kg × 40 + 1.14kg × 20
= 140.1kg

2. 塑料管夹工程量计算

随着塑料管道在水暖工程中的应用，塑料管卡、塑料管夹也孕育而生。塑料管若仍采用型钢做支架支撑，其工程量按型钢支架计算。

塑料管夹是成品，其安装定额不分管径以“个”为计算单位，按不同管径分别计算立管和水平管管夹数量再汇总。塑料管支架的最大间距见表 2-11。

表 2-11 塑料管支架的最大间距表

管径/mm			12	14	16	18	20	25	32	40	50	63	75	90	110
最大间距/m	立管		0.5	0.6	0.7	0.8	0.9	1.0	1.1	1.3	1.6	1.8	2.0	2.2	2.4
	水平管	冷水管	0.4	0.4	0.5	0.5	0.6	0.7	0.8	0.9	1.0	1.1	1.2	1.35	1.55
		热水管	0.2	0.2	0.25	0.3	0.3	0.35	0.4	0.5	0.6	0.7	0.8	—	—

［**例 2-8**］ 某砖混结构住宅给水工程，层高 2.9m，PP—R 塑料管 *De*16 工程量为 100m，*De*20 工程量为 150m，*De*25 工程量为 150m，*De*32 工程量为 200m，以上管道均不保温；*De*40 的水平长度为 135m，其中需保温部分为 90m，*De*40 的立管穿过 3 层（不保温）；*De*50 的水平长度为 220m，其中需保温部分为 120m，*De*50 的立管穿过 4 层（不保温）。计算管道支架制作、安装工程量。

解：因为室内 *De*32 及以内给水、采暖管道安装定额均已包括管卡及托钩制作安装，所以计算管道支架制作、安装工程量时不考虑 *De*16 ~ *De*32 的管。

1）立管支架数量。*De*40：（2.9/1.3）个≈3 个，3 个 ×3 = 9 个；*De*50：（2.9/1.6）个≈2 个，2 个 ×4 = 8 个

2）水平支架数量。塑料管夹不区分保温与否

*De*40：（135/0.9）个 = 150 个；*De*50：（220/1.0）个 = 220 个

汇总：*De*40 塑料管夹：9 个 + 150 个 = 159 个；*De*50 塑料管夹：8 个 + 220 个 = 228 个

小知识

1）小型设备支架质量执行管道支架项目，可汇总到管道支架中。

2）给水（冷水）管道型钢支架为固定支架；采暖管道型钢支架分为固定支架和滑动支架，固定支架数量按施工图中标注的数量统计，滑动支架数量 = 支架数量 − 固定支架数量。

3）钢材理论质量的计算单位为千克（kg），其基本公式为：

$$W = \frac{AL\rho}{1000}$$

式中 W——钢材理论质量（kg）；

A——钢材断面积（mm^2）；

L——钢材长度（m）；

ρ——钢材密度（g/cm^3），一般取 7.85g/cm^3。

各种钢材理论质量计算公式如下：

① 圆钢、盘条每 m 质量：$W=0.006165d^2$（d 表示直径，mm），如 ϕ12mm 的圆钢，理论质量为 $W=(0.006165\times12^2)$kg/m $=0.8878$kg/m。

② 螺纹钢每 m 质量：$W=0.00617d^2$（d 表示断面直径，mm），如 ϕ20mm 的螺纹钢，理论质量为 $W=(0.00617\times20^2)$kg/m $=2.468$kg/m。

③ 方钢每 m 质量：$W=0.00785a^2$（a 表示边宽，mm）。

④ 扁钢每 m 质量：$W=0.00785bd$（b 表示边宽，d 表示厚度，单位均取 mm），如 -40×4 的扁钢，理论质量为 $W=(0.00785\times40\times4)$kg/m $=1.256$kg/m。

⑤ 常用等边角钢、槽钢理论质量见表 2-12。

表 2-12 等边角钢、槽钢理论质量

型钢规格	∟30×3	∟40×4	∟50×5	∟63×6	[8	[10	[16	[20a
理论质量/(kg/mm)	1.373	2.422	3.770	5.721	8.045	10.007	19.752	22.637

2.4.3 套管工程量计算

常用套管的形式有防水套管、钢套管和镀锌铁皮套管。

1. 防水套管

防水套管以“个”为计算单位，分管径统计数量，用公称直径“*DN*”表示，套用第 6 册《工业管道工程》中防水套管的制作和安装两项定额子目。

引入管及其他管道穿越地下室或地下构筑物外墙时应采取防水措施，加设防水套管，根据不同的防水要求分为刚性、柔性两种。刚性防水套管在一般防水要求时使用；柔性防水套管在防水要求较高时使用，如水池壁、与水泵连接处等。

防水套管管径按被套管的管径确定，因防水套管制作定额中已经考虑按大管的价格计主材费。表 2-13 为常用防水套管制作主材规格及质量。

表 2-13 常用防水套管制作主材规格及质量

类别	材料名称及规格	公称直径(mm 以内)							
		50	80	100	125	150	200	250	300
柔性套管	圆钢管规格($D\times\delta$)/(mm×mm)	100×4	125×4	141×4	167×4.5	194×6	253×7	309×8	361×8
	质量/kg	5.69	7.12	8.02	10.69	16.50	25.19	35.06	41.08
	钢板规格(δ)/mm	14	16	16	18	18	20	20	20
	质量/kg	13.50	21.40	23.90	35.40	43.90	75.30	100.30	132
	方钢管规格/(mm×mm)	14×14	14×14	14×14	14×14	14×14	14×14	14×14	14×14
	质量/kg	0.50	0.65	0.70	0.85	1.00	1.25	1.50	1.75
	带帽螺栓规格/(mm×mm×mm)	12×80×4	16×80×4	16×80×4	16×80×4	16×85×8	16×85×8	16×85×8	20×85×12
	质量/kg	0.43	0.80	0.80	1.60	1.67	1.67	2.51	4.12
刚性套管	钢管规格($D\times\delta$)/(mm×mm)	114×4	140×4	168×4.5	194×6	219×6	253×7	325×8	377×8
	质量/kg	5.79	7.11	9.60	14.78	16.69	24.27	33.02	38.31
	钢板规格(δ)/mm	24	24	24	26	26	26	26	30
	质量/kg	9.12	11.84	11.53	20.20	24.66	25.00	26.00	34.00

注：表中为常用规格的防水套管列表。

表 2-13 中，DN100 刚性防水套管的主材管径不是 DN100 的焊接钢管，而是 D168mm × 4.5mm 的无缝钢管，比被套管的管径大，否则穿不过去。DN100 防水套管这一定额的主材费需要按 D168mm × 4.5mm 的无缝钢管价格计算。

［例 2-9］ 某给排水工程的入户防水套管如图2-35所示，给水入户管为 De75，消防入户管为 DN100，排水入户管为 De160，在穿越建筑物外墙时设置防水套管，问：分别用什么规格的防水套管？

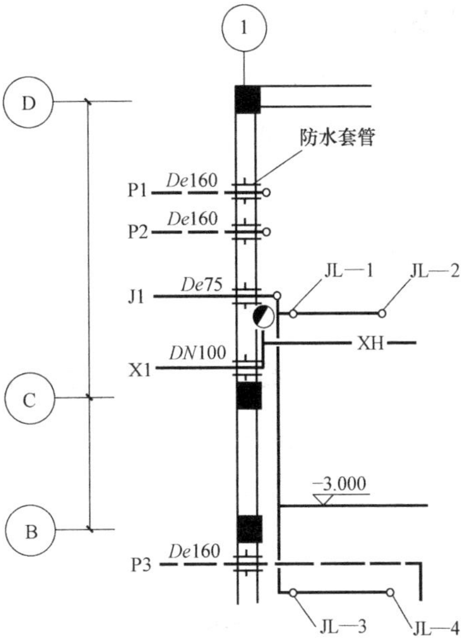

图 2-35 某给排水工程的入户防水套管

解：给水：防水套管 DN80 的 1 个。

消防：防水套管 DN100 的 1 个。

排水：防水套管 DN150 的 3 个。

2. 钢套管

钢套管制作、安装，以“m”为计算单位，套用室外钢管（焊接）的相应子目，分两步计算。

1）第一步：按不同管径统计管道穿楼板、墙或梁的次数。

2）第二步：按所穿部位计算每种套管的长度，最后统计同种管径的总长度。单个套管的长度确定：水平穿墙、梁的套管，两端与墙、梁饰面平齐；垂直穿楼板的套管，底与顶棚饰面平齐，一般房间顶高出地面至少 20mm，厨房、卫生间顶高出地面至少 50mm。钢套管管径按比被套管道的管径大 2 号的钢管来制作的。

［例 2-10］ 某采暖工程的焊接钢管 DN20 穿墙 3 次、穿楼板 4 次，DN25 穿墙 5 次、穿楼板 5 次，DN32 穿墙 6 次、穿楼板 6 次，DN40 穿墙 3 次、穿楼板 5 次。问：钢套管的工程量是多少？（注：墙厚 240mm，楼板厚 150mm）

解：墙饰面厚度依据装饰要求不同而不同，本题按平均 20mm 考虑，具体工程按装饰要求厚度计算，本题穿楼板均按一般房间考虑。

墙包括饰面厚约为 240mm + 20mm × 2（墙两侧饰面）= 280mm，则穿墙钢套管长 = 0.28m，一般按 0.3m 计算。

楼板包括饰面厚约为 150mm + 20mm（顶棚饰面）+ 50mm（地面饰面）= 220mm，则穿楼板钢套管长 = 220mm + 20mm（高出地面）= 240mm = 0.24m，一般按 0.25m 计算。

焊接钢管 DN20 的钢套管为 DN32，其长度 = 0.3m × 3 + 0.25m × 4 = 1.90m。

焊接钢管 DN25 的钢套管为 DN40，其长度 = 0.3m × 5 + 0.25m × 5 = 2.75m。

焊接钢管 DN32 的钢套管为 DN50，其长度 = 0.3m × 6 + 0.25m × 6 = 3.30m。

焊接钢管 DN40 的钢套管为 DN65，其长度 = 0.3m × 3 + 0.25m × 5 = 2.15m。

在计算时要注意两点：其一，各建筑物的墙厚、板厚、饰面厚有所不同，长度计算应具体情况具体分析；其二，有的地区的钢套管制作、安装，按主管（被套管）直径分列项目，按设计图示数量以“个”为计算单位。

3. 镀锌铁皮套管

镀锌铁皮套管制作，以“个”为计算单位，分管径统计管道穿楼板、墙或梁的数量。

铁皮套管安装不另计，镀锌铁皮套管安装人工已经包含在相应管道安装的定额中。

镀锌铁皮套管管径按被套管的管径确定，如：DN25 的钢管，镀锌铁皮套管按 DN25 计算数量。

想一想

如果［例 2-10］中钢套管制作、安装按主管（被套管）直径分列项目，那么钢套管的工程量是多少？

提示：按设计图示数量以“个”为计算单位。

钢套管 DN20：3 个 +4 个 =7 个；钢套管 DN25：5 个 +5 个 =10 个。

钢套管 DN32：6 个 +6 个 =12 个；钢套管 DN40：3 个 +5 个 =8 个。

2.4.4 管道消毒、冲洗工程量计算

1. 给水管道消毒、冲洗

给水工程的管道安装完成后，交付使用前要进行管道消毒、冲洗，以“m”为计算单位，执行第八册《给排水、采暖、燃气工程》的相应定额，按定额子目的划分套用相应的定额，定额子目分为 DN50、DN100、DN200、DN300 等，即 DN15 ~ DN50 套用 DN50 定额子目；DN65 ~ DN100 套用 DN100 定额子目，其他依此类推。

［例 2-11］ 某给水工程的管道工程量分别是：DN20 为 50m；DN40 为 20m；DN50 为 100m；DN65 为 20m；DN80 为 70m；DN100 为 10m；DN125 为 70m；DN150 为 8m。问：怎样计算管道消毒、冲洗的工程量？

解：定额计量就可合并计算工程量：

DN50 工程量：50m + 20m + 100m = 170m。

DN100 工程量：20m + 70m + 10m = 100m。

DN200 工程量：70m + 8m = 78m。

管道消毒、冲洗没有单独清单项目，计算管道综合单价时要考虑，其工程量应根据项目特征描述分管径计算：

DN20（50m）、DN40（20m）、DN50（100m）分别均套 DN50 定额。

DN65（20m）、DN80（70m）、DN100（100m）分别均套 DN100 定额。

DN125（70m）、DN150（8m）分别均套 DN200 定额。

2. 自动喷水灭火系统管网水冲洗

自动喷水灭火系统安装完成后，交付使用前要进行管道水冲洗，以“m”为计算单位，执行第七册《消防及安全防范设备安装工程》的相应定额，按定额子目的划分套用相应的定额，定额子目划分为 DN50、DN70、DN80、DN100、DN150、DN200 等，即 DN50 以内的管道套用 DN50 定额子目，其余按各种管道的公称直径执行。

想一想

消火栓消防系统的管道消毒、冲洗执行哪一册定额？

提示：消火栓消防系统的管道安装执行第八册《给排水、采暖、燃气工程》，管道消

毒、冲洗也执行第八册《给排水、采暖、燃气工程》。

小知识

如果给水管道设计仅冲洗不消毒时，应扣除材料费中漂白粉的价格，其余不变。

2.4.5 采暖系统调整

采暖工程系统调整的工程量，按系统数量进行计算，以“系统”为计算单位。不属于采暖系统的热水给水系统不列此项。采暖系统安装完毕，管道防腐保温之前要进行水压试验，试验合格后，也对系统进行简单冲洗，但采暖工程不计量管道消毒、冲洗这一项目。

2.5 除锈、刷油、绝热工程量计算

本节导学

本节主要讲述管道及器具的除锈、刷油、保温层工程量计算，学习利用查表的方法计算相应工程量，对于表格的内容要熟悉，表格的单位、形式有可能发生变换，学生要提高知识迁移能力，能熟练应用技术资料。

2.5.1 管道除锈、刷油、绝热工程量计算

1. 管道除锈、刷油

管道除锈、刷油工程量是计算管道的外展开面积，以“m^2”为计算单位，计算方法是查表2-14中保温厚度为零（即$\delta=0$）这列数据，单位：m^2/m。如：*DN*15，其展开面积为0.0669m^2/m；*DN*20，展开面积为0.0855m^2/m；*DN*50，展开面积为0.1885m^2/m。

管道刷防锈漆、银粉、沥青漆等视设计的遍数套相应的定额，工程量计算相同。

表2-14 焊接钢管除锈、刷油、绝热/保护层工程量计算表

公称直径	绝热层厚度 δ/mm								
	δ=0	δ=20	δ=25	δ=30	δ=35	δ=40	δ=45	δ=50	δ=60
*DN*15	0.0669	0.0027	0.0038	0.0051	0.0065	0.0082	0.0099	0.0119	0.0162
		0.2246	0.2576	0.2906	0.3236	0.3566	0.3896	0.4225	0.4885
*DN*20	0.0855	0.0031	0.0043	0.0057	0.0072	0.0089	0.0107	0.0128	0.0174
		0.2432	0.2761	0.3091	0.3421	0.3751	0.4081	0.4411	0.5071
*DN*25	0.1059	0.0035	0.0049	0.0063	0.0080	0.0097	0.0117	0.0138	0.0186
		0.26360	0.2966	0.3296	0.3625	0.3955	0.4285	0.4615	0.5275
*DN*32	0.1297	0.0040	0.0055	0.0070	0.0088	0.0107	0.0128	0.0151	0.0201
		0.2875	0.3204	0.3534	0.3864	0.4194	0.4521	0.4854	0.5513
*DN*40	0.1507	0.0044	0.0060	0.0076	0.0096	0.0116	0.0138	0.0160	0.0214
		0.3083	0.3413	0.3743	0.4073	0.4402	0.4732	0.5062	0.5721
*DN*50	0.1885	0.0053	0.0069	0.0089	0.0109	0.0131	0.0155	0.0181	0.0238
		0.3460	0.3790	0.4120	0.4449	0.4779	0.5109	0.5438	0.6098

（续）

公称直径	绝热层厚度 δ/mm								
	δ=0	δ=20	δ=25	δ=30	δ=35	δ=40	δ=45	δ=50	δ=60
*DN*65（*DN*70）	0.2376	0.0063	0.0083	0.0104	0.0127	0.0152	0.0179	0.0207	0.0269
		0.3963	0.4292	0.4622	0.4952	0.5281	0.5611	0.5941	0.6600
*DN*80	0.2795	0.0071	0.0093	0.0117	0.0143	0.0169	0.0197	0.0228	0.0293
		0.4371	0.4701	0.5030	0.5360	0.5690	0.6019	0.6349	0.7008
*DN*100	0.3580	0.0088	0.0114	0.0142	0.0170	0.0201	0.0234	0.0269	0.0343
		0.5156	0.5486	0.5825	0.6145	0.6475	0.6804	0.7134	0.7793
*DN*125	0.4180	0.0100	0.0129	0.0159	0.0192	0.0226	0.0262	0.0300	0.0379
		0.5752	0.6082	0.6412	0.6804	0.7071	0.7401	0.7731	0.8390
*DN*150	0.5181	0.0121	0.0155	0.0191	0.0228	0.0268	0.0309	0.0351	0.0442
		0.6757	0.7087	0.7417	0.7746	0.8076	0.8406	0.8735	0.9395
*DN*200	0.6880	0.0156	0.0198	0.0243	0.0289	0.0338	0.0387	0.0439	0.0546
		0.8453	0.8782	0.9112	0.9442	0.9772	1.0101	1.0431	1.1090

注：1. 表中 δ=0 列对应刷油工程量（m^2/m），δ≠0 相关列每种规格钢管对应上下两行数据，上行数据对应绝热工程量（m^3/m），下行数据对应保护层工程量（m^2/m）。

2. 有的表格中的单位是：$m^2/100m$ 和 $m^3/100m$，使用时要注意单位换算。

2. 管道保温（冷）

管道保温（冷）工程量是计算保温材料的体积，以“m^3”为计算单位，按不同管径查表计算后再求和。计算方法是查表 2-14 中绝热厚度 δ 对应的那列保温材料的体积，单位为 m^3/m。如：*DN*15，δ=40mm 时其保温材料体积为 0.0082m^3/m，δ=50mm 时其保温材料体积为 0.0119m^3/m；*DN*50，δ=40mm 时其保温材料体积为 0.0131m^3/m，δ=50mm 时其保温材料体积为 0.0181m^3/m；*DN*80，δ=40mm 时其保温材料体积为 0.0169m^3/m，δ=50mm 时其保温材料体积为 0.0228m^3/m。

3. 管道保温外防潮层、保护层

管道保温外保护层工程量是计算保温材料的外表面积，以“m^2”为计算单位，按不同管径查表计算后再求和。计算方法是查表 2-14 中绝热厚度 δ 对应的那列保温外表面积的数据，单位为 m^2/m。如：*DN*15，δ=40mm 时其保护层面积为 0.3566m^2/m，δ=50mm 时其保护层面积为 0.4225m^2/m；*DN*50，δ=40mm 时其保护层面积为 0.4779m^2/m，δ=50mm 时其保护层面积为 0.5438m^2/m；*DN*80，δ=40mm 时其保护层面积为 0.5690m^2/m，δ=50mm 时其保护层面积为 0.6349m^2/m。

[例 2-12] 某采暖工程需要保温的焊接钢管的工程量为 *DN*50：100m；*DN*40：50m；*DN*32：40m。求焊接钢管的除锈、刷油、保温（δ=50mm）、保护层的工程量。其中保温做法：岩棉管壳保温；保护层做法：保温层外缠玻璃丝布，布外刷调和漆。

解：管道除锈、刷油工程量 *S*：查表 2-14，保温厚度 δ=0 那列数据为：*DN*50，0.1885m^2/m；*DN*40，0.1507m^2/m；*DN*32，0.1297m^2/m。

$$S = (100 \times 0.1885 + 50 \times 0.1507 + 40 \times 0.1297)m^2 = 31.6m^2$$

岩棉管壳保温工程量 *V*：查表 2-14，保温厚度 δ=50mm 保温体积的数据为：*DN*50，

0.0181m^3/m；DN40，0.0160m^3/m；DN32，0.0151m^3/m。

$$V = (100 \times 0.0181 + 50 \times 0.0160 + 40 \times 0.0151) m^3 = 3.21 m^3$$

玻璃丝布和布刷调和漆工程量 S'：查表2-14，保温厚度 $\delta = 50$mm 保温外表面积的数据为：DN50，0.5438m^2/m；DN40，0.5062m^2/m；DN32，0.4854m^2/m。

$$S' = (100 \times 0.5438 + 50 \times 0.5062 + 40 \times 0.4854) m^2 = 99.11 m^2$$

练一练

上述例题如果保温厚度 $\delta = 30$mm，那么焊接钢管的除锈、刷油、保温和保护层的工程量是多少呢？

提示：保温工程量利用 $\delta = 30$mm 那列数据。

小知识

1）管道除锈、刷油的计算公式为 $S = \pi \times D \times L$，其中 D 为管道外径（m），L 为管道长度（m）。

2）管道保温的计算公式为 $V = \pi \times (D + 1.033\delta) \times 1.033\delta \times L$，其中 D 为管道外径（m），δ 为绝热层厚度（m），3.3% 为保温材料厚度允许偏差系数，L 为管道的长度（m）。

3）管道防潮层、保护层计算公式为 $S' = \pi \times (D + 2\delta + 2\delta \times 5\% + 2d_1 + 2d_2) \times L = \pi \times (D + 2.1\delta + 0.0082) \times L$，其中 D 为管道外径（m），δ 为绝热层厚度（m），L 为管道的长度（m），5% 为保温材料允许超厚系数，d_1 为捆扎保温材料的金属钢丝直径（$2d_1 = 0.0032$m），d_2 为防潮层厚度（$2d_2 = 0.005$m）。

4）空调系统的管道保冷工程量计算，其方法与绝热（保温）工程量计算方法相同，选择不同的绝热厚度查表计算。

2.5.2 器具除锈、刷油、绝热工程量计算

1. 散热器除锈、刷油工程量

（1）钢制散热器　一般在出厂时已经做了除锈、刷油的工作，不用计算工程量。

（2）光排管散热器　按管道的长度计算工程量，散热器除锈、刷油工程量也按管道的计算方法进行。

（3）铸铁散热器　其除锈、刷油工程量应按散热面积计算，常用散热器每片散热面积见表2-2。如：四柱 813 型散热器 500 片，散热器除锈、刷油工程量 = 0.28m^2/片 × 500 片 = 140m^2。

2. 钢板水箱除锈、刷油、保温及保护层工程量

（1）钢板水箱除锈、刷油工程量　水箱除锈、刷油工程量是计算水箱的内外表面积，以"m^2"为计算单位，见式（2-2）。

$$S = 2S_b = (2LB + 2LH + 2BH) \times 2(\text{内外}) \tag{2-2}$$

式中　S_b——水箱的表面积（m^2）；

L、B、H——水箱的长、宽、高（m）。

注意：水箱制作完成后内外都要进行除锈、刷油等工作。

（2）钢板水箱保温工程量　钢板水箱保温工程量是计算水箱外保温材料的体积，以

“m^3”为计算单位，见式（2-3）。

$$V = 2\delta[(L + 1.033\delta) \times (B + 1.033\delta) + (B + 1.033\delta) \times (H + 1.033\delta) + (L + 1.033\delta) \times (H + 1.033\delta)] \tag{2-3}$$

式中 V——保温材料体积（m^3）；

δ——保温材料厚度（m）。

1.033δ 的由来是 $\delta + 3.3\%\delta = 1.033\delta$，其中，3.3%是保温材料厚度允许偏差系数。

（3）钢板水箱保温外保护层、刷漆工程量　钢板水箱保温外保护层刷漆工程量是计算水箱保温材料外的表面积，其表面尺寸每边都增加一个保温厚度 δ，以“m^2”为计算单位，见式（2-4）。

$$S'_b = (L + 2.1\delta) \times (B + 2.1\delta) \times 2 + (L + 2.1\delta) \times (H + 2.1\delta) \times 2 + (B + 2.1\delta) \times (H + 2.1\delta) \times 2 \tag{2-4}$$

式中 S'_b——保护层面积（m^2）。

2.1δ 的由来是 $2\delta + 5\% \times 2\delta = 2.1\delta$，其中，5%是保温材料允许超厚系数。

［例 2-13］ 安装钢板水箱 2000mm × 1800mm × 1500mm，除锈后刷防锈漆两道，保温采用 50mm 厚岩棉板，保护层采用外缠玻璃丝布两道，布外刷调和漆两道。计算水箱的防腐、保温、保护层的工程量。

解：（1）钢板水箱除锈、刷防锈漆工程量

$$S = S_b \times 2 = (2 \times 1.8 \times 2 + 2 \times 1.5 \times 2 + 1.8 \times 1.5 \times 2)m^2 \times 2 = 18.6m^2 \times 2 = 37.2m^2$$

（2）钢板水箱岩棉板保温工程量

$$V = 2 \times 0.05 \times [(2 + 1.033 \times 0.05) \times (1.8 + 1.033 \times 0.05) + (1.8 + 1.033 \times 0.05) \times (1.5 + 1.033 \times 0.05) + (2 + 1.033 \times 0.05) \times (1.5 + 1.033 \times 0.05)]m^2 = 0.986m^3$$

（3）钢板水箱玻璃丝布及布外刷调和漆保护层工程量

$$S'_b = [(2.0 + 2.1 \times 0.05) \times (1.8 + 2.1 \times 0.05) \times 2 + (2.0 + 2.1 \times 0.05) \times (1.5 + 2.1 \times 0.05) \times 2 + (1.8 + 2.1 \times 0.05) \times (1.5 + 2.1 \times 0.05) \times 2]m^2 = 20.89m^2$$

注意：保温工程量由于保温厚度 δ 的数值很小，实际工作时往往不考虑偏差系数和超厚系数，采用下列公式进行近似计算。

$$V = 2 \times \delta[(L + \delta) \times (B + \delta) + (B + \delta) \times (H + \delta) + (L + \delta) \times (H + \delta)]$$

同样，保护层工程量计算时也可以不考虑超厚系数，采用下列公式进行近似计算。

$$S'_b = 2 \times [(L + 2\delta) \times (B + 2\delta) + (L + 2\delta) \times (H + 2\delta) + (B + 2\delta) \times (H + 2\delta)]$$

根据近似计算公式，［例 2-13］中的保温工程量和保护层工程量可分别计算为：

$$V = 2 \times 0.05m \times 9.8375m^2 = 0.984m^3$$

$$S'_b = 2 \times (2.1 \times 1.9 + 2.1 \times 1.6 + 1.9 \times 1.6)m^2 = 20.78m^2$$

因此，在不考虑偏差系数和超厚系数时，保温层、保护层工程量相差较少，可按近似公式计算。

小知识

其他设备的除锈、刷油、保温工程量计算

1）其他设备除锈、刷油工程量，以“m^2”为计算单位。

① 平封头设备，如图2-36a所示，按下式计算表面除锈、刷油面积，包括人孔、管口、凸凹部分：$S_{平}=L\pi D+2\pi\ (D/2)^2$。

② 圆封头设备，如图2-36b所示，按下式计算表面除锈、刷油面积，包括人孔、管口、凸凹部分：$S_{圆}=L\pi D+2\pi(D/2)^2\times1.6$，其中1.6表示圆封头展开面积系数。

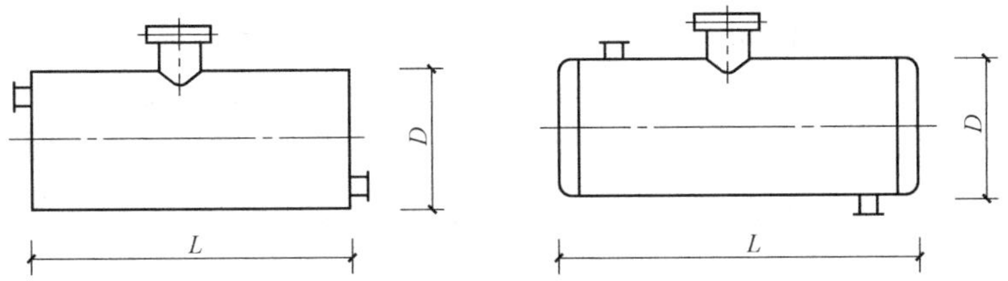

a)　　b)

图2-36　筒体表面积

a）平封头设备　b）圆封头设备

2）其他设备保温（冷）工程量，以“m^3”为计算单位。

① 平封头设备，如图2-37a所示，按下式计算保温工程量：

$$\begin{aligned}V_{平}&=(L+2\delta+2\delta\times3.3\%)\pi(D+\delta+\delta\times3.3\%)\times\\&\quad(\delta+\delta\times3.3\%)+\pi(D/2)^2\times(\delta+\delta\times3.3\%)\times2\\&=(L+1.033\times2\delta)\pi(D+1.033\delta)\times1.033\delta+\pi(D/2)^2\times1.033\delta\times2\end{aligned}$$

即：$V_{平}$＝筒体保温体积＋两个平封头的保温体积。

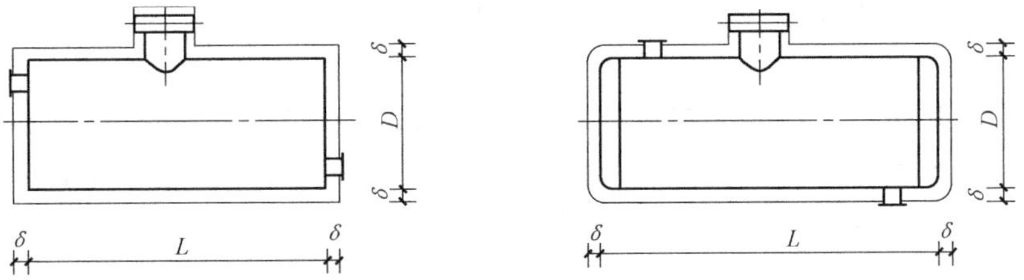

a)　　b)

图2-37　筒体保温

a）平封头设备　b）圆封头设备

② 圆封头设备，如图2-37b所示，按下式计算保温工程量：

$$\begin{aligned}V_{圆}&=L\pi(D+\delta+\delta\times3.3\%)\times(\delta+\delta\times3.3\%)+\\&\quad\pi[(D+\delta+\delta\times3.3\%)/2]^2\times1.6\times(\delta+\delta\times3.3\%)\times2\\&=L\pi(D+1.033\delta)\times1.033\delta+\pi[(D+1.033\delta)/2]^2\times1.6\times1.033\delta\times2\end{aligned}$$

即：$V_{圆}$＝筒体保温体积＋两个圆封头的保温体积。

③ 人孔及管接口保温体积，如图2-38所示，按下式计算保温工程量：

$$\begin{aligned}V_{孔}&=\pi h(d+\delta+\delta\times3.3\%)\times(\delta+\delta\times3.3\%)\\&=\pi h(d+1.033\delta)\times1.033\delta\end{aligned}$$

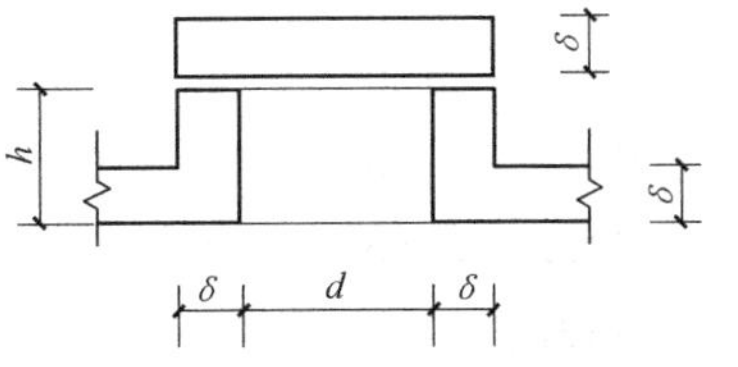

图2-38　人孔及管接口保温

3）设备保温外保护层及刷油工程量，以“m^2”为计算单位。

① 平封头设备，如图 2-37a 所示，保温外保护层工程量是计算筒体保温材料外的表面积，其表面尺寸增加了一个保温厚度 δ 及超厚系数，按下式计算工程量：

$$S_{平} = (L + 2\delta + 2\delta \times 5\%)\pi(D + 2\delta + 2\delta \times 5\%) + 2\pi[(D + 2\delta + 2\delta \times 5\%)/2]^2$$
$$= (L + 2.1\delta)\pi(D + 2.1\delta) + 2\pi[(D + 2.1\delta)/2]^2$$

② 圆封头设备，如图 2-36b 所示，保温外保护层工程量是计算筒体保温材料外的表面积，其表面尺寸增加了一个保温厚度 δ 及超厚系数，按下式计算工程量：

$$S_{圆} = (L + 2\delta + 2\delta \times 5\%)\pi(D + 2\delta + 2\delta \times 5\%) + 2\pi[(D + 2\delta + 2\delta \times 5\%)/2]^2 \times 1.6$$
$$= (L + 2.1\delta)\pi(D + 2.1\delta) + 2\pi[(D + 2.1\delta)/2]^2 \times 1.6$$

③ 人孔、管接口，如图 2-38 所示，按下式计算工程量：

$$S_{孔} = (d + 2\delta + 2\delta \times 5\%)\pi(h + \delta + \delta \times 5\%)$$
$$= (d + 2.1\delta)\pi(h + 1.05\delta)$$

2.5.3 型钢支架除锈、刷油工程量计算

型钢支架的除锈、刷油等防腐工程量是管道支架和设备支架的质量之和，以“kg”为计算单位。对于 *DN*32 及以下的管道支架，定额只考虑了支架制作、安装的工作，这部分管道支架也需要进行除锈、刷油等防腐工作，可以利用定额提供的支架数量计算其相应的质量。

[例 2-14] 根据［例 2-7］所提供的工程量数据计算管道的支架除锈、刷油工程量。

解：［例 2-7］计算了 *DN*40、*DN*50 的管道支架质量，还需要计算 *DN*15、*DN*20、*DN*25、*DN*32 的管道支架质量。当然按［例 2-7］的方法分步计算更好，为了简便利用定额提供的支架数量计算也可以。表 2-15 中列出了 *DN*15、*DN*20、*DN*25、*DN*32 的相关定额支架数量，表中立管卡、管托钩是室内镀锌钢管（螺纹连接）定额中每米的含量，单位为个/m，单个质量参见表 2-7 及表 2-9 中的支架单个质量，单位为 kg。

表 2-15　*DN*15、*DN*20、*DN*25、*DN*32 定额支架数量及相关工程量计算

管径	工程量/m	立管卡数/（个/m）	单个质量/kg	管托钩数/（个/m）	单个质量/kg	小计	合计/kg
*DN*15	100	0.164	0.17	0.146	0.96	16.804	104.294
*DN*20	150	0.185	0.19	0.131	0.99	24.726	
*DN*25	180	0.206	0.20	0.116	1.05	29.340	
*DN*32	200	0.206	0.22	0.116	1.06	33.424	

*DN*15：$(100 \times 0.164 \times 0.17 + 100 \times 0.146 \times 0.96)$ kg = 16.804kg

*DN*20：$(150 \times 0.185 \times 0.19 + 150 \times 0.131 \times 0.99)$ kg = 24.726kg

*DN*25：$(180 \times 0.206 \times 0.20 + 180 \times 0.116 \times 1.05)$ kg = 29.340kg

*DN*32：$(200 \times 0.206 \times 0.22 + 200 \times 0.116 \times 1.06)$ kg = 33.424kg

管道支架除锈、刷油工程量：140.1（见［例 2-7］）kg + 104.294kg = 244.394kg

想一想

如果［例 2-14］中考虑部分管道需保温怎样计算？其中各管需要保温的工程量为 50m，那管道支架如何计算？

提示：定额中立管卡、管托钩的含量是综合考虑的，数量不能调整，单个质量查表2-7、表 2-9 中保温管的支架质量，如：*DN*32 保温管单个质量，立支架为：0.84kg/个；水平支架为：1.433kg/个。

2.6　计算实例

本节导学

本节通过具体的水暖工程实例，使学生加深对水暖工程预算的工程量计算程序和计算内容的理解，进一步熟悉工程量计算规则，分别列出直接工程费计算表和分部分项工程量清单与计价表，让学生了解两种计价模式在汇总工程量上的区别。

说明：本节例题依据 2012 年《全国统一安装工程预算定额河北省消耗量定额》计算各实例的直接工程费；根据《通用安装工程工程量计算规范》（GB 50856—2013）编制各实例的分部分项工程量清单。

2.6.1　给排水工程实例

1. 工程概况

本工程是某职工住宅楼，为砖混结构，共 6 层，层高 3m。给水管道为镀锌钢管，埋地部分刷沥青漆两遍，其余刷银粉漆两遍，入户穿外墙处采用刚性防水套管，穿内墙和楼板处采用钢套管。排水管用 UPVC 管，采用承插粘接，除坐便器外与器具连接的排水立支管均为 *De*50。预留与热水器（用户自备）连接的管至标高为 0.5m 处。洗脸盆配备冷热混合龙头，大便器采用坐便，采用旋翼式螺纹水表，阀门为截止阀。给排水平面图如图 2-39 所示，系统图如图 2-40、图 2-41 所示。

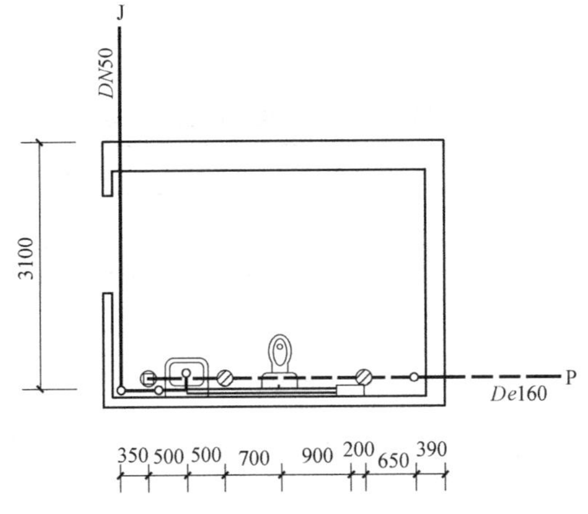

图 2-39　给排水平面图

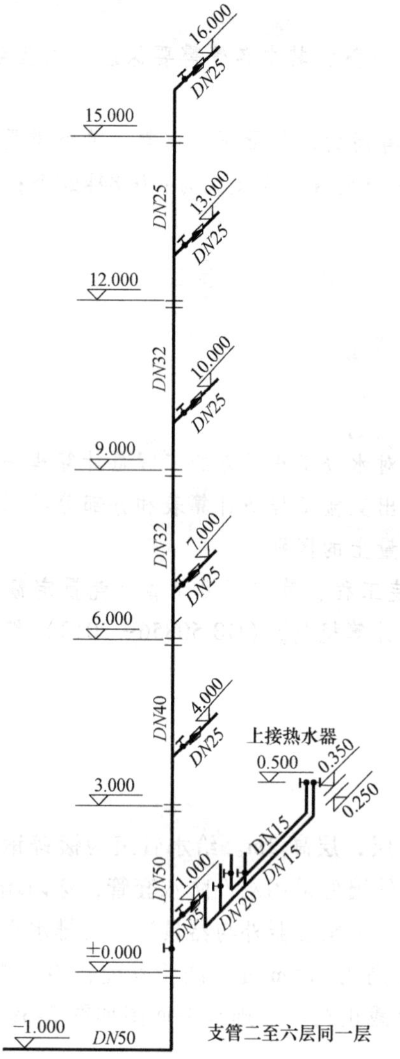

图 2-40 给水系统图

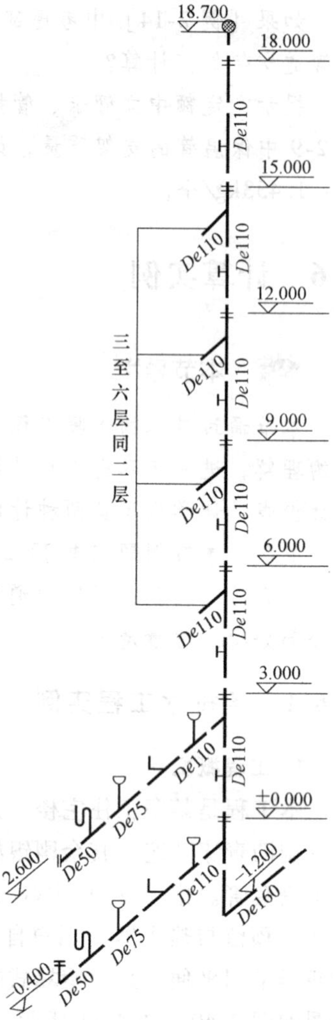

图 2-41 排水系统图

2. 工程量计算（见表 2-16）

表 2-16 给排水工程工程量计算表

序号	分部分项工程名称	单位	数量	计 算 过 程
一	给水管道			
1	镀锌钢管 *DN*50	m	9.6	1.5(入户) +3.1(水平) +1.0 +4.0(垂直) =9.6
2	*DN*40	m	3.0	7.0 - 4.0 =3.0(垂直)
3	*DN*32	m	6.0	13.0 -7.0 =6.0(垂直)
4	*DN*25	m	12.6	(16.0 -13.0)(垂直) +[(0.35 +0.5)(支水平) +(1.0 -0.25)(支垂直)] ×6 =12.6
5	*DN*20	m	7.2	(0.5 +0.7)(支水平) ×6 =7.2

（续）

序号	分部分项工程名称	单位	数量	计算过程
6	*DN*15	m	22.2	{0.9(支水平)+[(0.5-0.25)+(0.45-0.25)](支垂直)+(0.9+0.7+0.5)(支水平)+[(0.5-0.35)+(0.45-0.35)](支垂直)}×6=22.2
7	截止阀 *DN*50	个	1	1
8	截止阀 *DN*15	个	12	2×6(只计算接热水器的阀门,洗脸盆、坐便器的角阀包括在其定额内)
9	螺纹水表 *DN*25	组	6	6
10	管道支架制作、安装(*DN*32 以上)	kg	0.48	垂直支架:*DN*50,1 个;*DN*40,1 个 水平支架:*DN*32 以上的无;*DN*50 的水平管是埋地安装,不用支架 支架质量:1×0.25+1×0.23=0.48
11	埋地管道刷沥青漆	m^2	0.87	4.6×0.1885=0.87
12	管道刷银粉漆	m^2	5.61	5.0×0.1885+3.0×0.1507+6.0×0.1297+12.6×0.1059+7.2×0.0855+22.2×0.0669=5.61
13	管道支架除锈	kg	9.457	*DN*32 及以下管道支架的制作、安装包括在管道安装中,其除锈刷油工程量可以从定额含量中分析得到立支架和水平托钩的数量,计算出质量即可。 *DN*32:6×[0.206(定额含量)×0.82+0.116(定额含量)×1.433]=2.01 *DN*25:12.6×(0.206×0.20+0.116×1.05)=2.05 *DN*20:7.2×(0.185×0.19+0.131×0.99)=1.187 *DN*15:22.2×(0.164×0.17+0.146×0.96)=3.73 *DN*32 及以下管道支架:2.01+2.05+1.187+3.73=8.977 管道支架合计:8.977+0.48=9.457
14	管道支架刷防锈漆	kg	9.457	同管道支架除锈工程量
15	管道支架刷银粉漆	kg	9.457	同管道支架除锈工程量
16	管道冲洗、消毒	m	60.6	9.6+3.0+6.0+12.6+7.2+22.2=60.6
17	刚性防水套管 *DN*50	个	1	1
18	钢套管 *DN*40	m	0.3	1×0.3=0.3
19	钢套管 *DN*50	m	0.6	2×0.3=0.6
20	钢套管 *DN*70	m	0.3	1×0.3=0.3
21	钢套管 *DN*80	m	0.3	1×0.3=0.3
二	排水系统			
22	*De*160	m	2.69	1.5(出户)+0.39(水平)+(1.2-0.4)(垂直)=2.69
23	*De*110	m	33.8	(0.4+18.7)(垂直)+(0.65+0.2+0.9)×6(支水平)+(0.4+0.3)×6(坐便器)=33.8
24	*De*75	m	7.2	(0.5+0.7)×6(支水平)=7.2
25	*De*50	m	9.4	0.5×6(支水平)+0.4(一层清扫口)+(0.4-0.1)×2×6(地漏)+0.4×1×6(洗脸盆)=9.4
26	地漏 *De*50	个	12	2×6=12
27	清扫口 *De*50	个	6	1×6=6(一层1个,共6层)
28	洗脸盆	组	6	6
29	坐便器	组	6	6

注：1. “支水平”是各层的水平管，“支垂直”是各层的垂直管。

2. 由图 2-39、2-40 可知洗脸盆是下配水方式，阀门标高为 0.45m（详见 2.3.1 中图 2-18）。

3. 卫生洁具的连接管按全国定额考虑，各省有所不同，希望熟悉本地定额灵活掌握本地管道的工程量计算规则。

3. 直接工程费计算表（定额计价）（见表2-17）

表2-17 直接工程费计算表

定额编号	项目名称	单位	数量	单价/元			未计价材料		合价/元			
				基价	人工费	机械费	消耗量	单价	合计	人工费	机械费	主材费
8—166	镀锌钢管（螺纹）DN15	10m	2.22	141.71	100.20	0	10.2	9.22	314.60	222.44	0	208.78
8—167	镀锌钢管（螺纹）DN20	10m	0.72	139.89	100.20	0	10.2	11.73	100.72	72.14	0	86.15
8—168	镀锌钢管（螺纹）DN25	10m	1.26	170.80	120.60	1.58	10.2	16.83	215.21	151.96	1.99	216.30
8—169	镀锌钢管（螺纹）DN32	10m	0.6	179.03	120.60	1.58	10.2	21.77	107.42	72.36	0.95	133.23
8—170	镀锌钢管（螺纹）DN40	10m	0.3	195.90	144.00	1.58	10.2	26.08	58.77	43.20	0.47	79.80
8—171	镀锌钢管（螺纹）DN50	10m	0.96	224.73	147.00	4.53	10.2	33.14	215.74	141.12	4.35	324.51
8—303	塑料排水管(零件粘接)De50	10m	0.94	128.19	89.40	0	9.67	5.47	120.50	84.04	0	49.72
8—304	塑料排水管(零件粘接)De75	10m	0.72	198.88	120.00	0	9.63	12.50	143.19	86.40	0	86.67
8—305	塑料排水管(零件粘接)De110	10m	3.38	316.36	132.60	0.31	8.52	22.50	1069.30	448.19	1.05	647.95
8—306	塑料排水管(零件粘接)De160	10m	0.269	402.56	185.40	0.31	9.47	28.50	108.29	49.87	0.08	72.60
8—431	焊接法兰阀DN50	个	1	146.56	19.80	25.24	1	79.00	146.56	19.80	25.24	79.00
8—414	螺纹截止阀DN15	个	12	7.38	6.00	0	1.01	10.00	88.56	72.00	0	121.20
8—355	管道支架制作安装	100kg	0.005	1340.50	315.60	771.50	106	5.42	6.70	1.58	3.86	2.87
8—408	管道冲洗消毒DN50	100m	0.606	54.12	28.80	0	—	—	32.80	17.45	0	—
11—66	管道刷油沥青漆一遍	$10m^2$	0.087	21.35	15.60	0	2.88	8.50	1.86	1.36	0	2.13
11—67	管道刷油沥青漆两遍	$10m^2$	0.087	20.13	15.00	0	2.47	8.50	1.75	1.31	0	1.83
11—56	管道刷油银粉漆一遍	$10m^2$	0.561	19.37	15.00	0	0.67	13.00	10.87	8.42	0	4.89
11—57	管道刷油银粉漆两遍	$10m^2$	0.561	17.32	14.40	0	0.63	13.00	9.72	8.08	0	4.59
8—545	螺纹水表安装DN25	组	6	14.88	13.20	0	1	78.50	89.28	79.20	0	471.00

（续）

定额编号	项目名称	单位	数量	单价/元			未计价材料		合价/元			
				基价	人工费	机械费	消耗量	单价	合计	人工费	机械费	主材费
6—3098	刚性防水套管制作 DN50	个	1	98.62	25.20	31.20	3.26	6.50	98.62	25.20	31.20	21.19
6—3115	刚性防水套管安装 DN50	个	1	88.09	36.60	0	—	—	88.09	36.60	0	—
8—330	钢套管制作、安装 DN25	个	1	10.31	4.20	0.69	0.306	20.85	10.31	4.20	0.69	6.38
8—331	钢套管制作、安装 DN32	个	2	12.68	4.80	0.80	0.306	26.50	25.36	9.60	1.60	16.22
8—332	钢套管制作、安装 DN40	个	1	15.37	5.40	1.09	0.306	35.99	15.37	5.40	1.09	11.01
8—333	钢套管制作、安装 DN50	个	2	21.19	7.80	1.31	0.306	45.20	42.38	15.60	2.62	27.66
11—7	支架（一般钢结构）手工除轻锈	100kg	0.095	33.35	18.60	12.72	—	—	3.17	1.77	1.21	—
11—115	支架刷防锈漆第一遍	100kg	0.095	27.59	12.60	12.72	0.92	13.00	2.62	1.20	1.21	1.14
11—116	支架刷防锈漆第两遍	100kg	0.095	26.75	12.00	12.72	0.78	13.00	2.54	1.14	1.21	0.96
11—118	支架刷银粉漆第一遍	100kg	0.095	30.21	12.00	12.72	0.25	13.00	2.87	1.14	1.21	0.31
11—119	支架刷银粉漆第两遍	100kg	0.095	29.49	12.00	12.72	0.23	13.00	2.80	1.14	1.21	0.28
8—642	地漏 De50	10个	1.2	93.71	88.20	0	10	3.50	112.45	105.84	0	42.00
8—647	地面扫除口 De50	10个	0.6	44.82	41.40	0	10	5.00	26.89	24.84	0	30.00
8—583	洗脸盆安装冷热水	10组	0.6	1283.08	319.20	0	10.1	150.00	769.85	191.52	0	909.00
8—611	坐式大便器安装	10套	0.6	657.22	333.00	0	10.1	300.00	394.33	199.80	0	1818.00
	合计	元							4439.49	2205.91	81.24	5477.37
	直接工程费 = 4439.49 元 + 5477.37 元 = 9916.86 元											
	直接工程费中的人工费 + 机械费 = 2205.91 元 + 81.24 元 = 2287.15 元											

注：1. 为体现未计价材料费，本例自制表格；为方便后续费用计算，本例只单列出了人工费和机械费，未单独列出材料费（材料费已含在合价中）。

2. 本例执行 2012 年《全国统一安装工程预算定额河北省消耗量定额》第八册（给排水、采暖、燃气工程）和第十一册（刷油、防腐、绝热工程）。

3. 河北省 2012 定额规定钢套管的规格按主管管径确定，以“个”为计算单位。则钢套管的工程量分别为：DN25 的 1 个；DN32 的 2 个；DN40 的 1 个；DN50 的 2 个。

4. 本例对定额中有多项未计价材的情况，主材单价按综合考虑。

4. 分部分项工程量清单与计价表（见表2-18）

表2-18　分部分项工程量清单与计价表

工程名称：某住宅楼给排水工程　　　　标段　　　　第　页　共　页

序号	项目编号	项目名称	项目特征描述	计量单位	工程量	金额/元		
						综合单价	合价	其中 暂估价
1	031001001001	镀锌钢管 *DN*15	1. 安装部位：室内 2. 介质：给水 3. 规格、压力等级：*DN*15、低压 4. 连接形式：螺纹连接 5. 压力试验及吹、洗设计要求：冲洗、消毒	m	22.2			
2	031001001002	镀锌钢管 *DN*20	1. 安装部位：室内 2. 介质：给水 3. 规格、压力等级：*DN*20、低压 4. 连接形式：螺纹连接 5. 压力试验及吹、洗设计要求：冲洗、消毒	m	7.2			
3	031001001003	镀锌钢管 *DN*25	1. 安装部位：室内 2. 介质：给水 3. 规格、压力等级：*DN*25、低压 4. 连接形式：螺纹连接 5. 压力试验及吹、洗设计要求：冲洗、消毒	m	12.6			
4	031001001004	镀锌钢管 *DN*32	1. 安装部位：室内 2. 介质：给水 3. 规格、压力等级：*DN*32、低压 4. 连接形式：螺纹连接 5. 压力试验及吹、洗设计要求：冲洗、消毒	m	6			
5	031001001005	镀锌钢管 *DN*40	1. 安装部位：室内 2. 介质：给水 3. 规格、压力等级：*DN*40、低压 4. 连接形式：螺纹连接 5. 压力试验及吹、洗设计要求：冲洗、消毒	m	3			
6	031001001006	镀锌钢管 *DN*50	1. 安装部位：室内 2. 介质：给水 3. 规格、压力等级：*DN*50、低压 4. 连接形式：螺纹连接 5. 压力试验及吹、洗设计要求：冲洗、消毒	m	9.6			

（续）

序号	项目编号	项目名称	项目特征描述	计量单位	工程量	金额/元		
						综合单价	合价	其中 暂估价
7	031001006001	塑料管 *De*50	1. 安装部位：室内 2. 介质：排水 3. 材质、规格：UPVC、*De*50 4. 连接形式：粘接	m	9.4			
8	031001006002	塑料管 *De*75	1. 安装部位：室内 2. 介质：排水 3. 材质、规格：UPVC、*De*75 4. 连接形式：粘接	m	7.2			
9	031001006003	塑料管 *De*110	1. 安装部位：室内 2. 介质：排水 3. 材质、规格：UPVC、*De*110 4. 连接形式：粘接	m	33.8			
10	031001006004	塑料管 *De*160	1. 安装部位：室内 2. 介质：排水 3. 材质、规格：UPVC、*De*160 4. 连接形式：粘接	m	2.69			
11	031003003001	焊接法兰阀门	1. 类型：截止阀 2. 规格、压力等级：*DN*50、低压 3. 连接形式：法兰连接 4. 焊接方法：平焊	个	1			
12	031003001001	螺纹阀门	1. 类型：截止阀 2. 材质：铜 3. 规格、压力等级：*DN*15、低压 4. 连接形式：螺纹连接	个	12			
13	031002001001	管道支架	1. 材质：型钢 2. 管架形式：一般管架	kg	0.5			
14	031201001001	管道刷油	1. 油漆品种：沥青漆 2. 涂刷遍数：两遍	m^2	8.7			
15	031201001002	管道刷油	1. 油漆品种：银粉漆 2. 涂刷遍数：两遍	m^2	5.61			
16	031003013001	水表	1. 安装部位：室内 2. 型号、规格：旋翼式 *DN*25 3. 连接形式：螺纹连接 4. 附件配置：见标准图集12S2—3	组	6			
17	031002003001	套管	1. 名称、类型：刚性防水套管 2. 规格：*DN*50	个	1			
18	031002003002	套管	1. 名称、类型：钢套管 2. 规格：*DN*25	个	1			

（续）

序号	项目编号	项目名称	项目特征描述	计量单位	工程量	金额/元		
						综合单价	合价	其中 暂估价
19	031002003003	套管	1. 名称、类型：钢套管 2. 规格：*DN*32	个	2			
20	031002003004	套管	1. 名称、类型：钢套管 2. 规格：*DN*40	个	1			
21	031002003005	套管	1. 名称、类型：钢套管 2. 规格：*DN*50	个	2			
22	031201003001	金属结构刷油	1. 除锈级别：手工除轻锈 2. 油漆品种：防锈漆、银粉漆 3. 结构类型：一般钢结构 4. 涂刷遍数：均刷两遍	kg	9.5			
23	031004003001	洗脸盆	1. 材质：陶瓷 2. 规格、类型：冷热水 3. 组装形式：冷热水混合水龙头 4. 附件名称、数量：见标准图集 12S1—21	组	6			
24	031004006001	大便器	1. 材质：陶瓷 2. 规格、类型：坐便器 3. 组装形式：直排水 4. 附件名称、数量：见标准图集 12S1—91	组	6			
25	031004014001	地漏	1. 材质：塑料 2. 型号、规格：*De*50 3. 安装方式：见标准图集 12S1—231	个	12			
26	031004014002	清扫口	1. 材质：塑料 2. 型号、规格：*De*50 3. 安装方式：见标准图集 12S1—248	个	6			
本页合计								
合计								

注：1. 本例执行《建设工程工程量清单计价规范》（GB 50500—2013）、《通用安装工程工程量计算规范》（GB 50856—2013）。
2. 为了方便教学，“项目特征描述”部分针对其“内容”比较详细。
3. 附件名称、数量：见标准图集，实际与定额不同时要描述清楚，以便正确计算综合单价。

2.6.2 采暖工程实例

1. 工程概况

本工程是某办公楼采暖工程，砖混结构，共2层，层高3.6m，管材采用焊接钢管，管径 *DN*≤32mm 采用螺纹连接，*DN*＞32mm 采用焊接，散热器采用四柱760型铸铁散热器，室内管道、散热器和支架均刷防锈漆两遍、银粉漆两遍。地沟内管道和支架刷防锈漆两遍，

50mm 厚岩棉管壳保温，外缠玻璃丝布，布外刷沥青漆两遍；管道穿外墙采用刚性防水套管，穿楼板和内墙采用钢套管。一层、二层采暖平面图如图 2-42、图 2-43 所示，采暖系统图如图 2-44 所示。

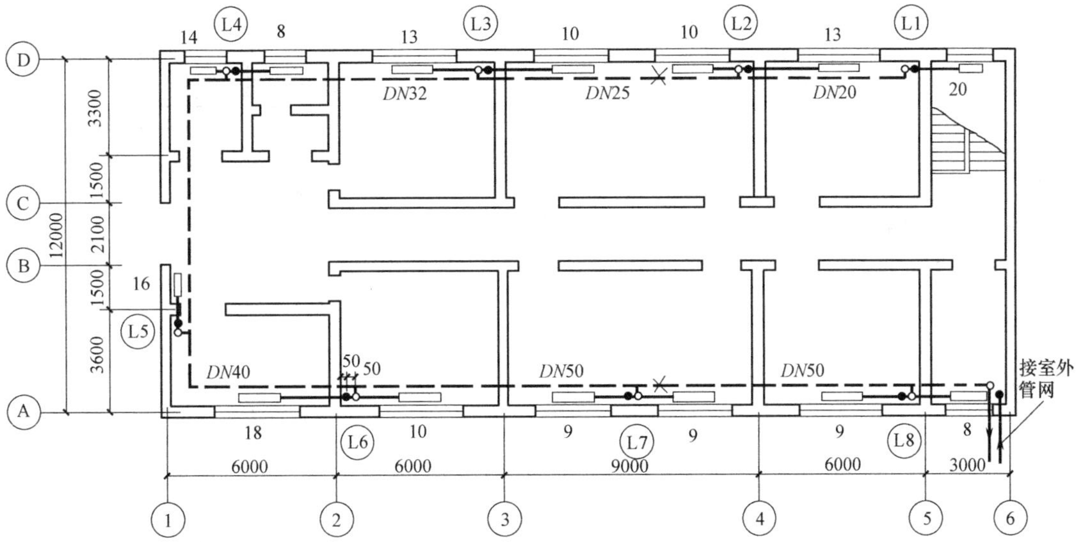

图 2-42　一层采暖平面图

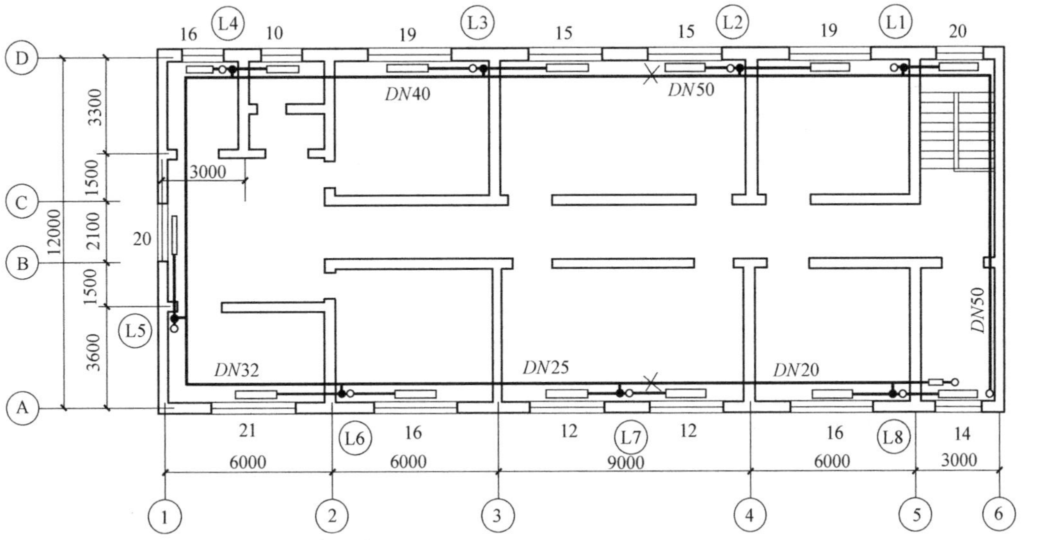

图 2-43　二层采暖平面图

2. 管道施工要求

采暖工程的供水干管、立管中心距墙 150mm，回水干管、立管地沟内居中敷设，距墙 300mm，立支管通过乙字弯后距墙 50mm。建筑物内外墙均按 240mm 计算。

3. 工程量计算

本例题计算利用图样所标注的尺寸和设计说明的内容进行，学生可以熟悉一下这套思

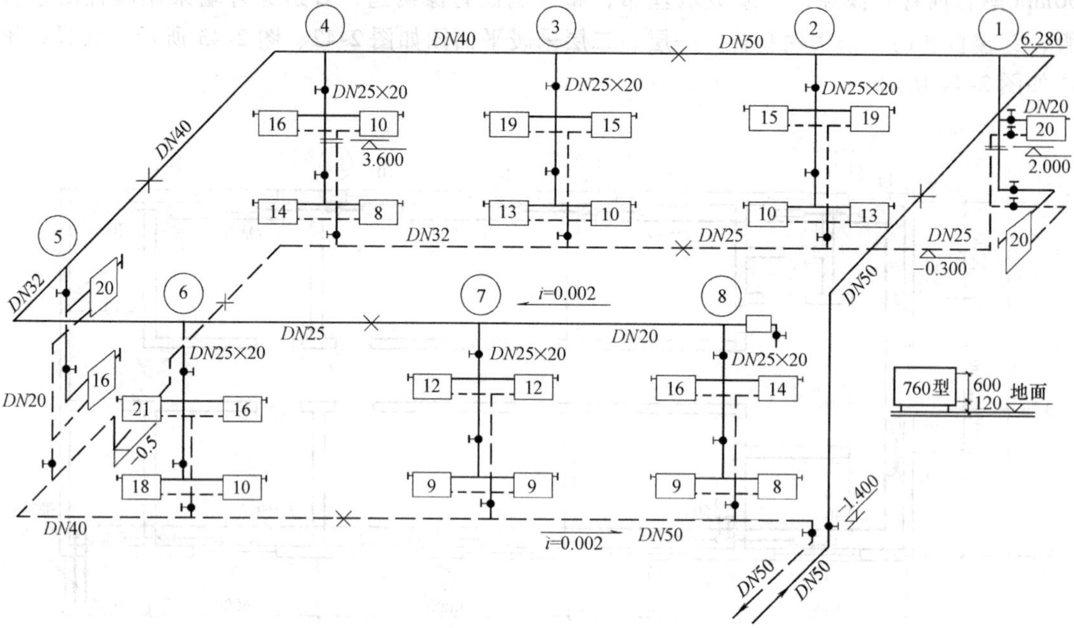

图 2-44　采暖系统图

路，以适应相应的考试，当然利用比例尺计算也行，方法同给排水工程。工程量计算见表 2-19。

表 2-19　工程量计算表

序号	分部分项工程名称	单位	数量	计　算　式
一	采暖管道			
1	焊接钢管 *DN*50	m	65.43	①供水:1.5+0.24+0.15+1.4+6.28+(12-0.24-0.15×2)+(18-0.15+0.05)=38.93 ②回水:1.5+0.24+0.3+(1.4-0.3)+(24-0.24-0.3-0.1)=26.5 合计:38.93+26.5=65.43(其中保温 26.5+1.5+0.24+0.15+1.4=29.79)
2	焊接钢管 *DN*40	m	39.18	①供水:(12-0.24-0.05-0.15)+(8.4-0.15+0.05)=19.86 ②回水:(6+0.1-0.3)+(12-0.24-0.3×2)+(3-0.24-0.3-0.1)=19.32 合计:19.86+19.32=39.18(其中保温:19.32)
3	焊接钢管 *DN*32	m	18.06	①供水:(3.6-0.24-0.15-0.05)+(6-0.15+0.05)=9.06 ②回水:9 合计:9.06+9=18.06(其中保温:9)
4	焊接钢管 *DN*25	m	78.25	①供水:(10.5-0.12-0.05)=10.33 ②回水:9 ③立管:[(6.28-0.72)(供水)+(3.6+0.12+0.3)(回水)+2×0.06(乙字弯)+2×0.06(抱弯)]×6(6 根立管)=58.92 合计:10.33+9+58.92=78.25(其中保温:9+0.3×6=10.8)

（续）

序号	分部分项工程名称	单位	数量	计 算 式
5	焊接钢管 *DN*20	m	145. 12	①供水：(10. 5 +0. 12) +0. 5(排气阀) =11. 12 ②回水：6 ③立管： L5：(6. 28 −0. 72) +(3. 6 +0. 12 +0. 3) +2 ×0. 06(乙字弯) +1 ×0. 06(抱弯) =9. 76 L1：(6. 28 −0. 72) +(2. 0 +0. 12 +0. 3) +2 ×0. 06(乙字弯) +1 ×0. 06(抱弯) =8. 16 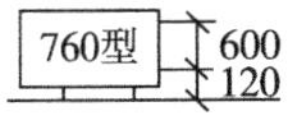 两根立管小计：9. 76 +8. 16 =17. 92 ④水平支管：管径均为 *DN*20 L1：[1. 5 +0. 12 +0. 075(平均距离) −10 ×0. 051 +0. 035(水平乙字弯)] ×4 =4. 88 L2、L3：[5. 25 −14(平均片数) ×0. 051 +2 ×0. 035] ×4 ×2 =36. 848 L4：(3 −12 ×0. 051 +2 ×0. 035) ×4 =9. 832 L5：(2. 55 +0. 12 +0. 075 −10 ×0. 051 +1 ×0. 035) ×2 +(0. 75 +0. 12 +0. 075 −8 ×0. 051 +1 ×0. 035) ×2 =5. 534 L6：(6 −16 ×0. 051 +2 ×0. 035) ×4 =21. 016 L7：(4. 5 −10. 5 ×0. 051 +2 ×0. 035) ×4 =16. 138 L8：(4. 5 −12 ×0. 051 +2 ×0. 035) ×4 =15. 832 水平支管小计：110. 08 合计：11. 12 +6 +17. 92 +110. 08 =145. 12(其中保温：6 +0. 3 ×2 =6. 6)
二	散热器			
6	散热器	片	392	支管管径均为 *DN*20 20 片：3 组；19 片：2 组；18 片：1 组；16 片：4 组；14 片：2 组 21 片：1 组；15 片：2 组；13 片：2 组；12 片：2 组；10 片：4 组 9 片：3 组；8 片：2 组。 共计 28 组，392 片
7	散热器放风阀	个	28	28
三	阀门			
8	截止阀 *DN*50	个	2	2
9	截止阀 *DN*25	个	18	18
10	截止阀 *DN*20	个	8	8(自动排气阀之前有 1 个截止阀，图中标示有 7 个截止阀，共 8 个)
11	自动排气阀 *DN*20	个	1	1
四	管道支架制作、安装			

（续）

序号	分部分项工程名称	单位	数量	计 算 式
12	支架质量（DN > 32）	kg	81.63	①管道立管支架：DN50，2个 ②管道水平支架 固定支架：DN50，非保温2个，保温1个 DN40，非保温1个，保温1个 滑动支架：DN50，非保温(65.43－29.79－6.28)/5－2(固定支架)≈6－2(固定支架)=4个 保温29.79/3－1(固定支架)≈10－1(固定支架)=9个 DN40，非保温19.86/4.5－1(固定支架)≈5－1(固定支架)=4个 保温19.32/3－1(固定支架)≈7－1(固定支架)=6个 ③支架质量： 2×1.38(立支架)+2×1.14+1×1.512+1×1.1+1×1.471(固定支架)+4×2.72+9×3.43+4×2.65+6×3.36(滑动支架)=81.633
五	套管			
13	刚性防水套管DN50	个	2	2个
14	钢套管DN80	m	1.7	DN50管穿楼板数量:2次;穿墙数量:4次 钢套管DN80工程量=0.25×2+0.3×4=1.7
15	钢套管DN70	m	1.2	DN40穿墙数量:4次 钢套管DN70工程量=0.3×4=1.2
16	钢套管DN50	m	0.3	DN32穿墙数量:1次 钢套管DN50工程量=0.3×1=0.3
17	钢套管DN40	m	4.8	DN25管穿楼板数量:18次;穿墙数量:1次 钢套管DN40工程量=0.25×18+0.3×1=4.8
18	钢套管DN32	m	10.5	DN20管穿楼板数量:6次;穿墙数量:28(支管)+2(供水干管)=30次 钢套管DN32工程量=0.25×6+0.3×30=10.5
六	除锈、刷油			
19	管道除锈	m^2	41.28	65.43×0.1885+39.18×0.1507+18.06×0.1297+78.25×0.1059+145.12×0.0855=41.28
20	管道刷防锈漆	m^2	41.28	同除锈工程量
21	管道刷银粉漆	m^2	29.89	(65.43－29.79)×0.1885+(39.18－19.32)×0.1507+(18.06－9)×0.1297+(78.25－10.8)×0.1059+(145.12－6.6)×0.0855=29.89
22	管道保温	m^3	1.2	29.79×0.0181+19.32×0.0151+9×0.0146+10.8×0.0138+6.6×0.0128=1.2
23	管道保温外保护层（缠玻璃丝布）	m^2	38.24	29.79×0.5438+19.32×0.5062+9×0.4854+10.8×0.4615+6.6×0.4411=38.24

（续）

序号	分部分项工程名称	单位	数量	计算式
24	管道保护层外刷漆	m^2	38.24	同上保护层的工程量
25	散热器除锈	m^2	92.12	392×0.235=92.12
26	散热器刷防锈漆	m^2	92.12	392×0.235=92.12
27	散热器刷银粉漆	m^2	92.12	392×0.235=92.12
28	支架除锈	kg	164.77	*DN*≤32mm 的管道支架的制作、安装包括在管道安装中，其除锈、刷油工程量可以从焊接钢管（螺纹连接）定额含量中分析得到立支架和水平托钩的数量，参考支架单个质量表 2-7 ~ 表 2-10，水平支架按滑动支架计算质量 *DN*32：保温 9×[0.193（定额含量）×0.84+0.105（定额含量）×3.19]=4.474 非保温 9.06×(0.193×0.22+0.105×2.5)=2.763 *DN*25：保温 10.8×(0.193×0.60+0.105×3.19)=4.8681 非保温(78.25−10.8)×(0.193×0.20+0.105×2.38)=19.459 *DN*20：保温 6.6×(0.219×0.5+0.137×3.0)=3.435 非保温(145.12−6.6)×(0.219×0.19+0.137×2.23)=48.135 *DN*≤32mm 的管道支架小计：4.474+2.763+4.868+19.459+3.435+48.135=83.134 支架除锈 83.134+81.633=164.767
29	支架刷防锈漆	kg	164.77	同支架除锈工程量
30	支架刷银粉	kg	164.77	同支架除锈工程量

注：1. 采暖工程的管道工程量计算时，乙字弯和抱弯的计算要根据各省的具体要求灵活掌握。如立管乙字弯，如果干管安装由于柱子原因距墙较远，可以用比例尺量取代相应的弯管尺寸。

2. 由于各地区的定额有所不同，计算规则难免会有分歧、偏差，应根据当地的要求灵活掌握。

4. 直接工程费计算表（定额计价）（见表 2-20）

表 2-20 直接工程费计算表

定额编号	项目名称	单位	数量	单价/元			未计价材料		合价/元			
				基价	人工费	机械费	消耗量	单价	合计	人工费	机械费	主材费
8—176	焊接钢管（螺纹）*DN*20	10m	14.512	140.39	100.20	0	10.2	8.97	2037.34	1454.10	0	1327.76
8—177	焊接钢管（螺纹）*DN*25	10m	7.825	181.37	120.60	1.58	10.2	13.26	1419.22	943.70	12.36	1058.35
8—178	焊接钢管（螺纹）*DN*32	10m	1.806	188.36	120.60	1.58	10.2	17.15	340.18	217.80	2.85	315.92
8—187	焊接钢管（焊接）*DN*40	10m	3.918	121.23	97.20	13.17	10.2	20.85	474.98	380.83	51.60	833.24
8—188	焊接钢管（焊接）*DN*50	10m	6.543	143.36	106.80	15.11	10.2	26.50	938.00	698.79	98.86	1768.57

（续）

定额编号	项目名称	单位	数量	单价/元			未计价材料		合价/元			
				基价	人工费	机械费	消耗量	单价	合计	人工费	机械费	主材费
8—431	法兰截止阀（焊接）DN50	个	2	146.56	19.80	25.24	1.01	79.00	293.12	39.60	50.48	159.58
8—416	截止阀（螺纹）DN25	个	18	8.65	6.60	0	1.01	16.00	155.70	118.80	0	290.88
8—415	截止阀（螺纹）DN20	个	8	7.66	6.00	0	1.01	12.00	61.28	48.00	0	96.96
8—473	自动排气阀 DN20	个	1	22.33	12.00	0	1	36.00	22.33	12.00	0	36.00
8—475	手动放风阀 DN10	个	28	2.24	1.80	0	1.01	3.50	62.72	50.40	0	98.98
8—674	散热器 760 型	10 片	39.2	58.39	22.80	0	6.91	20.00	2288.89	893.76	0	5417.44
							3.19	22.00				2751.06
8—355	型钢支架制作、安装	100kg	0.82	1340.49	315.60	771.52	106.0	5.42	1099.20	258.79	632.65	471.11
8—329	钢套管制作、安装 DN20	个	36	8.24	3.60	0.51	0.306	17.15	296.64	129.60	18.36	188.92
8—330	钢套管制作、安装 DN25	个	19	10.31	4.20	0.69	0.306	20.85	195.89	79.80	13.11	121.22
8—331	钢套管制作、安装 DN32	个	1	12.68	4.80	0.80	0.306	26.50	12.68	4.80	0.80	8.11
8—332	钢套管制作、安装 DN40	个	4	15.37	5.40	1.09	0.306	35.99	61.48	21.60	4.36	44.05
8—333	钢套管制作、安装 DN50	个	6	21.19	7.80	1.31	0.306	45.20	127.14	46.80	7.86	82.99
11—1	手工除锈，管道轻锈	$10m^2$	4.128	21.35	18.60	0	—	—	88.13	76.78	0	—
11—53	管道刷防锈漆一遍	$10m^2$	4.128	18.16	15.00	0	1.31	13.00	74.96	61.92	0	70.30
11—54	管道刷防锈漆两遍	$10m^2$	4.128	17.84	15.00	0	1.12	13.00	73.64	61.92	0	60.10
11—56	管道刷银粉漆一遍	$10m^2$	2.989	19.37	15.00	0	0.67	13.00	57.90	44.84	0	26.03
11—57	管道刷银粉漆两遍	$10m^2$	2.989	17.32	14.40	0	0.63	13.00	51.77	43.04	0	24.48
11—1926	管道岩棉管壳保温安装 $\phi57$	m^3	1.2	272.26	228.60	13.91	1.03	650.00	326.71	274.32	16.69	803.40
11—2306	防潮保护层缠玻璃丝布	$10m^2$	3.824	25.98	25.80	0	14	1.60	99.35	98.66	0	85.66
11—246	玻璃丝布外刷沥青漆一遍	$10m^2$	3.824	57.90	47.40	0	5.2	8.20	221.41	181.26	0	163.06

（续）

定额编号	项目名称	单位	数量	单价/元			未计价材料		合价/元			
				基价	人工费	机械费	消耗量	单价	合计	人工费	机械费	主材费
11—247	玻璃丝布外刷沥青漆两遍	$10m^2$	3.824	48.33	40.20	0	3.85	8.20	184.81	153.72	0	120.72
6—3098	刚性防水套管制作 *DN*50	个	2	98.62	25.20	31.20	3.26	6.50	197.24	50.40	62.40	42.38
6—3115	刚性防水套管安装 *DN*50	个	2	88.09	36.60	0	—	—	176.18	73.20	0	—
11—4	散热器除轻锈	$10m^2$	9.212	22.55	19.80	0	—	—	207.73	182.40	0	—
11—194	散热器刷防锈漆	$10m^2$	9.212	21.32	18.00	0	1.05	13.00	196.40	165.82	0	125.74
11—196	散热器刷银粉漆一遍	$10m^2$	9.212	27.33	18.60	0	0.45	13.00	251.76	171.34	0	53.89
11—197	散热器刷银粉漆两遍	$10m^2$	9.212	25.68	18.00	0	0.41	13.00	236.56	165.82	0	49.10
11—7	支架（一般钢结构）除轻锈	100kg	1.648	33.35	18.60	12.72	—	—	54.96	30.65	20.96	—
11—115	支架刷防锈漆一遍	100kg	1.648	27.59	12.6	12.72	0.92	13.00	45.47	20.76	20.96	19.71
11—116	支架刷防锈漆两遍	100kg	1.648	26.75	12.00	12.72	0.78	13.00	44.08	19.78	20.96	16.71
11—118	支架刷银粉漆一遍	100kg	1.648	30.21	12.00	12.72	0.25	13.00	49.79	19.78	20.96	5.36
11—119	支架刷银粉漆两遍	100kg	1.648	29.49	12.00	12.72	0.23	13.00	48.60	19.78	20.96	4.93
	合计	元							12574.24	7315.36	1077.18	16742.71
	直接工程费 = 12574.24 元 + 16742.71 元 = 29316.95 元											
	直接工程费中的人工费 + 机械费 = 7315.36 元 + 1077.18 元 = 8392.54 元											

注：1. 为体现未计价材料费，本例自制表格；为方便后续费用计算，本例只单列出了人工费和机械费，未单独列出材料费（材料费已含在合价中）。

2. 本例执行 2012 年《全国统一安装工程预算定额河北省消耗量定额》第八册（给排水、采暖、燃气工程）和第十一册（刷油、防腐、绝热工程）。

3. 河北省 2012 定额规定钢套管的规格按主管管径确定，以“个”为计算单位。则钢套管的工程量分别为：*DN*20 的 36 个；*DN*25 的 19 个；*DN*32 的 1 个；*DN*40 的 4 个；*DN*50 的 6 个。

4. 铸铁散热器组成安装定额未计价材（主材）分成两项：柱型散热器中片和足片，本例分别列出了消耗量和单价。

5. 分部分项工程量清单与计价表（见表2-21）

表2-21 分部分项工程量清单与计价表

工程名称：某办公楼采暖工程 标段 第 页 共 页

序号	项目编号	项目名称	项目特征描述	计量单位	工程量	金额/元		
						综合单价	合价	其中 暂估价
1	031001002001	钢管	1. 安装部位:室内 2. 介质:热媒体 3. 规格:DN20 4. 连接形式:螺纹连接	m	145.12			
2	031001002002	钢管	1. 安装部位:室内 2. 介质:热媒体 3. 规格:DN25 4. 连接形式:螺纹连接	m	78.25			
3	031001002003	钢管	1. 安装部位:室内 2. 介质:热媒体 3. 规格:DN32 4. 连接形式:螺纹连接	m	18.06			
4	031001002004	钢管	1. 安装部位:室内 2. 介质:热媒体 3. 规格:DN40 4. 连接形式:焊接	m	39.18			
5	031001002005	钢管	1. 安装部位:室内 2. 介质:热媒体 3. 规格:DN50 4. 连接形式:焊接	m	65.43			
6	031003003001	焊接法兰阀门	1. 类型:截止阀 2. 规格、压力等级:DN50、低压 3. 连接形式:法兰连接 4. 焊接方法:平焊	个	2			
7	031003001001	螺纹阀门	1. 类型:截止阀 2. 材质:铜 3. 规格、压力等级:DN25、低压 4. 连接形式:螺纹连接	个	18			
8	031003001002	螺纹阀门	1. 类型:截止阀 2. 材质:铜 3. 规格、压力等级:DN20、低压 4. 连接形式:螺纹连接	个	8			

（续）

序号	项目编号	项目名称	项目特征描述	计量单位	工程量	金额/元		
						综合单价	合价	其中 暂估价
9	031003001003	螺纹阀门	1. 类型：自动排气阀 2. 材质：铜 3. 规格、压力等级：*DN*20、低压 4. 连接形式：螺纹连接	个	1			
10	031003001004	螺纹阀门	1. 类型：手动放风阀 2. 材质：铜 3. 规格：*DN*10 4. 连接形式：螺纹连接	个	28			
11	031005001001	铸铁散热器	1. 型号、规格：四柱 760 型 2. 安装方式：落地安装 3. 托架形式：方形钢垫圈 ϕ12mm × 50mm × 50mm（定额包含）	片	392			
12	031002001001	管道支架	1. 材质：型钢 2. 管架形式：一般管架	kg	82			
13	031002003001	套管	1. 名称、类型：钢套管 2. 规格：*DN*20	个	36			
14	031002003002	套管	1. 名称、类型：钢套管 2. 规格：*DN*25	个	19			
15	031002003003	套管	1. 名称、类型：钢套管 2. 规格：*DN*32	个	1			
16	031002003004	套管	1. 名称、类型：钢套管 2. 规格：*DN*40	个	4			
17	031002003005	套管	1. 名称、类型：钢套管 2. 规格：*DN*50	个	6			
18	031002003006	套管	1. 名称、类型：刚性防水套管 2. 规格：*DN*50	个	2			
19	031201001001	管道刷油	1. 除锈级别：手工除轻锈 2. 油漆品种：防锈漆 3. 涂刷遍数：两遍	m^2	41.28			
20	031201001002	管道刷油	1. 油漆品种：银粉漆 2. 涂刷遍数：两遍	m^2	29.89			

（续）

序号	项目编号	项目名称	项目特征描述	计量单位	工程量	金额/元		
						综合单价	合价	其中 暂估价
21	031208002001	管道绝热	1. 绝热材料品种:纤维类制品 2. 绝热厚度:50mm 3. 管道外径:ϕ57mm以下	m^3	1.2			
22	031208007001	防潮层、保护层	1. 材料:玻璃丝布 2. 层数:一层 3. 对象:管道	m^2	38.24			
23	031201006001	布面刷油	1. 布面品种:玻璃丝布 2. 油漆品种:沥青漆 3. 涂刷遍数:两遍 4. 涂刷部位:管道保护层外	m^2	38.24			
24	031201004001	铸铁管、暖气片刷油	1. 除锈级别:手工除轻锈 2. 油漆品种:防锈漆、银粉漆 3. 涂刷遍数:均刷两遍	m^2	92.12			
25	031201003001	金属结构刷油	1. 除锈级别:手工除轻锈 2. 油漆品种:防锈漆、银粉漆 3. 结构类型:一般钢结构 4. 涂刷遍数:均刷两遍	kg	164.8			
26	0310009001001	采暖工程系统调试	系统形式:采暖系统	系统	1			
			本页合计					
			合计					

注：1. 本例执行《建设工程工程量清单计价规范》（GB 50500—2013）、《通用安装工程工程量计算规范》（GB 50856—2013）。

2. 为了方便教学，“项目特征描述”部分针对其“内容”比较详细。

3. 附件名称、数量：见标准图集，实际与定额不同时要描述清楚，以便正确计算综合单价。

2.6.3 自动喷淋灭火系统实例

1. 工程概况

某消防工程中部分自动喷淋灭火系统如图 2-45 所示，管道采用镀锌钢管，螺纹连接。室外设有消防水池、消防水泵、水泵接合器等设施，这些设施未在图 2-45 中显示。请计算该工程的工程量。

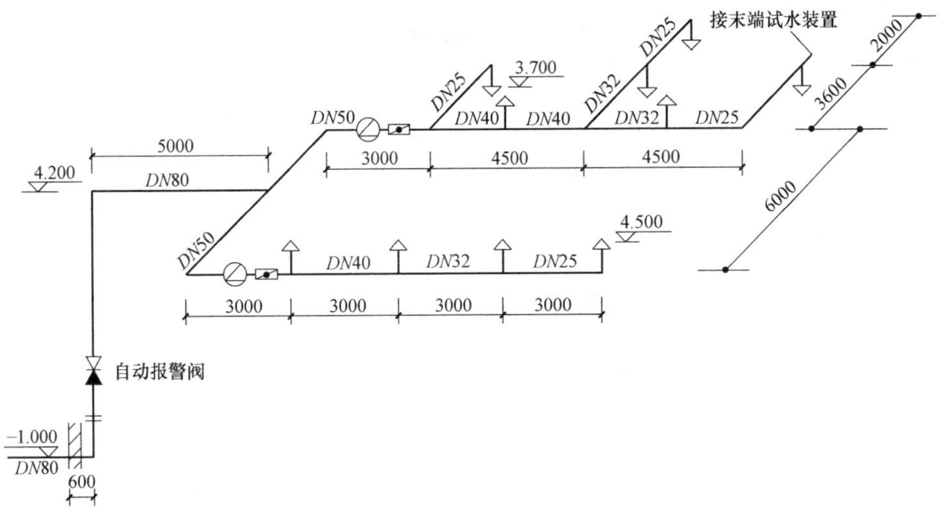

图 2-45 自动喷淋灭火系统图

2. 工程量计算（见表 2-22）

表 2-22 工程量计算表

序号	分部分项工程名称	单位	数量	计 算 式
1	镀锌钢管(螺纹)DN80	m	12.3	1.5(入户)+0.6+(1.0+4.2)(垂直)+5.0=12.3
2	镀锌钢管(螺纹)DN50	m	12.0	6.0+3.0+3.0=12.0
3	镀锌钢管(螺纹)DN40	m	7.5	4.5+3.0=7.5
4	镀锌钢管(螺纹)DN32	m	8.85	3.0+4.5/2+3.6=8.85
5	镀锌钢管(螺纹)DN25	m	18.25	3.0+4.5/2+3.6×2+2.0+(4.5-4.2)×6(上喷头)+(4.2-3.7)×4(下喷头)=18.25
6	自动报警阀 DN80	个	1	1
7	水流指示器 DN50	个	2	2
8	信号蝶阀 DN50	个	2	2
9	喷头 DN25	个	10	6+4=10
10	管网冲洗 DN50	m	46.6	12+7.5+8.85+18.25=46.6
11	管网冲洗 DN80	m	12.3	12.3
12	管道支架	kg	14.33	立管支架:DN80,2个 水平管支架:DN80,5/6=1个;DN50,12/5=3个; DN40,7.5/4.5=2个 喷淋系统采用吊架 支架质量:2×1.66(立支架)+1×2.395+3×1.881+2×1.486=14.33
13	管道刷银粉漆	m^2	9.827	12.3×0.2795+12×0.1885+7.5×0.1507+8.85×0.1297+18.25×0.1059=9.827
14	支架除锈、刷油	kg	24.31	DN32:8.85/4=3个;DN25:14.45/3.5=5个 DN≤32的管道支架质量:3×1.295+5×1.218=9.975 支架总质量:14.33+9.975=24.31
15	水灭火系统调试	系统	1	该系统有水流指示器2个(点)
16	末端试水装置 DN25	组	1	详见图 2-45

3. 直接工程费计算（见表 2-23）

表 2-23 直接工程费计算

定额编号	项目名称	单位	数量	单价/元			未计价材料		合价/元			
				基价	人工费	机械费	消耗量	单价	合计	人工费	机械费	主材费
7—75	镀锌钢管（螺纹）DN25	10m	1.825	144.85	107.40	5.14	10.2	16.83	264.35	196.01	9.38	313.29
7—76	镀锌钢管（螺纹）DN32	10m	0.885	172.06	111.60	7.51	10.2	21.77	152.27	98.77	6.65	196.52
7—77	镀锌钢管（螺纹）DN40	10m	0.75	259.16	126.60	11.54	10.2	26.08	194.37	94.95	8.66	199.51
7—78	镀锌钢管（螺纹）DN50	10m	1.2	244.49	132.00	10.10	10.2	33.14	293.39	158.40	12.12	405.63
7—80	镀锌钢管（螺纹）DN80	10m	1.23	387.04	172.20	11.68	10.2	56.31	476.06	211.81	14.37	706.47
7—103	湿式报警装置 DN80	组	1	614.60	208.80	56.32	1.00 2.00	830.00 10.00	614.60	208.80	56.32	850.00
7—112	水流指示器（螺纹）DN50	个	2	63.04	36.60	1.97	1	120.00	126.08	73.20	3.94	240.00
8—419	蝶阀(螺纹)DN50	个	2	17.51	13.80	0	1.01	96.00	35.02	27.60	0	193.92
7—98	喷头安装（无吊顶）DN25	10 个	1.0	156.60	94.20	7.46	10.1	25.00	156.60	94.20	7.46	252.50
7—153	管网冲洗 DN50	100m	0.466	292.86	99.60	25.22	—	—	136.47	46.41	11.75	—
7—155	管网冲洗 DN80	100m	0.123	408.47	110.40	29.97	—	—	50.24	13.58	3.69	—
7—152	管道支吊架制作、安装	100kg	0.1433	755.04	306.60	275.69	106	5.42	108.20	43.94	39.51	82.33
11—56	管道刷银粉漆一遍	$10m^2$	0.9827	19.37	15.00	0	0.67	13.00	19.03	14.74	0	8.56
11—57	管道刷银粉漆两遍	$10m^2$	0.9827	17.32	14.40	0	0.63	13.00	17.02	14.15	0	8.05
11—7	支架除锈	100kg	0.2431	33.35	18.60	12.72	—	—	8.11	4.52	3.09	—
11—115	支架刷防锈漆一遍	100kg	0.2431	27.59	12.60	12.72	0.92	13.00	6.71	3.06	3.09	2.91
11—116	支架刷防锈漆两遍	100kg	0.2431	26.75	12.00	12.72	0.78	13.00	6.50	2.92	3.09	2.47
11—118	支架刷银粉漆一遍	100kg	0.2431	30.21	12.00	12.72	0.25	13.00	7.34	2.92	3.09	0.79
11—119	支架刷银粉漆两遍	100kg	0.2431	29.49	12.00	12.72	0.23	13.00	7.17	2.92	3.09	0.73
7—126	末端试水装置	组	1	110.07	62.40	2.65	2.02	16.00	110.07	62.40	2.65	32.32
7—235	水灭火系统调试	系统	1	549.47	428.40	73.83	—	—	549.47	428.40	73.83	—
	合计	元							3339.07	1803.70	265.78	3496.00
	直接工程费 = 3339.07 元 + 3496.00 元 = 6835.07 元											
	直接工程费中的人工费 + 机械费 = 1803.70 元 + 265.78 元 = 2069.48 元											

注：1. 为体现未计价材料费，本例自制表格；为方便后续费用计算，本例只单列出了人工费和机械费，未单独列出材料费（材料费已含在合价中）。

2. 本例执行 2012 年《全国统一安装工程预算定额河北省消耗量定额》第七册（消防及安全防范设备安装工程）和第十一册（刷油、防腐、绝热工程）。

3. 报警阀装置安装定额未计价材（主材）列有两项：报警阀装置和平焊法兰，本例分别列出了消耗量和单价。

4. 分部分项工程量清单与计价表（见表 2-24）

表 2-24 分部分项工程量清单与计价表

工程名称：某消防喷淋工程　　　　标段　　　　第　页　共　页

序号	项目编号	项目名称	项目特征描述	计量单位	工程量	金额/元		
						综合单价	合价	其中 暂估价
1	030901001001	水喷淋钢管	1. 安装部位:室内 2. 材质、规格:镀锌钢管 DN25 3. 连接形式:螺纹连接 4. 压力试验及冲洗设计要求:水冲洗	m	18.25			
2	030901001002	水喷淋钢管	1. 安装部位:室内 2. 材质、规格:镀锌钢管、DN32 3. 连接形式:螺纹连接 4. 压力试验及冲洗设计要求:水冲洗	m	8.85			
3	030901001003	水喷淋钢管	1. 安装部位:室内 2. 材质、规格:镀锌钢管、DN40 3. 连接形式:螺纹连接 4. 压力试验及冲洗设计要求:水冲洗	m	7.5			
4	030901001004	水喷淋钢管	1. 安装部位:室内 2. 材质、规格:镀锌钢管、DN50 3. 连接形式:螺纹连接 4. 压力试验及冲洗设计要求:水冲洗	m	12			
5	030901001005	水喷淋钢管	1. 安装部位:室内 2. 材质、规格:镀锌钢管、DN80 3. 连接形式:螺纹连接 4. 压力试验及冲洗设计要求:水冲洗	m	12.3			
6	030901004001	报警装置	1. 名称:自动喷水湿式报警阀组 2. 型号、规格: DN80	组	1			
7	030901006001	水流指示器	1. 规格、型号:DN50 2. 连接形式:螺纹连接	个	2			
8	031003001001	螺纹阀门	1. 类型:蝶阀 2. 规格、压力等级:DN50 3. 连接形式:螺纹连接	个	2			

（续）

序号	项目编号	项目名称	项目特征描述	计量单位	工程量	金额/元		
						综合单价	合价	其中 暂估价
9	030901003001	水喷淋喷头	1. 安装部位:无吊顶 2. 材质、型号、规格:闭式 *DN*25 3. 连接形式:螺纹连接	个	10			
10	031002001001	管道支架	1. 材质:型钢 2. 管架形式:一般管架	kg	14.33			
11	031201001001	管道刷油	1. 油漆品种:银粉漆 2. 涂刷遍数:两遍	m^2	9.83			
12	031201003001	金属结构刷油	1. 除锈级别:手工除轻锈 2. 油漆品种:防锈漆、银粉漆 3. 结构类型:一般钢结构 4. 涂刷遍数:均刷两遍	kg	24.31			
13	030901008001	末端试水装置	1. 规格:试水阀 *DN*25 2. 组装形式:见标准图集12S4—77	组	1			
14	030905002001	水灭火控制装置调试	系统形式:自动喷淋	点	2			
本页合计								
合计								

注：1. 本例执行《建设工程工程量清单计价规范》（GB 50500—2013）、《通用安装工程工程量计算规范》（GB 50856—2013）。
2. 为了方便教学，“项目特征描述”部分针对其“内容”描述比较详细。
3. 附件名称、数量：见标准图集，实际与定额不同时要描述清楚，以便正确计算综合单价。

小知识

常用低压流体输送钢管规格、质量见表 2-25。

表 2-25 常用低压流体输送钢管规格、质量

公称直径/mm	*DN*15	*DN*20	*DN*25	*DN*32	*DN*40	*DN*50	*DN*70	*DN*80	*DN*100	*DN*125	*DN*150
外径/mm	21.25	26.75	33.5	42.25	48	60	75.5	88.5	114	140	165
壁厚/mm	2.75	2.75	3.25	3.25	3.5	3.5	3.75	4.0	4.0	4.5	4.5
理论质量/（kg/m）	1.25	1.63	2.42	3.13	3.84	4.88	6.64	8.34	10.85	15.04	17.81

例如，目前市场上焊接钢管 *DN*15 ~ *DN*25 的价格为 5000 元/t，则焊接钢管 *DN*15 ~ *DN*25 每米的价格可计算如下：

5000 元/t = 5 元/kg

*DN*15：5 元/kg × 1.25kg/m = 6.25 元/m

*DN*20：5 元/kg × 1.63kg/m = 8.15 元/m

*DN*25：5 元/kg × 2.42kg/m = 12.10 元/m

本 章 回 顾

1. 室内水暖工程中的管道工程量计算时，水平敷设管道以施工平面图所示管道中心线尺寸计算，垂直敷设管道按立面图、剖面图、系统轴测图的标高尺寸配合计算。

给水工程管道工程量计算的一般顺序为：从室内外分界线算起，入户管⟶主干管⟶立管⟶各层支管。

排水工程管道工程量计算的一般顺序为：从室内外分界线算起，排出管⟶立管⟶各层横支管⟶各器具排出管。

采暖工程管道工程量计算的一般顺序为：从分界线算起，采暖入户装置⟶供水入户管⟶供水立管⟶供水干管（大→小）⟶立支管⟶与散热器连接的支管⟶回水干管（小→大）⟶回水出户管。

2. 卫生器具工程量，分类别按施工图设计统计数量。学生要熟悉各地区的卫生器具定额中所包含的给排水管道的数量，灵活掌握管道延长米的计算和定额含量的分界点。这是准确计算给排水工程造价的关键，本书按全国统编定额编制，需结合各地区的定额进一步理解卫生器具给排水分界点。

3. 管道支架工程量，不同材质的管道用不同材料的管道支架，计算单位也不同。室内 *DN*32 及以内给水、采暖管道均已包括管卡及托钩制作安装；排水管均包括管卡及托吊支架、通气帽、雨水漏斗制作安装。塑料管管卡计算数量，钢管管道支架计算质量。

4. 管道套管工程量，穿建筑物外墙时用刚性防水套管，其规格按被套管的管径确定，统计数量；穿内墙、楼板时用钢套管，其规格为比被套管的管径大 2 号，计算长度；镀锌铁皮套管，其规格按被套管的管径确定，统计数量。

5. 管道除锈、刷油、保温、保护层工程量：管道除锈、刷油工程量计算管道外表面积，管道保温工程量计算保温材料的体积；管道保温外保护层工程量计算保温材料外表面积。其方法是通过查表计算或利用公式计算。

6. 管道附件工程量计算：阀门类分管径按施工图设计统计数量；水表组、疏水器组、减压阀组等分管径按施工图设计统计数量，定额内包含的附件不得重复计算，数量有出入的可调整。

7. 散热器的工程量，应区分不同材质分别列项计算，计算单位以“片”或“组”为主，光排管散热器工程量要计算排管长度。散热器除锈、刷油工程量是计算散热器的散热面积，单片散热面积根据国家规范或生产厂家提供的参数查取。

8. 水暖及水灭火工程工程量清单编制，参照附录 B《通用安装工程工程量计算规范》（GB 50586—2013）（部分）。

思 考 题

2-1　给水系统图 2-1 中 JL—2 立管管径由________变为________，再变为________。变径点标高分别为________和________。

2-2 给水系统图 2-1 中 JL—3 立管管径由________变为________，再变为________。变径点标高分别为________和________。

2-3 在图 2-2 的 P2 系统中横支管管径由________变为________，分别连接了________和________，变径的位置在________________（请标在图上）。

2-4 在图 2-2 的 P1 系统中伸顶通气管伸出屋顶的高度是________m。

2-5 在某卫生间给排水平面图 2-8 中，根据下列给水系统图（图 2-46），计算给水管道的长度。（提示：平面图比例按 1:100 考虑，练习用比例尺量取。）

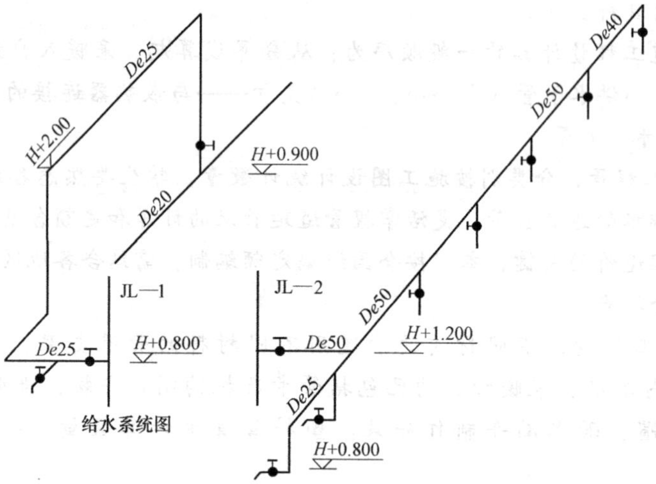

图 2-46 某卫生间给水系统图

2-6 计算图 2-47 中水平串联的 $DN25$ 管道工程量，散热器为四柱 760 型，有关数据参考表 2-2。

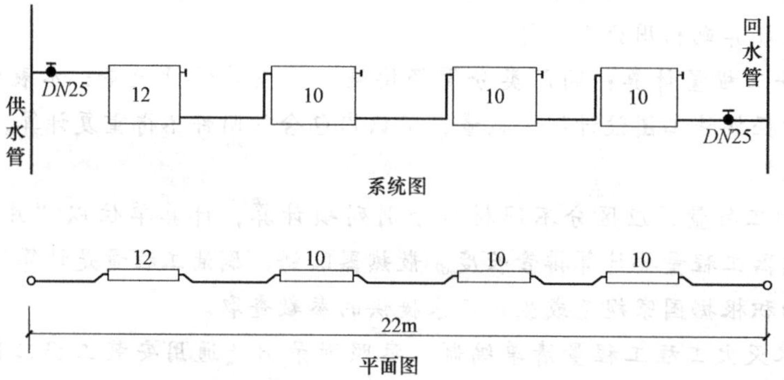

图 2-47 水平串联的 $DN25$ 管道

2-7 计算图 2-48 中采暖系统 R1 的立管、支管工程量。提示：乙字弯增加长度参见表 2-3。

2-8 计算图 2-49 中采暖系统 R2 的立管、支管工程量。提示：乙字弯、抱弯增加长度参见表 2-3。

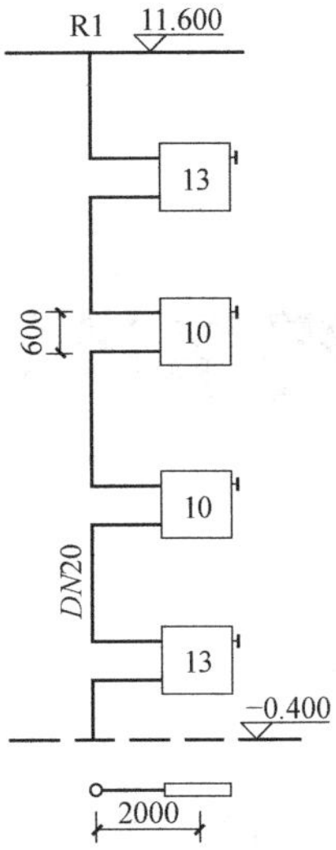

图 2-48 采暖系统 R1

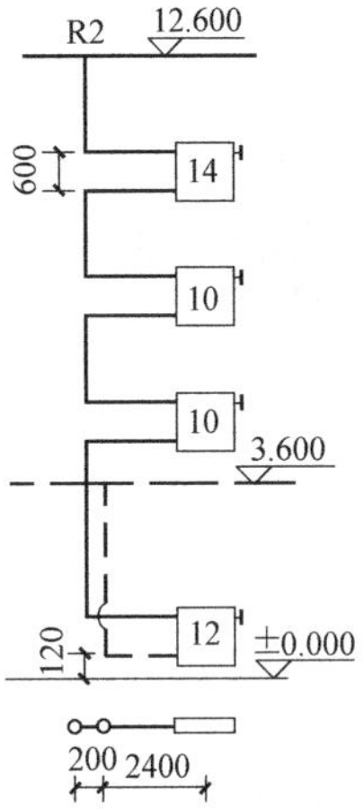

图 2-49 采暖系统 R2

2-9 画出洗脸盆、洗涤盆的安装定额所含给排水管道的界线。

2-10 画出各种大便器的安装定额所含给排水管道的界线。

2-11 画出浴盆的安装定额所含给排水管道的界线。

2-12 画出地漏、清扫口及排水栓的安装定额所含排水管道的界线。

2-13 查找水表安装定额中所包含附件的名称、数量。

2-14 某工程焊接钢管的工程量分别为：*DN*15，50m；*DN*20，60m；*DN*25，70m；*DN*32，80m；*DN*40，90m；*DN*50，100m；*DN*65，110m；*DN*80，120m；*DN*100，130m；*DN*125，140m；*DN*150，150m。

求：(1) 焊接钢管除锈、刷防锈漆的工程量。

(2) 刷防锈漆后需要保温（$\delta=40$mm）的管有 *DN*50、*DN*65、*DN*80、*DN*100、*DN*125、*DN*150 各 50m，计算保温、保护层的工程量。不保温的管刷银粉漆，计算刷银粉漆的工程量。

(3) 如果管道均按水平管道考虑，计算管道支架的工程量。

*2-15 安装钢板水箱 3500mm × 2400mm × 2000mm，除锈后刷防锈漆两道，保温采用 50mm 厚岩棉板，保护层采用外缠玻璃丝布两道，布外刷调和漆两道。计算水箱的除锈、刷防锈漆、保温、保护层的工程量。

2-16 选择一套给排水工程施工图，计算给排水工程工程量，参照本地定额，采用定额计价法计算给排水工程直接工程费。

2-17 选择一套采暖工程施工图，计算采暖工程工程量，参照本地定额，采用定额计价法计算采暖工程直接工程费。

*第3章　通风、空调工程量计算

知识储备

了解通风、空调工程的系统组成，熟悉通风、空调工程常用的材料、图例，能够识读通风、空调工程的施工图，为后续学习工程量计算打好基础。

学习目标和要求：

1. 复习通风、空调工程系统组成，从而增强识图知识，为学习计量与计价奠定基础。
2. 了解通风、空调工程常用材料，熟悉部件、设备。
3. 重点掌握通风、空调工程量计算和编制分部分项工程量清单。

3.1　通风、空调系统基本知识

本节导学

回顾通风、空调工程系统的组成，在熟悉常用材料、部件、设备的基础上，识读通风、空调工程施工图，为后续通风、空调工程计量与计价的学习做好铺垫。

3.1.1　通风、空调系统常用材料

1. 通风、空调系统的风管

(1) 风管分类　按风管的材质分为金属风管和非金属风管。金属风管包括钢板风管（普通薄钢板风管、镀锌薄钢板风管）、不锈钢板风管、铝板风管、复合型风管等。非金属风管包括硬聚氯乙烯板风管、玻璃钢风管、炉渣石膏板风管等，此外，还有土建施工的砖、混凝土风管等。

风管系统按工作压力 P（Pa）分为三个类别，$P \leqslant 500$Pa 时为低压系统；$500\text{Pa} < P \leqslant 1500$Pa 时为中压系统；$P > 1500$Pa 时为高压系统。

(2) 风管断面形状及表示方法　风管断面形状有圆形和矩形两种，圆形风管用 直径“ϕ”表示，如 $\phi300$ 表示圆形风管直径为 300mm；矩形风管用“宽×高”视图断面尺寸表示，如 800×500 表示视图投影面宽 800mm，高 500mm，注意剖面图断面尺寸与平面图断面

尺寸的转换。

（3）风管制作及连接方式　风管制作可由现场制作或工厂预制，风管连接方法分为咬口连接、铆钉连接、焊接。

为保证断面不变形且减少由管壁振动而产生的噪声，需要对风管进行加固。圆形风管 $\phi>700$mm 且管段较长时，每隔 1.2m 可用扁钢平加固。矩形风管当边长 $A\geqslant630$mm 且管段大于 1.2m 时，应采取加固措施，有棱筋、棱线、加固框等加固形式。

风管连接有法兰连接和无法兰连接两种形式。

1）法兰连接：主要用于风管与风管或风管与部配件间的连接。法兰拆卸方便，并对风管起加固作用。法兰按风管的断面形状分为圆形法兰和矩形法兰，按风管使用材质的不同分为钢法兰、不锈钢法兰、铝法兰。

2）无法兰连接：圆形风管无法兰连接有承插连接、芯管连接及抱箍连接；矩形风管无法兰连接有插条连接、立咬口连接及薄钢材法兰弹簧夹连接。软管连接主要用于风管与部件（如散流器、静压箱、侧送风口等）的连接。

2. 风管部件

常用的风管部件有风阀类、风口、风帽、罩类等，随着科学技术的发展，通风、空调系统的设计逐渐成熟，风管部件能够由生产厂家批量生产，施工企业或建设单位根据设计要求提供规格就能买到，风管部件制作这项工作已经由成品部件代替以前的现场制作。

（1）风阀　风阀是空气输配管网的控制、调节机构，其基本功能是截断或开通空气流通的管路，调节或分配管路流量。同时具有控制、调节两种功能的风阀有调节阀（单叶、多叶、平行式、对开式）、三通调节阀、蝶式调节阀、插板阀等；只具有控制功能的风阀有止回阀、防火阀、排烟阀等。

（2）风口　风口的基本功能是将气体吸入或排出管网。目前工程上应用最广泛的是铝合金风口。按风口功能的不同分为新风口、排风口、送风口、回风口等。工程中根据室内气流组织要求选用不同的形式，常用的有格栅风口、插板式及活动箅板式风口、百叶式风口（单层、双层、三层）、孔板式风口、旋转式风口、散流器等。

（3）风帽　风帽是将浊气排入大气中，防止空气、雨雪倒灌的部件。风帽有筒形风帽、伞形风帽、避风风帽。避风风帽是在普通风帽的外围增设一周挡风圈，排风口为了避免室外风对排风效果的影响，往往要加装避风风帽。挡风圈的作用是在排风系统风道出口处（排风口处）产生负压区，提高排风能力。

（4）排风罩　排风罩的主要作用是排除工艺过程中或设备运行过程中的含尘气体、余热、余湿、毒气、烟气等。按工作原理的不同，排气罩可分为局部密闭罩、柜式排风罩、外部吸收罩、接受式排风罩、吸收式排风罩等。

（5）柔性短管　柔性短管是用帆布、软橡胶板、人造革等材料制成的，长度一般为 150～360mm，装于风机的出入口处，防止风机振动通过风管传至室内产生噪声。

3. 主要设备

（1）静压箱　静压箱能减少动压增加静压，起到稳定气流的作用，同时静压箱的内部表面贴有吸音减振材料，有消除噪声的作用。

（2）消声器　消声器是由吸声材料按不同的消声原理设计成的构件，可分为阻性、抗性、共振型和复合型，安装在风管上用于降低通过风管传播的噪声。常用的消声器有阻抗复合式消声器、微穿孔板式消声器、管式消声器、片式消声器、消声弯头等。

（3）风机　风机是输送空气的机械。常用的风机有离心式、轴流式和混流式风机。

（4）空调机组　空调机组是由混风段、过滤段、表冷段、加湿段、风机段组成的，由冷冻水经冷凝器蒸发，通过风机进行换热转换的一种空气处理设备。

（5）风机盘管　风机盘管是中央空调的末端产品，中央空调主机将经过处理（制冷、加热）后的水输送到风机盘管，在风机盘管内进行交换后成为冷风或热风，这样就使室内环境得到了调节。

3.1.2　通风、空调系统组成

通风就是更换空气，排除室内浊气的同时送入一定质量的新鲜空气，以满足人们生活、生产的要求。空调是空气调节的简称，是更高一级的通风，是指通过对室内空气的温度、湿度、洁净度、气流速度等进行有效控制，以保持室内参数相对稳定，从而改善劳动条件和生活环境以保障人们身体健康。

1. 通风系统组成

（1）送风（给风）系统组成　送风系统组成如图3-1所示。

1）新风口：将室外新鲜空气吸入管网的入口。

2）空气处理设备：由空气过滤、加热、加湿等部分组成。

3）通风机：将处理好的空气送入风管的设备。

4）送风管道：将通风机送来的新风送到各房间，管上装有调节阀、送风口、防火阀、检查孔等部件。

5）送（出）风口：装于送风管上，将处理后的空气均匀送入各房间。

6）管道配件（管件）：弯头、三通、四通、异径管、导流片、静压箱等。

7）管道部件：各种风口、阀、排气罩、风帽、检查孔、测定孔和风管支、吊架、托架等。

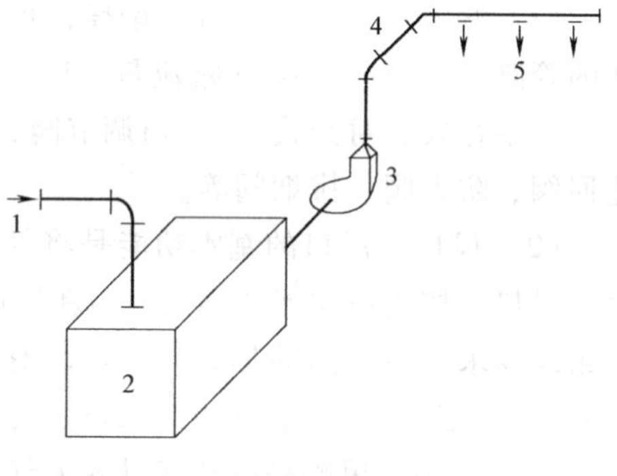

图3-1　送风系统组成示意图

1—新风口　2—空气处理设备　3—通风机　4—送风管道　5—送（出）风口

（2）排风系统组成　排风系统一般有图3-2所示的几种形式。其组成如下：

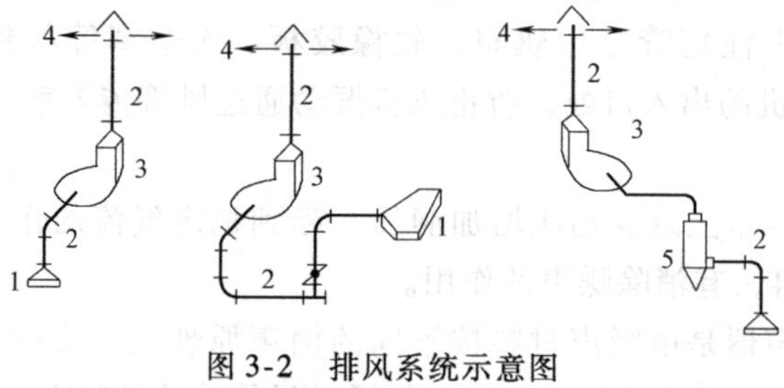

图3-2　排风系统示意图

1—排风口　2—排风管　3—排风机　4—风帽　5—除尘器

1）排风口：将各房间内污浊空气吸入排（回）风管道的入口。

2）排风管：也称回风管，指输送污浊空气的管道，管上装有回风口、防火阀等部件。

3）排风机：将浊气通过机械从排风管排出。

4）风帽：将浊气排入大气中，并防止空气、雨雪倒灌的部件。

5）除尘器：可利用排风机的吸力将灰尘及有害物质吸入除尘器中，再集中排除。

6）其他管件和部件：同送风系统所述。

2. 空调系统组成

空调系统多为定型设备，一般组成包括百叶窗、保温阀、空气过滤器、一次加热器、调节阀门、喷淋室、二次加热器。

1）百叶窗：用于挡住室外杂物进入。

2）保温阀：当空调系统停止工作时，可防止室外空气进入。

3）空气过滤器：清除空气中的灰尘。

4）一次加热器：安装在喷淋室或冷却器前的加热器，用于提高空气湿度和增加吸湿能力。

5）调节阀门：调节一、二次循环风量，使室内空气循环使用，以节约冷（热）量。

6）喷淋室：可以根据使用需要喷淋不同温度的水，对空气进行加热、加湿、冷却、减湿等空气处理过程。

7）二次加热器：安装在喷淋室或冷却器之间的加热器，用于加热喷淋室的空气，以保证送入室内的空气具有一定的温度和相对湿度。

3.2 通风、空调管道及风管附属构件工程量计算

本节导学

在复习通风、空调系统的基本知识后，提高了学生的识图能力，进一步学习风管及附属构件工程量计算，为后续编制通风、空调工程工程量清单做好铺垫。

3.2.1 通风、空调管道工程量计算

1. 风管工程量计算

风管的工程量以施工图所示风管中心线长度为准，按风管不同断面形状（圆形、方形、矩形）的展开面积计算，以“m^2”为计算单位。计算分两步进行。

1）第一步：风管长度的计算，一律以施工图所示风管中心线长度为准，包括弯头、三通、变径管、天圆地方等管件长度，不包括部件所占长度。支管长度从其与主管中心线交接点算起，变径管以中心为界。部件长度值按表 3-1 取用。

表 3-1 常用风管部件长度 （单位：mm）

序号	1	2	3	4	5	6
部件名称	蝶阀	止回阀	对开多叶调节阀	圆形防火阀	矩形防火阀	斜插板阀
部件长度	150	300	210	$D+240$	$B+240$	$D+200$

2）第二步：展开面积计算，不扣除检查孔、测定孔、送风口、吸风口等所占面积，咬口重叠部分也不增加。

圆形风管展开面积

$$F = \pi DL = 3.14DL \tag{3-1}$$

矩形风管展开面积

$$F = SL = 2(A + B)L \tag{3-2}$$

式（3-1）和式（3-2）中 F——风管展开面积（m^2）；

D——圆形风管直径（m）；

S——矩形风管周长（m）；

A、B——矩形风管宽、高（m）；

L——风管长度（m）。

［例 3-1］ 某通风工程的风管为镀锌钢板制成，各管段的尺寸、长度分别是 800mm×500mm，2.5m；630mm×500mm，3.2m；500mm×400mm，2.0m；100mm×100mm，4.8m，如图 3-3 所示。分别计算其管道展开面积。

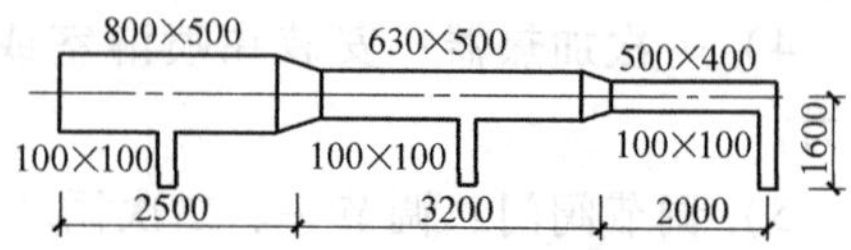

图 3-3 风管

解：800mm×500mm，其周长为：(0.8 + 0.5)m×2 = 2.6m，展开面积为：2.6m×2.5m = 6.5m^2

630mm×500mm，其周长为：(0.63 + 0.5)m×2 = 2.26m，展开面积为：2.26m×3.2m = 7.232m^2

500mm×400mm，其周长为：(0.5 + 0.4)m×2 = 1.8m，展开面积为：1.8m×2.0m = 3.6m^2

100mm×100mm，其周长为：(0.1 + 0.1)m×2 = 0.4m，展开面积为：0.4m×1.6m×3 = 1.92m^2

根据表 3-3 的规定：本例是矩形风管中、低压系统，风管 800mm×500mm 的镀锌钢板厚度为 0.75mm；风管 630mm×500mm、500mm×400mm 的镀锌钢板厚度均为 0.6mm；风管 100mm×100mm 的镀锌钢板厚度为 0.5mm。将周长在一定范围（按定额子目划分）、相同厚度的镀锌钢板面积合计：

厚度 δ = 0.75mm、周长 4000mm 以下的镀锌钢板的面积为：6.5m^2

厚度 δ = 0.6mm、周长 4000mm 以下的镀锌钢板的面积为：7.23m^2

厚度 δ = 0.6mm、周长 2000mm 以下的镀锌钢板的面积为：3.6m^2

厚度 δ = 0.5mm、周长 800mm 以下的镀锌钢板的面积为：1.92m^2

2. 各种风管的工程量计算注意事项

1）整个通风系统设计采用渐缩管均匀送风者，圆形风管按平均直径计算，矩形风管按平均周长计算，执行相应项目，其人工乘以系数 2.5。

2）薄钢板风管制作安装项目中，包括弯头、三通、变径管、天圆地方等管件及法兰、加固框和吊托支架的制作用工，但不包括跨越风管落地支架，落地支架执行设备支架项目。

3）柔性软风管安装，按图示管道中心线长度以“m”为计算单位，柔性软风管阀门安装以“个”为计量单位。

4）净化风管、玻璃钢风管、复合型风管制作安装同 2）条。

5）不锈钢风管、铝板风管制作安装项目中包括管件，但不包括法兰和吊托支架。法兰和吊托支架应单独列项，以“kg”为计算单位。

6）塑料风管制作安装项目中，包括管件、法兰、加固框，但不包括吊托支架。吊托支架应单独列项，以“kg”为计算单位。

3. 空调水管道计算

空调供回水管道的计算方法参考水暖管道的计算规则，不再重复讲述。

3.2.2　风管附属构件工程量计算

1. 导流叶片

风管弯头导流叶片，按叶片图示面积以“m^2”为计算单位，也可按表3-2计算叶片面积。

表3-2　单导流叶片面积表

风管高/mm	200	250	320	400	500	630	800	1000	1250	1600	2000
面积/m^2	0.075	0.091	0.114	0.140	0.170	0.216	0.273	0.425	0.502	0.632	0.755

2. 软接头

帆布软接头或人造革软接头，按接头长度以展开面积计算，以“m^2”为计算单位。

3. 风管检查孔

风管检查孔制作安装，以“kg”为计算单位。工程量计算先按设计图示统计数量，再查《通风空调工程》定额附录《国家通风部件标准质量表》中的单个质量，再计算总质量，套相应定额。

4. 温度、风量测定孔安装

温度、风量测定孔安装，以“个”为计算单位，按设计图示统计数量。

小知识

为保证风管和配件质量，国家对其钢板最小厚度有相应规定，见表3-3。

表3-3　钢板风管板材厚度　　（单位：mm）

类别 / 风管直径 D 或矩形风管大边长 b	圆形风管	矩形风管		除尘系统风管
		中、低压系统	高压系统	
$D(b) \leq 320$	0.5	0.5	0.75	1.5
$320 < D(b) \leq 450$	0.6	0.6	0.75	1.5
$450 < D(b) \leq 630$	0.75	0.6	0.75	2.0
$630 < D(b) \leq 1000$	0.75	0.75	1.0	2.0
$1000 < D(b) \leq 1250$	1.0	1.0	1.0	2.0
$1250 < D(b) \leq 2000$	1.2	1.0	1.2	按设计
$2000 < D(b) \leq 4000$	按设计	1.2	按设计	按设计

注：1. 螺旋风管的钢板厚度可适当减少10%～15%。
2. 排烟系统风管的钢板厚度同高压系统。
3. 特殊除尘系统风管的钢板厚度应符合设计要求。
4. 不适用于地下人防与防火隔墙的预埋管。

3.3 设备、部件工程量计算

本节导学

学习通风空调设备、部件的工程量计算，熟悉通风空调工程的常用设备、部件，掌握其工程量计算规则，为后续编制通风、空调工程工程量清单做好铺垫。

3.3.1 设备安装工程量计算

1）通风机：按设计不同型号以“台”为计算单位。

2）空调机：按不同质量和安装方式以“台”为计算单位；分段组装式空调器安装以“kg”为计算单位。

3）风机盘管：按安装方式不同以“台”为计算单位；诱导器单独安装，执行风机盘管安装项目，以“台”为计算单位。

4）静压箱：以“m^2”为计算单位。

5）过滤器：按过滤效果分为高、中、低三档，均以“台”为计算单位。非成品过滤器，其框架制作安装及除锈、刷油另行计算，以“kg”为计算单位。

6）消声器：安装按其规格型号以“个”为计算单位。消声弯头制作、安装均按其规格型号以“m^2”为计算单位。

7）玻璃钢冷却塔：按冷却水量分档，以“台”为计算单位，执行《机械设备安装工程》定额子目。

3.3.2 风管部件工程量计算

常用的风管部件有风阀类、风口、风帽、罩类等。风管部件的现场制作逐渐由成品部件代替。

1. 风管部件安装

目前风管部件大多是成品，风管部件安装工程量，以“个”为计算单位，按设计图示统计数量，将购买的成品部件的价格以未计价材（主材）形式计入材料费中。

2. 风管部件制作

风管部件需要现场制作时，以“kg”为计算单位。其工程量计算先按设计图示统计数量，再查《通风空调工程》定额附录《国家通风部件标准质量表》中的单个质量，再计算总质量。

[例3-2] 某通风工程中单层百叶风口200mm×150mm（T202—2）数量为6个；钢制矩形蝶阀（手柄式）200mm×250mm（T302—9）数量为2个，分别计算标准部件的工程量。

解： 查第九册通风空调工程定额附录，单层百叶风口200mm×150mm（T202—2）标准质量为0.88kg/个；钢制矩形蝶阀（手柄式）200mm×250mm（T302—9）标准质量为4.98kg/个。

单层百叶风口200mm×150mm制作工程量：总质量＝0.88kg/个×6个＝5.28kg，按单个质量2kg以下套定额。

单层百叶风口200mm×150mm安装工程量：6个，按风口周长900mm以内套定额。

钢制矩形蝶阀（手柄式）200mm×250mm制作工程量：总质量＝4.98kg/个×2个＝

9.96kg，按单个质量15kg以下套定额。

钢制矩形蝶阀（手柄式）200mm×250mm安装工程量：2个，按蝶阀周长1600mm以内套定额。

3.4 风管及部件除锈、刷油、保温工程量计算

本节导学

通过学习通风空调工程除锈、刷油、保温工程量的计算，了解其与水暖工程除锈、刷油、保温工程量计算的不同，掌握不同工程的工程量计算规则。

3.4.1 风管除锈、刷油、保温工程量计算

1. 风管除锈、刷油工程量

1）除锈工程量，按风管制作安装工程量计算，以“m^2”为计算单位，使用人工除锈定额。

2）刷油工程量，按风管制作安装工程量计算，以“m^2”为计算单位，按设计要求涂刷漆种和遍数，套相应定额。

单面刷油时，基价×1.2；内外同时刷油时，基价×1.1。其中风管上的法兰、加固框、吊架、托架、支架均包括在此系数内。

3）当风管不需要除锈、刷油，但需计算法兰、加固框、吊架、托架、支架等除锈、刷油工程量时，其除锈、刷油工程量，按风管制作、安装定额中的型钢含量，计算其质量。

[例3-3] 若例3-1中的风管由镀锌钢板制成，其风管不需要除锈、刷油，但其法兰、加固框、吊托支架等型钢材料需要除锈、刷油，要求刷防锈漆、银粉漆各两遍，计算其工程量。

解：根据题目情况，可知该题属上述第3）的情况，计算型钢质量，可利用定额提供的型钢质量，表3-4列出了镀锌薄钢板矩形风管定额的型钢质量。

表3-4　镀锌薄钢板矩形风管定额型钢规格、质量及相关工程量计算

定额编号	周长/mm	面积/m^2	角钢∟60 /(kg/ m^2)	角钢∟63 /(kg/ m^2)	镀锌扁钢 < −59/ (kg/ m^2)	圆钢 ϕ5.5～9 /(kg/ m^2)	质量小计 /(kg/ m^2)	型钢质量 /kg	合计 /kg
9—9	800mm以下	1.92	4.042	0	0.215	0.135	4.392	8.433	74.357
9—11	2000mm以下	3.6	3.566	0	0.133	0.193	3.892	14.011	
9—13	4000mm以下	13.73	3.504	0.016	0.112	0.149	3.781	51.913	

周长800mm以下：$1.92m^2 \times (4.042+0.215+0.135)kg/m^2 = 1.92m^2 \times 4.392kg/m^2 = 8.433kg$

周长2000mm以下：$3.6m^2 \times (3.566+0.133+0.193)kg/m^2 = 3.6m^2 \times 3.892kg/m^2 = 14.011kg$

周长4000mm以下：$(6.5+7.23)m^2 \times (3.504+0.016+0.112+0.149)kg/m^2 = 13.73m^2 \times 3.781kg/m^2 = 51.913kg$

法兰、加固框、吊托支架除锈、刷防锈漆、银粉漆的工程量为$8.433kg + 14.011kg + 51.913kg = 74.357kg$

2. 风管保温工程量

风管保温工程量，以“m^3”计量，按式（3-3）计算。

$$V = 2\delta(A + B + 2\delta)L = 2(A + B)L\delta + 4\delta^2 L = S\delta + 4\delta^2 L \quad (3\text{-}3)$$

式中 A、B——矩形风管两边尺寸，长、高（m）；

δ——保温层厚度（mm）；

L——风管长度（m）；

S——矩形风管展开面积（m^2）。

3. 风管保温层外保护及刷油工程量

风管保温层外保护层及刷油工程量，以“m^2”计量，按式（3-4）计算。

$$S' = 2L(A + B + 4\delta) = 2L(A + B) + 8\delta L = S + 8\delta L \quad (3\text{-}4)$$

式中 A、B——矩形风管两边尺寸，长、高（m）；

δ——保温层厚度（mm）；

L——风管长度（m）；

S——矩形风管展形面积（m^2）。

[例3-4] 若例3-1中的风管为普通薄钢板制成，风管需要进行除轻锈，内外刷防锈漆一道，保温采用厚度为30mm的超细玻璃棉，缠玻璃丝布，布外刷调和漆，计算各项工程量。

解： 1）风管除锈、刷防锈漆工程量。

普通薄钢板风管内外同时刷油时，其风管内外均要除锈。

除锈工程量 $S = (6.5m^2 + 7.23m^2 + 3.6m^2 + 1.92m^2) \times 2 = 38.5m^2$；

刷防锈漆工程量 $S'' = S \times 1.1 = 38.5m^2 \times 1.1 = 42.35m^2$

工程量42.35m^2中包括了法兰、加固框、吊托支架的除锈、刷防锈漆工程量，不再另行计算。

2）风管保温（超细玻璃棉）工程量按式（3-3）计算。

$$\begin{aligned} V &= S\delta + 4\delta^2 L \\ &= 19.25m^2 \times 0.03m + [4 \times 0.03^2 \times (2.5 + 3.2 + 2.0 + 4.8)]m^3 \\ &= 0.578m^3 + 0.045m^3 = 0.62m^3 \end{aligned}$$

3）风管保温外缠玻璃丝布及布外刷调和漆工程量按式（3-4）计算。

$$\begin{aligned} S' &= S + 8\delta L \\ &= 19.25m^2 + 8 \times 0.03m \times (2.5 + 3.2 + 2.0 + 4.8)m = 22.25m^2 \end{aligned}$$

3.4.2 风管部件除锈、刷油工程量计算

通风、空调系统的部件大多是成品，无须进行除锈、刷油。如果现场制作时，采用下列方法计算：

1）部件除锈工程量，以“kg”为计算单位，使用轻锈子目。

除锈工程量 = 部件质量 × 1.15

2）部件刷油工程量，以“kg”为计算单位，工程量计算同除锈工程量。

3.5 计算实例

本节导学

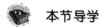

本节通过具体的通风空调工程实例，使学生加深对通风空调工程的工程量计算程序和计

算内容的理解，进一步熟悉工程量计算规则，分别列出直接工程费计算表和分部分项工程量清单与计价表，让学生了解两种计价模式在汇总工程量上的区别。

本例依据2012年《全国统一安装工程预算定额河北省消耗量定额》计算直接工程费；根据《通用安装工程工程量计算规范》（GB 50856—2013）编制分部分项工程量清单。

1. 工程概况

某低压配电室夏季降温空调系统，选用两台风冷高静压送风机机组，系统总制冷量为80kW，单台机组最大功率为18.2kW，室内余压为147Pa。配电室空调平面图如图3-4所示，风管系统图如图3-5所示。

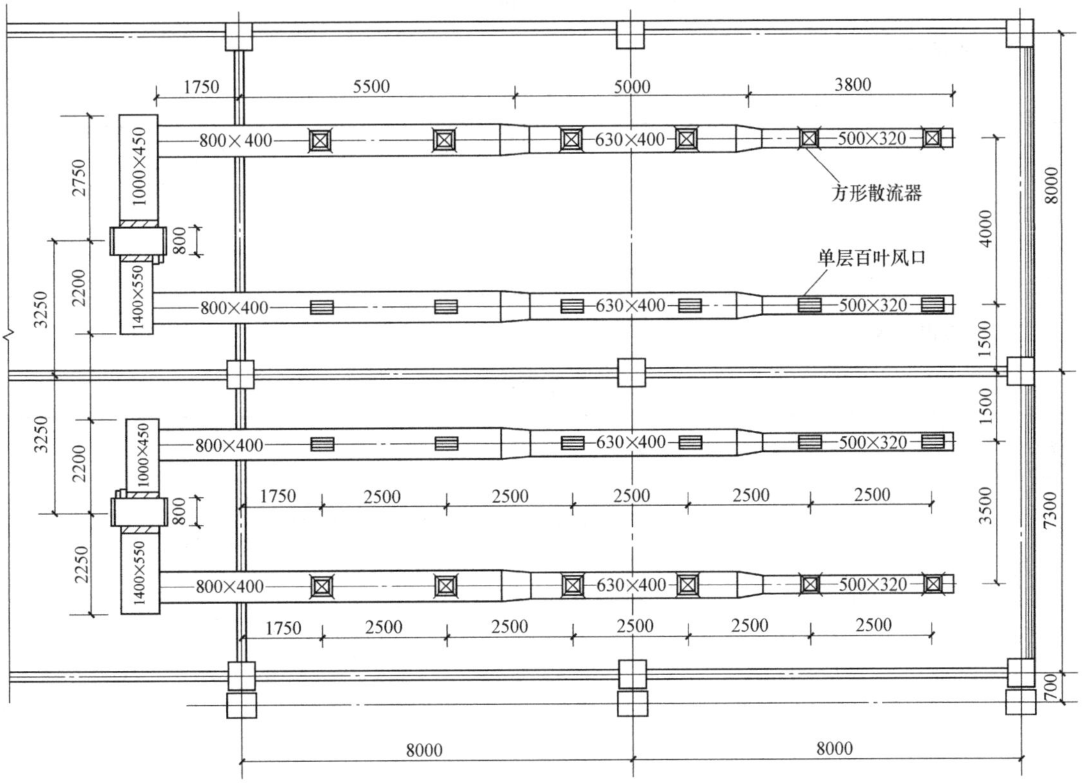

图3-4 配电室空调平面图

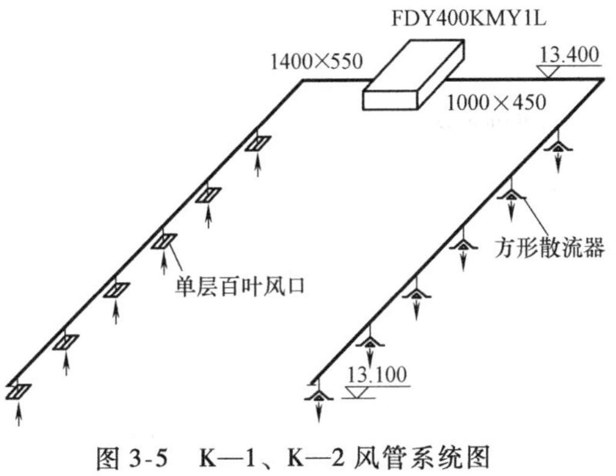

图3-5 K—1、K—2风管系统图

2. 设计说明

1）送、回风管均采用镀锌钢板加工制作，施工严格按照《通风与空调工程施工及验收规范》的有关规定进行。图中标高以 m 计，其余以 mm 计，矩形风管无特殊说明标注管底标高，标高以本工程一层地面为 ±0.000m 计。

2）柔性接头采用帆布，安装长度为 200～300mm。

3）风管法兰支吊架除锈后刷防锈漆两遍，明装部分再刷两遍面漆。支架做法详见标准图集 T616。

4）管道采用 $\delta=25$mm 橡塑板保温。

5）未尽事宜遵照国家和行业有关标准规范进行施工。

6）设备及主要材料见表 3-5。

表 3-5 设备及主要材料表

序号	名　称	规　格	单位	数量	备　注
1	高静压室内送风机	FDY400KMY1L	台	2	风量 136m^3/min;制冷量 40kW
2	铝合金单层百叶风口	300mm×400mm	个	12	
3	铝合金方形散流器	320mm×320mm	个	12	

3. 工程量计算（见表 3-6）

表 3-6 工程量计算表

序号	分部分项工程名称	单位	数量		计算式
1	镀锌钢板矩形风管	m^2	周长 2000mm 以上 4000mm 以下，面积:140.12m^2	厚度 1.0mm，面积:12.68m^2	1400mm×550mm:2.25－0.4(设备)－0.2(软接头)+2.2－0.4－0.2=3.25 面积=3.25×(1.4+0.55)×2(周长)=12.68
				厚度 0.75mm，面积:86.24m^2	1000mm×450mm:2.75－0.4－0.2+2.2－0.4－0.2=3.75 面积=3.75×(1.0+0.45)×2=10.88 800mm×400mm:(0.5+1.75+5.5)×2+(0.7+1.75+5.5)×2=31.4 面积=31.4×(0.8+0.4)×2=75.36 合计:厚度 0.75mm 的面积:10.88+75.36=86.24
				厚度 0.6mm，面积:41.2m^2	630mm×400mm:5×4=20 面积=20×(0.63+0.4)×2=41.2
			周长 800mm 以上 2000mm 以下，面积:34.58m^2	厚度 0.6mm，面积:29.97m^2	500mm×320mm:3.8×4=15.2 面积=15.2×(0.5+0.32)×2=24.93 400mm×300mm:(13.4－13.1)×12=3.6 面积=3.6×(0.4+0.3)×2=5.04 合计:厚度 0.6mm 的面积:24.93+5.04=29.97
				厚度 0.5mm，面积:4.61m^2	320mm×320mm:(13.4－13.1)×12=3.6 面积=3.6×(0.32+0.32)×2=4.61
2	高静压送风机	台	2		1+1=2
3	方形散流器	个	12		6×2=12
4	单层百叶风口	个	12		6×2=12

（续）

序号	分部分项工程名称	单位	数量	计算式
5	帆布软管接口	m^2	2.72	(1.4 + 0.55) × 2 × 0.2 × 2 + (1.0 + 0.45) × 2 × 0.2 × 2 = 2.72
6	橡塑保温	m^3	4.57	(140.12 + 34.58) × 0.025 + 4 × 0.025^2 × (3.25 + 3.75 + 31.4 + 20 + 15.2 + 3.6 × 2) = 4.37 + 0.20 = 4.57
7	法兰、支架除锈	kg	664.37	因风管制作、安装中包括法兰和支架的工作，可从定额含量中分析出法兰、加固框、吊托支架的质量 周长 2000 mm 以下：(29.97 + 4.61) × (3.566 + 0.133 + 0.193) = 116.64 + 17.94 = 134.58 周长 4000 mm 以下： (12.68 + 86.24 + 41.2) × (3.504 + 0.016 + 0.112 + 0.149) = 47.94 + 326.07 + 155.78 = 529.79 合计：134.58 + 529.79 = 664.37
8	法兰、支架刷防锈漆	kg	664.37	同上

注：橡塑板保温材料外含保护层，不必再计算保温外保护层的工程量。

4. 直接工程费计算表（定额计价）（见表3-7）

表 3-7 直接工程费计算表

定额编号	项目名称	单位	数量	单价/元			未计价材		合价/元			
				基价	人工费	机械费	消耗量	单价	合计	人工费	机械费	主材费
9—13	镀锌薄钢板矩形风管(δ = 1.0mm 咬口)周长 4000mm 以下制作安装	$10m^2$	1.268	519.00	255.00	61.21	11.38	40.84	658.09	323.34	77.61	589.31
9—13	镀锌薄钢板矩形风管(δ = 0.75mm 咬口)周长 4000mm 以下制作安装	$10m^2$	8.624	519.00	255.00	61.21	11.38	39.50	4475.86	2199.12	527.88	3876.57
9—13	镀锌薄钢板矩形风管(δ = 0.6mm 咬口)周长 4000mm 以下制作安装	$10m^2$	4.12	519.00	255.00	61.21	11.38	37.60	2138.28	1050.60	252.19	1762.90
9—11	镀锌薄钢板矩形风管(δ = 0.6mm 咬口)周长 2000mm 以下制作安装	$10m^2$	2.997	665.15	327.60	107.00	11.38	37.60	1993.45	981.82	320.68	1282.38
9—11	镀锌薄钢板矩形风管(δ = 0.5mm 咬口)周长 2000mm 以下制作安装	$10m^2$	0.461	665.15	327.60	107.00	11.38	35.50	306.63	151.02	49.33	186.24
9—377	高静压室内送风机安装	台	2	66.58	48.60	0	1	470.00	133.16	97.20	0	940.00
9—190	方形散流器安装周长2000mm以内	个	12	21.42	20.40	0	1	35.00	257.04	244.80	0	420.00

（续）

定额编号	项目名称	单位	数量	单价/元			未计价材		合价/元			
				基价	人工费	机械费	消耗量	单价	合计	人工费	机械费	主材费
9—172	单层百叶风口安装周长1800mm以内	个	12	38.70	24.00	2.84	1	30.00	464.40	288.00	34.08	360.00
9—77	软管接口	m^2	2.72	292.23	107.40	18.58	—	—	794.87	292.13	50.54	—
11—2174	橡塑板（风管）安装厚度 $\delta=25mm$	m^3	4.57	493.78	483.00	0	1.08	960.00	2256.57	2207.31	0	4738.18
11—7	支架（一般钢结构）除轻锈	100kg	6.6437	33.35	18.60	12.72	—	—	221.57	123.57	84.51	—
11—115	支架刷防锈漆 第一遍	100kg	6.6437	27.59	12.60	12.72	0.92	13.50	183.30	83.71	84.51	82.51
11—116	支架刷防锈漆 第二遍	100kg	6.6437	26.75	12.00	12.72	0.78	13.50	177.72	79.72	84.51	69.96
	合计	元							14060.94	8122.34	1565.84	14308.05
	直接工程费 = 14060.94 元 + 14308.05 元 = 28368.99 元											
	直接工程费中的人工费 + 机械费 = 8122.34 元 + 1565.84 元 = 9688.18 元											

注：1. 为体现未计价材料费，本例自制表格；为方便后续费用计算，本例只单列出了人工费和机械费，未单独列出材料费（材料费已包含在合价中）。

2. 本例执行 2012 年《全国统一安装工程预算定额河北省消耗量定额》第九册（通风空调工程）。

5. 分部分项工程量清单与计价表（见表 3-8）

表 3-8　分部分项工程量清单与计价表

工程名称：某低压配电室空调工程　　　　标段　　　　第　页　共　页

序号	项目编号	项目名称	项目特征描述	计量单位	工程量	金额/元		
						综合单价	合价	其中
								暂估价
1	030702001001	碳钢风管	1. 名称：空调风管 2. 材质：镀锌薄钢板 3. 形状：矩形 4. 规格：周长 4000mm 以内 5. 板材厚度：$\delta=1.0mm$ 6. 管件、法兰等附件及支架设计要求：法兰、支架等除锈刷防锈漆两遍 7. 接口形式：咬口	m^2	12.68			
2	030702001002	碳钢风管	1. 名称：空调风管 2. 材质：镀锌薄钢板 3. 形状：矩形 4. 规格：周长 4000mm 以内 5. 板材厚度：$\delta=0.75mm$ 6. 管件、法兰等附件及支架设计要求：法兰、支架等除锈刷防锈漆两遍 7. 接口形式：咬口	m^2	86.24			

（续）

序号	项目编号	项目名称	项目特征描述	计量单位	工程量	金额/元		
						综合单价	合价	其中 暂估价
3	030702001003	碳钢风管	1. 名称：空调风管 2. 材质：镀锌薄钢板 3. 形状：矩形 4. 规格：周长4000mm以内 5. 板材厚度：$\delta=0.6$mm 6. 管件、法兰等附件及支架设计要求：法兰、支架等除锈刷防锈漆两遍 7. 接口形式：咬口	m^2	41.2			
4	030702001004	碳钢风管	1. 名称：空调风管 2. 材质：镀锌薄钢板 3. 形状：矩形 4. 规格：周长2000mm以内 5. 板材厚度：$\delta=0.6$mm 6. 管件、法兰等附件及支架设计要求：法兰、支架等除锈刷防锈漆两遍 7. 接口形式：咬口	m^2	29.97			
5	030702001005	碳钢风管	1. 名称：空调风管 2. 材质：镀锌薄钢板 3. 形状：矩形 4. 规格：周长2000mm以内 5. 板材厚度：$\delta=0.5$mm 6. 管件、法兰等附件及支架设计要求：法兰、支架等除锈刷防锈漆两遍 7. 接口形式：咬口	m^2	4.61			
6	030108001001	离心式通风机	1. 名称：高静压室内送风机 2. 型号：FDY400KMY1L 3. 规格：风量136m^3/min；制冷量40kW	台	2			
7	030703011001	铝及铝合金风口、散流器	1. 名称：铝合金方形散流器 2. 规格：320mm×320mm	个	12			
8	030703011002	铝及铝合金风口、散流器	1. 名称：铝合金风口 2. 规格：300mm×300mm 3. 类型：单层百叶风口	个	12			
9	030703019001	柔性接口	1. 名称：柔性接口 2. 材质：帆布	m^2	2.72			
10	031208003001	风管绝热	1. 绝热材料品种：橡塑板保温 2. 绝热厚度：$\delta=25$mm	m^3	4.57			
11	030704001001	通风工程检测、调试	风管工程量：通风系统	系统	1			
本页小计								
合　计								

注：1. 本例执行《建设工程工程量清单计价规范》（GB 50500—2013）、《通用安装工程工程量计算规范》（GB 50856—2013）。

2. 为了方便教学，“项目特征描述”部分针对其“内容”描述比较详细。

本 章 回 顾

1. 通风工程一般由送风系统和排风系统两部分组成。

1）送风系统包括新风口⟶空气处理室⟶通风机⟶送风管⟶送（出）风口⟶管道配件⟶管道部件等。

2）排风系统包括排风口⟶排风管⟶排风机⟶风帽⟶除尘器、其他管件和部件等。

2. 空调系统的组成一般包括百叶窗⟶保温阀⟶空气过滤器⟶一次加热器⟶调节阀门⟶喷淋室⟶二次加热器等。

3. 通风系统管道工程量计算：按管道的材质和用途分别列项，按图示不同规格先计算各段长度，再计算相应的展开面积，根据不同厚度、周长汇总面积，套相应定额。

4. 空调系统管道工程量计算：按水暖管道的计算规则执行，按图示不同直径计算长度。

5. 通风空调部件的工程量计算：按图示不同规格统计数量，风管部件安装工程量以“个”为计算单位，将购买的成品部件的价格以未计价材（主材）形式计入材料费中。需要按“kg”计算的项目再按《国家通风部件标准质量表》换算成质量，套相应定额。

6. 空调设备的工程量计算：按图示不同规格统计数量，套相应定额。

7. 注意辨析各种材质风管的计算规则。

思 考 题

3-1　圆形风管标注的标高是________标高；矩形风管标注的标高是________标高。在计算垂直管道时矩形风管应注意怎样找管中心线标高________。

3-2　圆形风管和矩形风管工程量计算公式是什么？

3-3　整个通风系统设计采用渐缩管均匀送风时，圆形风管按________计算展开面积，矩形风管按________计算展开面积，执行相应定额项目时，其________乘以系数________。

3-4　风管部件指哪些？其工程量如何计算？

3-5　如图3-6所示为某风管平面图，计算风管的工程量。

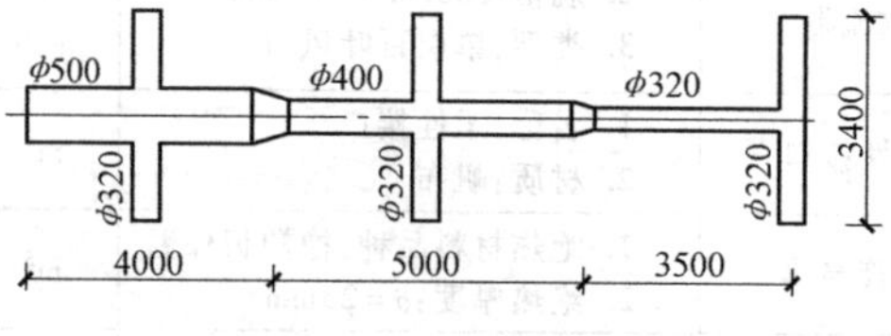

图3-6　风管平面图

第4章　建筑强电工程量计算

知识储备

熟悉建筑电气工程的基本配管、配线知识和电气设备、元件的设置，能够识读电气强电工程的施工图，为后续学习工程量计算打好基础。

学习目标和要求：

1. 复习电气照明工程系统组成，从而增强识图知识，为学习计量与计价奠定基础。
2. 了解电气工程常用材料，熟悉常用图例、电气工程线路敷设及基本标注。
3. 重点掌握电气工程工程量计算和编制分部分项工程量清单。

4.1　建筑电气系统概述

本节导学

回顾电气照明系统组成、常用电气材料、设备及图例，熟悉电气工程线路敷设及基本标注，进一步提高识读电气施工图的能力，为后续学习电气工程计量与计价做好铺垫。

4.1.1　电气系统常用材料、设备及标注

1. 材料

(1) 绝缘导线

1) 导线种类。导线可以按几种方式进行分类。按线芯材料分为铝芯线、铜芯线；按线芯性能分为硬线、软线；按线芯股数分为单股和多股，按绝缘及保护层分为橡胶绝缘线、塑料绝缘线、氯丁橡胶绝缘线、聚氯乙烯绝缘聚氯乙烯护套线（以上统称电线）等。导线的上述分类特点都是通过型号表示的。常用绝缘导线的型号、名称和用途见表4-1。

2) 常用的绝缘导线规格有：$0.5mm^2$、$0.7mm^2$、$1.0mm^2$、$1.5mm^2$、$2.5mm^2$、$4mm^2$、$6mm^2$、$10mm^2$、$25mm^2$、$35mm^2$、$50mm^2$、$70mm^2$、$95mm^2$、$120mm^2$、$150mm^2$、$185mm^2$ 和 $240mm^2$ 等。

表 4-1　常用绝缘导线的型号、名称和用途

型　　号	名　　称	用　　途
BX(BLX) BXF(BLXF) BXR	铜(铝)芯橡胶绝缘线 铜(铝)芯氯丁橡胶绝缘线 铜芯橡胶绝缘软线	适用于交流 500V 及以下或直流 1000V 及以下的电气设备和照明装置
BV(BLV) BVV(BLVV) BVVB(BLVVB) BVR BV—105	铜(铝)芯聚氯乙烯绝缘线 铜(铝)芯聚氯乙烯绝缘聚氯乙烯护套圆形电线 铜(铝)芯聚氯乙烯绝缘聚氯乙烯护套平行电线 铜芯聚氯乙烯绝缘软电线 铜芯耐热 105℃聚氯乙烯绝缘电线	适用于各种交流、直流电器装置,电工仪表、仪器,电信设备,动力及照明线路固定敷设
RV RVB RVS RV—105 RXS RX	铜芯聚氯乙烯绝缘软线 铜芯聚氯乙烯绝缘平行软线 铜芯聚氯乙烯绝缘绞型软线 铜芯耐热 105℃聚氯乙烯绝缘连接软电线 铜芯橡胶绝缘电棉纱编织绞形软电线 铜芯橡胶绝缘电棉纱编织圆形软电线	适用于各种交流、直流电器,电工仪器,家用电器,小型电动工具,动力及照明装置的连接

例如，BV—2.5 表示导线截面积为 2.5mm^2 的铜芯聚氯乙烯绝缘线，俗称“塑料铜芯线”。导线截面积大于 6mm^2 时是多股导线，与设备连接时须用接线端子，接线端子的样式如图 4-1 所示。

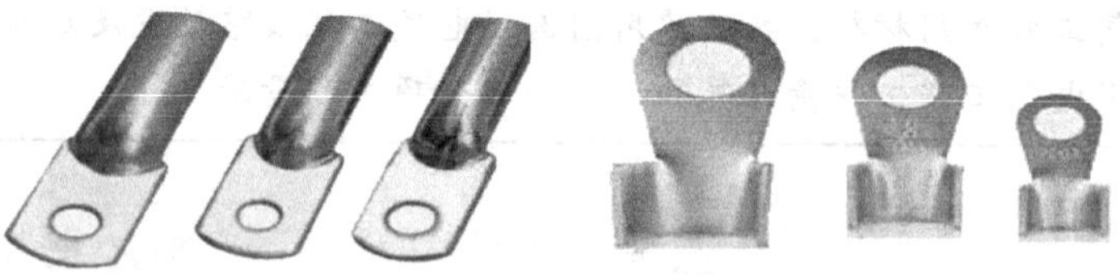

图 4-1　接线端子的样式

（2）电缆　电缆是由一根或多根相互绝缘的导体和外包绝缘保护层制成的，将电力或信息从一处传输到另一处的导线。电缆按其导线材质可分为铜芯电缆、铝芯电缆；按其功能分为电力电缆、控制电缆、通信电缆、射频电缆等；按绝缘方式可分为橡胶绝缘、油浸纸绝缘、塑料绝缘；按芯数可分为单芯、双芯、三芯、四芯及多芯。

电力电缆在电力系统主干线中用以传输和分配大功率电能，电力电缆的额定电压一般为 0.6/1kV 及以上；控制电缆从电力系统的配电点把电能直接传输到各种用电设备器具的电源连接线路，控制电缆的额定电压主要为 450/750V；通信电缆主要用于传递音频信息；射频电缆主要用于有线电视系统。

1）电力电缆由线芯（导体）、绝缘层和保护层三部分组成。根据绝缘层的性能分为：普通型、阻燃型（ZR）、耐火型（NH）。常用的电力电缆型号及名称如下：

① VV—0.6/1KV：铜芯聚氯乙烯绝缘聚氯乙烯护套电力电缆。

② VV_{22}—0.6/1KV：铜芯聚氯乙烯绝缘钢带铠装聚氯乙烯护套电力电缆。

③ YJV—0.6/1KV：铜芯交联聚乙烯绝缘聚氯乙烯护套电力电缆。

④ YJV_{22}—0.6/1KV：铜芯交联聚乙烯绝缘钢带铠装聚氯乙烯护套电力电缆。

例如，YJV—4×35+1×10 表示 4 芯截面积为 35mm^2 和 1 芯截面积为 10mm^2 的铜芯交联聚乙烯绝缘聚氯乙烯护套电力电缆。

又如，ZR—VV_{22}—4×35+1×16 表示 4 芯截面积为 35mm² 和 1 芯截面积为 16 mm² 的铜芯阻燃聚氯乙烯绝缘钢带铠装聚氯乙烯护套电力电缆。

2）控制电缆作为传输控制信号用，其截面积一般较小，最大一般不超过 10mm²，绝缘线芯数较多。常用的控制电缆如下：

① KVV—450/750V：铜芯聚氯乙烯绝缘聚氯乙烯护套控制电缆。

② KVV_{22}—450/750V：铜芯聚氯乙烯绝缘钢带铠装聚氯乙烯护套控制电缆。

例如，KVV—10×2.5 表示 10 芯截面积为 2.5mm² 的铜芯聚氯乙烯绝缘聚氯乙烯护套控制电缆。

3）预制分支电缆简称预分支电缆，是工厂在生产主干电缆时按用户设计要求将分支线预先制造在主干电缆上。分支线截面大小和分支线长度等根据设计要求决定。这种电缆是近年来的一项新技术产品，也是高层建筑中母线槽供电的替代产品，它具有供电可靠、安装方便、防水性好，占建筑面积小、故障率低、价格便宜、免维修维护等优点，适用于交流额定电压为 0.6/1kV 配电线路中，广泛应用于高层建筑的电气供配电的主干线电缆中，也适用于隧道、机场、桥梁、公路等供电系统。预分支电缆装置及分支接头如图 4-2 所示。

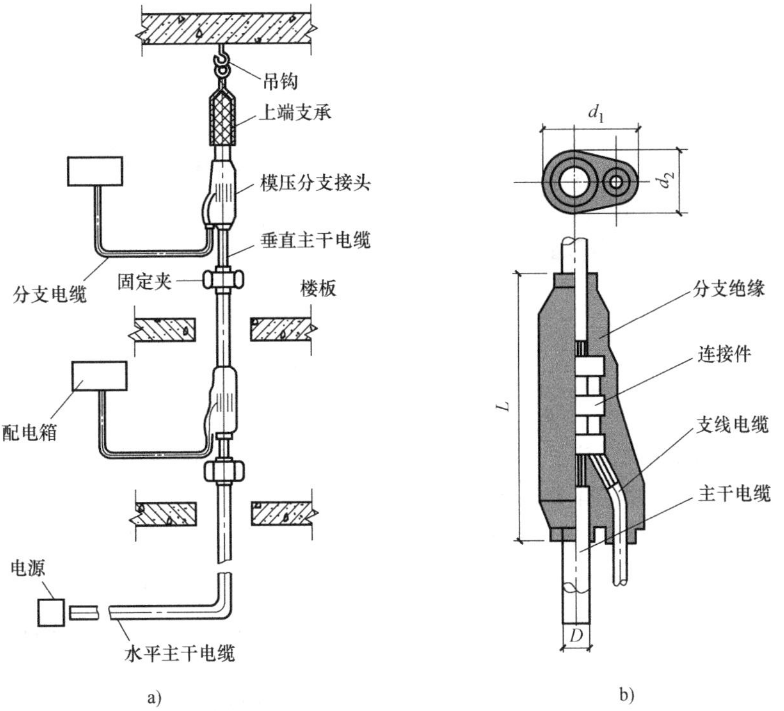

图 4-2 预分支电缆装置及分支接头

a）预分支电缆装置 b）分支接头

预分支电缆由四部分组成：主干电缆、分支线、分支接头、相关附件；并具有三种类型：普通型、阻燃型（ZR）、耐火型（NH）。

例如，YFD—ZR—VV—4×150+1×70/4×25+1×10，表示主干电缆为 4 芯截面积为 150mm² 和 1 芯截面积为 70mm² 的铜芯阻燃聚氯乙烯绝缘聚氯乙烯护套电力电缆，分支电缆为 4 芯截面积为 25mm² 和 1 芯截面积为 10mm² 的铜芯阻燃聚氯乙烯绝缘聚氯乙烯护套电力电缆。

(3) 封闭（插接）式母线槽　封闭（插接）式母线槽是把铜（铝）排用绝缘夹板固定在一起，并用空气绝缘或缠包绝缘带绝缘，再置于优质钢板的外壳内。母线的连接采用高强度的绝缘板隔开各导电铜（铝）排，以完成母线的插接，然后用覆盖环氧树脂的绝缘螺栓紧固，以确保母线连接处的绝缘可靠，如图4-3所示。

封闭（插接）式母线槽有单相两线、单相三线、三相三线、三相四线及三相五线等形式，可根据需要选用。封闭（插接）式母线槽本身结构紧凑，可以通过增加母线槽的数量延伸线路，通过各种连接件与变压器、配电箱等连接非常方便，安装工艺简单，还便于中间分支，因此适用于大电流的配电干线，在变配电所及高层建筑中已被广泛应用。

封闭（插接）式母线槽按绝缘方式可分为空气式插接母线槽（BMC）、密集绝缘插接母线槽（CMC）和高强度插接母线槽（CFW）三种。

在高层建筑的供电系统中，动力和照明线路往往分开设置，母线槽作为供电主干线在电气竖井内沿墙垂直安装一趟或多趟。

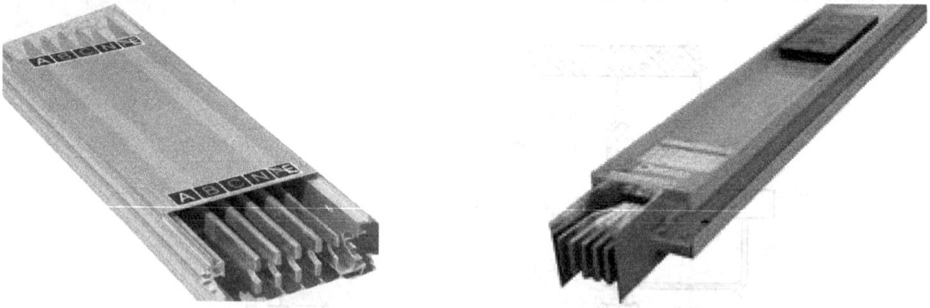

a)　　b)

图4-3　封闭（插接）式母线槽

a) 空气型　b) 密集型

(4) 管材　在配线施工中，为使导线免受腐蚀和外来机械损伤，常将绝缘导线穿在导管内敷设。常用的配线管材有金属导管和绝缘导管两大类。

1) 金属导管。常用的金属管材有钢管、薄壁钢管、金属软管等。

①钢管按管壁的厚度又分为水煤气钢管（RC）（厚壁钢管）和焊接钢管（SC）；按是否镀锌分为镀锌钢管和焊接钢管（非镀锌）。钢管可用于潮湿场所或埋地敷设，也可以沿建筑物、墙壁或支吊架敷设。

②薄壁钢管（TC）又称电线管，管子内外均涂有一层绝缘漆，适用于干燥场所敷设。

③金属软管既有相当好的机械强度，又有很好的弯曲性，常用于弯曲部位较多的场所。金属波纹管是金属软管的一种。

2) 塑料导管。常用的塑料管有硬质塑料管（PC）、半硬塑料管（FPC）、阻燃塑料管（PVC）和软塑料管等。

塑料导管配线一般适用于室内场所和有酸碱腐蚀性介质的场所，但在易受机械损伤的场所不宜采用明敷。建筑物顶棚内，宜采用阻燃型塑料管配线。

(5) 型材　常用的型材有型钢和板材两种。型钢有扁钢、角钢、圆钢、工字钢、槽钢等；板材有钢板、铝板等。

1）扁钢：可用于各种抱箍、撑铁、拉铁和配电设备的零配件、接地母线及接地引线等。

2）角钢：是钢结构中最基本的钢材，广泛用于建筑输电塔构件、横担、撑铁、接户线中的各种支架及电气安装底座、接地体（极）等。

3）圆钢：主要用于制作各种螺栓、吊杆、接地引线及钢索等。

4）工字钢：由两个翼缘和一个腹板构成，广泛用于各种电气设备的固定底座、变压器台架等。

5）槽钢：一般用于制作电气设备底座、支撑和导轨等。

6）钢板：薄钢板分为镀锌钢板和非镀锌钢板。钢板可制作各种电器及设备的零部件、平台、垫板和防护罩等。

7）铝板：用于制作设备零件、防护板、防护罩及垫板等。

（6）线槽　为了配线方便和明配时美观，在高层建筑中，线槽常用于地下室的电缆配线、变电所（室）到电气竖井、电气竖井内及向各用户的配线，也可以利用这种配线方式将不同功能的弱电配到各用户。

线槽按材质分为金属线槽和塑料线槽；按功能分为线槽和电缆桥架。

1）金属线槽：用厚度为0.4～1.5mm的钢板制成，适用于正常环境下室内干燥和不易受机械损伤的场所明敷。金属线槽由线槽、槽盖及附件组成。

2）塑料线槽：一般适用于正常环境室内场所的配线，也可用于预制墙板结构及无法暗配线的工程。塑料线槽由槽底、槽盖及附件组成。

3）电缆桥架：也称电缆梯架，产品结构简单，形式多样，有梯级式、托盘式、槽式、组合式、全封闭式等；表面处理有冷镀锌、电镀锌、塑料喷涂及镍合金电镀。电缆桥架的高度一般为50～100mm。

2. 用电设备

（1）低压配电柜　低压配电柜（低压配电屏、低压开关柜）是按照一定的接线方案将有关的一次、二次设备（如开关设备、监察测量仪表、保护电器及操作辅助设备）组装而成的一种低压成套配电装置。主要用于低压电力系统中动力和照明的配电。按结构形式的不同，低压配电柜又分为固定开启式和抽屉式两种。

（2）配电箱　配电箱分为照明配电箱和动力配电箱，安装方式有明装（悬挂式）和暗装（嵌入式），形式有落地式和悬挂式。

配电箱箱底距地面高度：一般暗装配电箱为1.5m，明装配电箱和配电板不应小于1.8m。

（3）低压电器　常用的低压电器有低压断路器、刀开关、熔断器、接触器、继电器、漏电保护器、其他开关等。

1）低压断路器：也称自动开关或空气开关，它除了具有全负荷分断能力外，还具有短路保护、过载保护和失欠电压保护等功能，并具有很好的灭弧能力，常用作配电箱内的总开关或分路开关。例如，常用的DZ_1—50/2—10型号，表示DZ_1型装置式断路器，额定电流是50A，极数是2，10为热脱扣方式；DW_{10}—200/2型号表示DW_{10}型万能式断路器，额定电流是200A，极数是2。

2）刀开关：最简单的手动控制设备有胶盖、铁盖两种，并有单相、三相之分，一般都安装在配电箱内或配电板上。

① 常用的胶盖闸刀开关有 HK_1 和 HK_2 两种系列，例如，HK_1—30/2 型号表示 HK_1 型胶盖闸刀开关，极数是 2，电流是 30A。又如，3P—30A 表示三相闸刀开关，额定电流是 30A。

②常用的铁壳开关，用途与胶盖闸刀开关相同，有 HH_3 和 HH_4 两种系列。例如，HH_3—100/3 型号表示 HH_3 型铁壳开关，极数是 3，电流是 100A。

3）熔断器：用于防止电路和设备长期通过过载电流和短路电流，是有断路能力的保护元件。它由金属熔件（熔体、熔丝）和支持熔件的接触结构组成，常用的熔断器有瓷插式和螺旋式两种。

4）接触器：也称电磁开关，利用电磁铁的吸力来控制触头动作。按其电流可分为直流接触器和交流接触器，工程中常用交流接触器。

5）继电器：主要用于电动机和电气设备的过载保护。它的主要组成部分有热元件、双金属片构成的动触头、静触头及调节元件。按控制形式分为时间继电器、中间继电器等。

6）漏电保护器：又称漏电保护开关，是防止人身接触带电体漏电而造成人身触电事故的一种保护装置。安装在进户线的配电箱内，在电度表之后熔断器（或刀开关）之前。

7）其他开关：有限位开关、按钮等。

（4）照明灯具　照明灯具的安装分为室内和室外两种。室内灯具的安装方式通常有吸顶灯式、嵌入式、吸壁式和悬吊式。悬吊式又可分为软线吊灯、链条吊灯和钢管吊灯。室外灯具一般安装在电杆上、墙上或悬挂在钢索上。

灯具的悬挂高度由设计决定，并在施工图中加以标注，室内一般照明灯具距离地面的最低悬挂高度见表 4-2。

表 4-2　室内一般照明灯具距离地面的最低悬挂高度

光源种类	灯具类型	光源功率/W	最低悬挂高度/m
白炽灯	有反光罩	≤100	2.5
		150～200	3.0
		300～500	3.5
	乳白玻璃漫射罩	≤100	2.0
		150～200	2.5
		200～500	3.0
卤钨灯	有反光罩	≤500	6.0
		1000～2000	7.0
	有反光罩带格栅	≤500	5.5
		1000～2000	6.5
荧光灯	无反光罩	≤40	2.0
		>40	3.0
	有反光罩	≤40	2.0
		>40	2.0

（5）灯具开关 根据控制照明支路的不同，分为单联、双联、三联，根据其结构又分为扳把开关、翘板开关、拉线开关。

对开关的安装高度要求为：拉线开关安装一般距顶棚0.2～0.3m，其他各种开关一般距地面1.3～1.5m。

（6）插座 插座分为单相二孔、单相三孔、单相五孔和三相四孔插座等，安装方式有明装、暗装两种。

普通插座安装高度一般距地0.3m，这些插座的配管、配线施工一般沿地面暗敷；厨房、卫生间等插座的安装高度一般距地1.5m；空调插座安装高度一般距地1.8m，这些插座的配管、配线施工一般沿顶板暗敷。同一场所的插座安装高度尽量一致。

3. 电气线路敷设及基本标注

（1）线路的敷设 线路的敷设方式可分为：明敷——导线直接或穿管（或其他保护体）敷设于墙壁、顶棚的表面、桁架及支架等处；暗敷——导线穿管敷设于墙壁、顶棚、地坪及顶板等处的内部，或在混凝土板孔内敷设等。线路敷设方式和敷设部位的代号分别见表4-3、表4-4。

表4-3 线路敷设方式代号

中文名称	拼音代号(旧)	英文代号(新)
水煤气钢管敷设		RC
(焊接)钢管敷设	G	SC
电线管敷设	DG	T(TC)
塑料管(PVC管)敷设	VG	PC(PVC)
铝卡片敷设	QD	AL
金属线槽敷设	GC	MR
塑料线槽敷设	XC	PR
电缆桥架敷设		CT
钢索敷设	S	M
明敷设	M	E
暗敷设	A	C

表4-4 线路敷设部位代号

中文名称	拼音代号(旧)	英文代号(新)	备注
地面(板)	D	F	各部位代号与E组合为明敷;与C组合为暗敷。例如,FC为埋地暗敷,WE为沿墙明敷,CC为顶板内暗敷,WC为沿墙暗敷,BE为沿梁明敷
墙	Q	W	
柱	Z	CL	
梁	L	B	
构架		R	
顶棚(板)	P	C	
吊顶	P	AC	

目前不少工程施工图仍沿用旧标注方法，即汉语拼音首字母，如暗敷用A表示，但与

国际接轨要求改用英文首字母标注，如暗敷用 C 表示；埋地暗敷以前用 DA，现应改为 FC；在顶棚（板）内敷设，以前用 PA，现应改为 CC；在不能进人的吊顶内暗敷，现用 ACC；在能进人的吊顶内暗敷，现用 ACE。

（2）线路标注的基本格式　在电气平面图中要求把照明线路的编号，导线型号、规格、根数、管径、敷设方式及敷设部位表示出来，并表示在图线的旁边。其标注的基本格式为：

$$a—b—c \times d—e—f$$

其中　a——线路编号或线路用途，如 WL、WP、N1 等；

b——导线型号，如 BV、BLV 等；

c——导线根数；

d——导线截面（mm^2），不同截面要分别标注；

e——导线敷设方式和穿管管径（mm）；

f——敷设部位。

如图 4-4 所示为部分照明线路平面图。图中有四条线路，每条线路所标注的安装代号含义如下：

①“N1—BV—2×2.5+PE2.5—TC20—WC”，表示为 N1 回路，导线型号为 BV（铜芯聚氯乙烯绝缘导线），2 根导线截面积为 $2.5mm^2$，1 根保护线，截面积为 $2.5mm^2$，TC 为穿电线管敷设，管径为 20mm，WC 为沿墙暗敷。

②“N2—BV—2×2.5+PE2.5—SC20—FC”，表示为 N2 回路，导线型号为 BV（铜芯聚氯乙烯绝缘导线），2 根导线截面积为 $2.5mm^2$，1 根保护线，截面积为 $2.5mm^2$，SC 为穿焊接钢管敷设，管径为 20mm，FC 为埋地暗敷。

③“N3—BV—2×2.5—PC20—ACC”，表示为 N3 回路，导线型号为 BV（铜芯聚氯乙烯绝缘导线），2 根导线截面积为 $2.5mm^2$，PC 为穿塑料管，管径为 20mm，ACC 为在不能进人的吊顶内暗敷。

④“N4—BV—2×2.5+PE2.5—TC20—WC”，表示为 N4 回路，导线型号为 BV（铜芯聚氯乙烯绝缘导线），2 根导线截面积为 $2.5mm^2$，1 根保护线，截面积为 $2.5mm^2$，TC 为穿电线管敷设，管径为 20mm，WC 为沿墙暗敷。

4. 设备及灯具的标注方式

（1）用电设备　标注为：$\frac{a}{b}$

其中　a——设备编号或位号；

b——额定功率（kW 或 kVA）。

例如，$\frac{\text{P01B}}{\text{37kW}}$ 表示泵的位号为 P01B，容量为 37kW。

（2）照明灯具　标注为：$a—b\,\frac{cdL}{e}f$

其中　a——灯具个数；

b——灯具型号或编号；

c——每个灯具的灯泡（管）数；

d——灯泡（管）容量（W）；

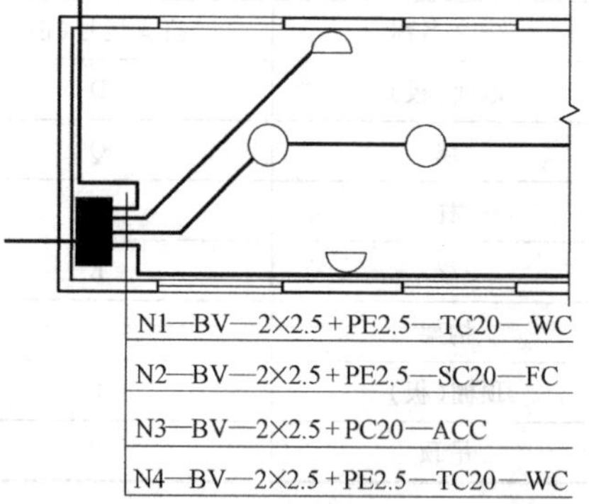

图 4-4　部分照明线路平面图

e——灯具安装高度，“—”表示吸顶安装；

f——安装方式；

L——光源种类（Ne 氖、Xe 氙、Na 钠、Hg 汞、I 碘、IN 白炽、FL 荧光等），常常省略。

例如，5—BYS80 $\frac{2\times40\times\text{FL}}{3.5}$CS 可以解释为：

5 盏 BYS80 型灯具，每盏灯有 2 根 40W 荧光灯管，灯具采用链吊安装，安装高度为距地 3.5m，光源的种类为荧光光源。

其中灯具安装方式和照明灯具种类符号分别见表 4-5、表 4-6。

表 4-5　灯具安装方式符号

名　称	符　号	名　称	符　号	名　称	符　号
线吊式	SW	壁装式	W	顶棚内安装	CR
链吊式	CS 或 Ch	嵌入式	R	墙壁内安装	WR
管吊式	DS 或 CP	吸顶式	C 或“—”	座装	HZ

表 4-6　照明灯具种类符号

名　称	符　号	名　称	符　号	名　称	符　号
普通吊灯	P	柱灯	Z	荧光灯	Y
壁灯	B	投光灯	T	工厂一般灯具	G
吸顶灯	D	花灯	H	防水防尘	F

4.1.2　电气照明施工图识读

1. 电气工程图形符号及文字符号

图形符号引自我国制定的电气制图标准，见表 4-7。

2. 建筑电气照明系统的组成

建筑照明系统一般是由变配电设施通过线路连接各用电器具组成的一个完整的照明供电系统，主要由进户装置、室内配电箱（盘）、电缆及管线敷设、用电设备、防雷接地等项目组成，如图 4-5 所示。

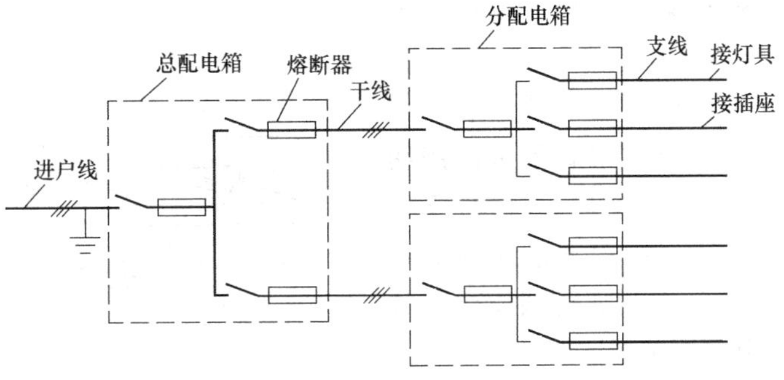

图 4-5　电气照明系统的组成示意图

表 4-7 图形符号

序号	设备符号	设备名称	序号	设备符号	设备名称
1		进户电缆	22		吸顶灯
2		电源配电柜	23		事故照明灯
3		照明配电箱	24		红外线感应灯
4		网点计量箱	25		带开关安全型插座
5		分户箱	26		三孔防溅型插座
6		事故照明配电箱	27		三孔安全型插座
7		双管荧光灯	28		安全型双联二三极暗装插座
8		防水圆球灯	29		三孔安全型插座
9		防水座灯头	30		照明开关(单联双控)
10		防水防尘灯	31		照明开关(双联双控)
11		壁装坐灯	32		照明开关(单联单控)
12		壁灯	33		照明开关(双联单控)
13		航空障碍灯	34		照明开关(三联单控)
14		出口标志灯	35		换气扇
15		疏散指示灯	36		电机出线孔
16		花灯	37		电机电源出线孔
17		小花灯	38	+ · + · +	接地装置
18		吸顶灯	39		避雷带
19		吸顶灯	40	LEB	局部等电位端子箱(板)
20		吸顶灯	41	MEB	总等电位端子箱(板)
21		吸顶灯	42		引线标记

(1) 进户装置 室内供电系统的电源是从室外低压配电线路上接线引入的，引入电源一般采用 380V/220V 三相四线制配电方式，其中三根是相线（火线），一根是工作零线（中性线）。两根相线之间的电压是 380V（相电压），一根相线与工作零线之间的电压是 220V（线电压），为保证安全用电，中性线在进户前要进行重复接地，再引出一根地线。这样就形成了三相五线制。

电源进户的方式有架空进户和电缆埋地进户两种方式。

架空进户装置包括电源进户线、进户横担和进户管三部分。进户横担属于室内照明工程，有一端固定式和两端固定式两种安装方式。架空进户低压接户线引入点距地面不能低于 2.7m，进户线一般列入外线安装。如图 4-6 所示为低压引入线装置。

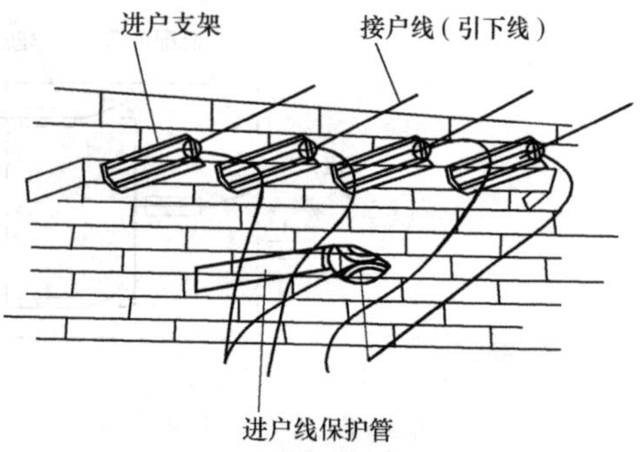

图 4-6 低压引入线装置

电缆埋地进户一般采用电缆直埋敷设的方式，穿墙时应有保护管，在照明工程中只考虑保护管的安装，电缆一般列入外线安装。

（2）配电箱（盘） 进户线进至室内后，先进入总配电箱。由总配电盘至分配电箱的线路称为干线；由分配电箱引出送到各用电设备的线路称为支线。配电箱的作用是对各回路电能进行分配、控制，同时对各回路用电进行计量与保护。

总照明配电盘内包括照明总开关，总熔断器，电度表和各干线的开关、熔断器等电器。分配电盘有分开关和各支线的熔断器，支线数目应尽可能为3的倍数，以便三相能平均分配支路负荷，减少事故的发生。

（3）管线敷设（配管配线） 照明供电线路一般有单相三线制（220V）和三相五线制（380V/220V）两种。

1）三相五线制（380V/220V）：大容量（负荷电流在30A以上）照明负荷，一般采用380V/220V三相五线制交流电源。它由三根相线、一根中性线、一根保护线组成，其中保护线接设备的金属外壳，三根相线要平均分配，以达到负荷平衡。

2）单相三线制（220V）：一般小容量（负荷电流在15～20A）照明负荷，可采用220V单相三线制交流电源。它由一根相线、一根中性线、一根保护线组成。

（4）防雷接地 防雷接地详见本章4.4所述。

3. 电气照明施工图识读示例

（1）照明系统图 如图4-7所示是一栋三层三单元的居民住宅楼的电气照明系统图。

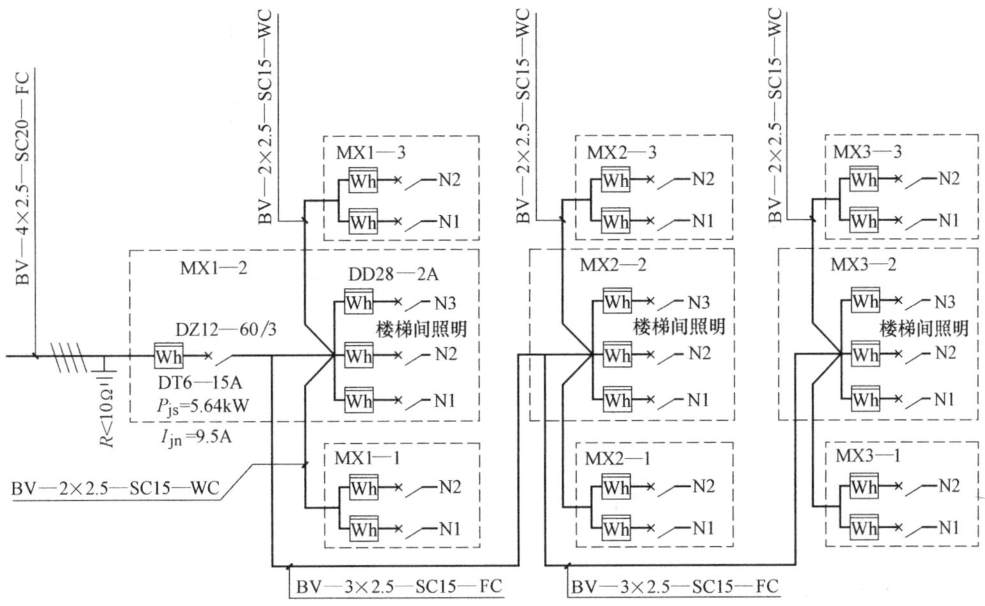

图4-7 电气照明系统图

进户线标注“BV—4×2.5—SC20—FC”，表示进户线为铜芯聚氯乙烯绝缘线，共4根导线，其中3根相线，1根零线，导线截面积为2.5mm^2，穿管径为20mm的焊接钢管，敷设方式为沿地暗敷。一单元至二单元和二单元至三单元的照明干线为“BV—3×2.5—SC15—FC”，表示干线为铜芯聚氯乙烯绝缘线，共3根截面积为2.5mm^{2}的导线，穿管径为

15mm 的焊接钢管，敷设方式为沿地暗敷；各单元垂直照明干线为“BV—2×2.5—SC15—WC”，表示垂直干线为铜芯聚氯乙烯绝缘线，共2根截面积为 $2.5mm^2$ 的导线，穿管径为15mm 的焊接钢管，敷设方式为沿墙暗敷。

（2）照明平面图　如图4-8所示为某局部照明平面图，此单元每层共计2户，配电箱MX1—2安装在楼梯间，分出N1、N2、N3三个支路，其中N1、N2分别进入住户，N3为楼梯灯。住户的卧室、客厅安装的是普通灯，标注为“$1\frac{40}{2.4}$DS”，其中40表示灯具功率为40W，2.4表示安装高度为2.4m，DS表示管吊式安装方式。其他依次类推。

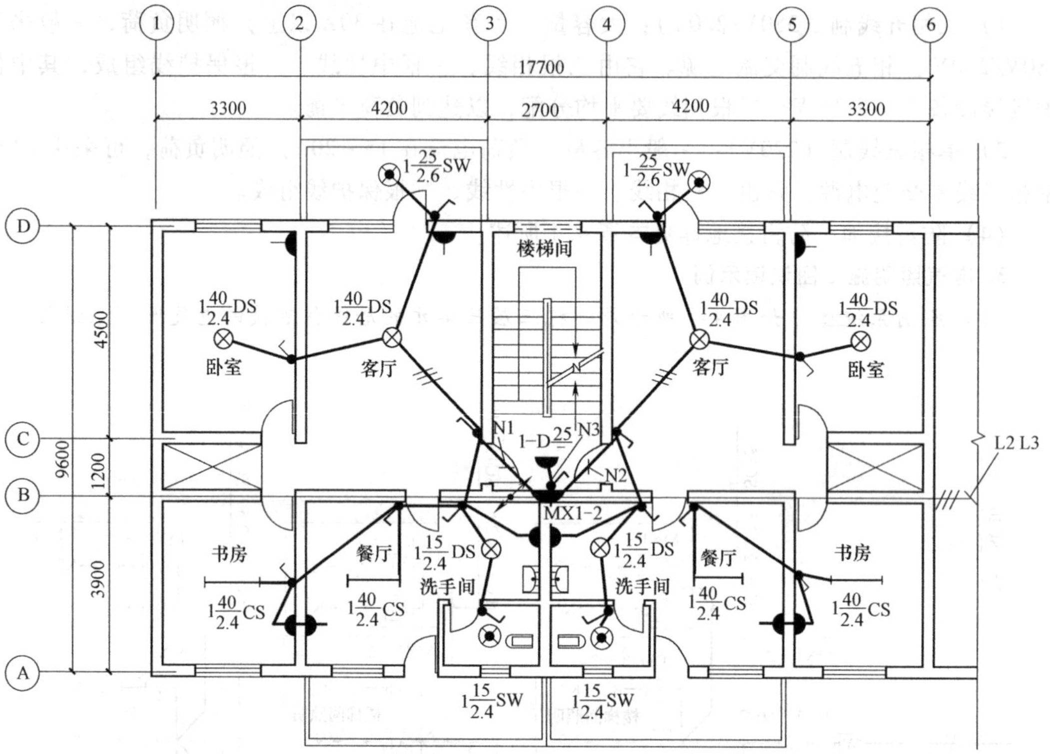

图4-8　局部照明平面图

4.2　电气照明系统工程量计算

本节导学

在回顾了电气工程施工图知识后，进一步学习电气照明工程的配管配线、控制设备及低压电器、照明器具等工程量的计算，为后续编制电气照明工程工程量清单做好铺垫。

4.2.1　电气工程配管配线工程量计算

配管配线是指由配电箱到用电器具的供电、控制线路的安装。照明系统中管线的敷设线路走向一般沿楼板水平配管，连接开关时从棚顶向下敷设，连接插座时根据插座的安装高度及用途分为沿地面向上敷设和从棚顶向下敷设两种情况。

1. 配管工程简介

配管工程按敷设方式分为：沿砖、混凝土结构明配，沿砖、混凝土结构暗配，钢结构支架配管，钢索配管。

按管材可分为：电线管、钢管、防爆钢管、硬质塑料管、金属软管。

(1) 沿砖、混凝土结构明配　一般用于民用和工业建筑物内架设照明导线从电源引至照明配电箱，明配管的工程量计算应区分不同材质，以管径大小分规格以“m”为计算单位。用于明配管的管材常用的有电线管、钢管、硬质塑料管。

(2) 沿砖、混凝土结构暗配　暗配管是将管同土建一起预先敷设在墙壁、楼板或顶棚内。暗配管的工程量计算应区分不同材质，以管径大小分规格以“m”为计算单位。用于暗配管的管材常用的有电线管、钢管、硬质塑料管。

(3) 钢结构支架配管　将管子固定在支架上，称为钢结构支架配管，其管材常用的有电线管、钢管、硬质塑料管。

(4) 钢索配管　先将钢索架设好，然后将管子固定在钢索上，称为钢索配管，其管材常用的有电线管、钢管、塑料管。

(5) 金属软管　一般敷设在较小型电动机的接线盒与钢管管口的连接处，用来保护导线和电缆不受机械损伤，工程量计算应以管径大小分规格以“m”为计算单位。

2. 配管工程量的计算

(1) 计算规则　各种配管工程量的计算，不扣除管路中间接线箱、各种盒（接线、开关、插座、灯头）所占的长度，配管工程均未包括接线箱、盒、支架的制作安装。

(2) 计算方法　首先要确定工程有哪几种管材，明确每一种管材的敷设方式并分别列出。计算顺序可以按管线的走向，从进户管开始计算，再选择照明干管，然后计算支管。合计时分层、分单元或分段逐级统计，以防止漏算重算。

配管工程量 = 各段的平面长度 + 各部分的垂直长度 + 各部分的预留长度

1) 平面长度计算。用比例尺量取各段的平面长度，量时以两个符号中心为一段或以符号中心至线路转角的顶端为一段逐段量取。

2) 垂直长度计算：统计各部分的垂直长度，可以根据施工设计说明中给出的设备和照明器具的安装高度来计算，如图 4-9 所示。

注：层高是指两层楼板中心之间的高度。

① 配电箱。

上返至顶棚垂直长度 = 楼层高 -（配电箱底距地高度 + 配电箱高 + 1/2 楼板厚）

下返至地面垂直长度 = 配电箱底距地高度 + 1/2 楼板厚

② 开关、插座。

插座从上返下来时，垂直长度 = 楼层高 -（开关、插座安装高度 + 1/2 楼板厚）

插座从下返上来时，垂直长度 = 安装高度(距地高度) + 1/2 楼板厚。

③ 线路中的接线盒。安装在墙上，一般高度为顶板下 0.2m 处，每处需根据进出接线盒的次数分别计算，若考虑楼板的厚度，垂直长度 =（0.2m + 1/2 楼板的厚度）× n，其中 n 为进出接线盒的次数。

④ 进户管的长度。架空线路进户管按距外墙皮 0.15m 计算，埋地线路进户管按距外墙

皮 1.5m 计算（注：1/2 楼板厚在实际工作中一般不考虑）。

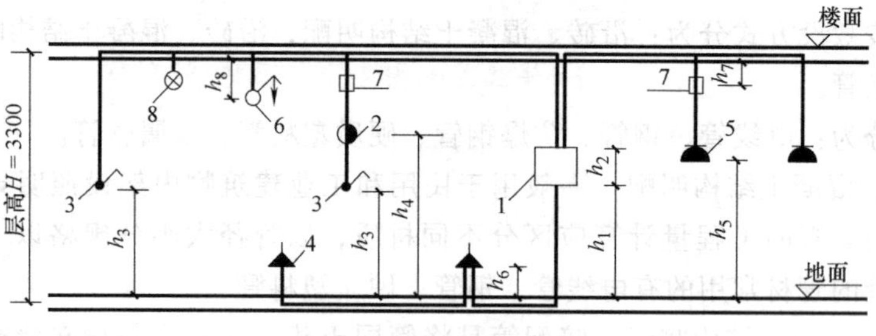

图 4-9　垂直配管长度示意图

1—配电箱　2—壁灯　3—跷板开关　4—普通插座　5—空调插座

6—拉线开关　7—接线盒　8—普通灯具

[例 4-1] 图 4-9 中楼板厚为 200mm，配电箱（500mm×350mm）距地 h_1 =1.5m，2 个普通插座距地 h_6 =0.3m，壁灯距地 h_4 =2.0m，跷板开关距地 h_3 =1.3m。计算垂直配管长度。

解：

（1）配电箱垂直配管长度

上返垂直配管长度 =3.3m－(1.5+0.35+0.1)m=1.35m

下返垂直配管长度 =1.5m+0.1m=1.6m

（2）普通插座垂直配管长度　计算为：(0.3+0.1)m×3(次)=0.4m×3=1.2m

（3）壁灯相关的垂直配管长度

壁灯上接线盒垂直配管长度 =(0.2+0.1)m×2=0.6m

（接线盒的管线计算详见 [例 4-3] 中的讲述内容）

接线盒至壁灯垂直配管长度 =3.3m －(2.0+0.1)m－(0.2+0.1)m=0.9m

壁灯的跷板开关垂直配管长度 =2.0m－1.3m=0.7m

练一练

1）计算两个空调插座垂直配管长度，空调插座距地 h_5 =1.8m。

2）计算拉线开关垂直配管长度，拉线开关距顶 h_8 =0.3m。

3）计算另一跷板开关垂直配管长度。

3. 管内穿线工程量的计算

不论管道明配还是暗配，管道敷设好后，都要进行管内穿线，穿线必须遵循一些布置原则。熟悉穿线布置原则，正确理解施工图中穿线根数的变化，是准确进行穿线工程量计算的前提条件。

（1）穿线布置原则

1）相线——从配电箱先接到同一回路的各开关，根据控制要求再从开关接到被控制的灯具。

2）零线（N 线）——从配电箱接到同一回路的各灯具。

3）保护线（PE 线）——从配电箱接到同一回路的各灯具、设备的金属外壳。一般照明回路不设此线。

(2) 工程量计算方法　管内穿线分为照明和动力线路两大类，按其导线截面面积大小分规格，以“m”为计算单位，计算单线延长米的长度。

管内穿线工程量的计算方法：管内穿线工程量同配管工程量一起计算，注意每段管内所穿的导线根数。

管内穿线工程量 =（该段配管工程量 + 导线预留长度）× 导线的根数

导线预留长度的相应规定如下：

1）灯具、开关、插座、按钮、接线盒等处导线预留长度已经分别综合在有关的定额内，不再另计预留。

2）照明和动力线路穿线定额中已综合考虑了接线头的长度，不再另计预留。

3）导线进入配电箱、配电板和设备等导线预留长度，按表 4-8 取用。

表 4-8　连接设备导线的预留长度

序号	项　　目	预留长度	说　　明
1	各种配电箱(柜、板)、开关箱	宽 + 高	盘面尺寸
2	单独安装(无箱、盘)的铁壳开关、闸刀开关、启动器、母线槽进出线盒等	0.3m	从安装对象中心算起
3	由地面管出口引至动力接线箱(设备)	1.0m	从管口算起
4	电源与管内导线连接(管内穿线与软、硬母线接点)	1.5m	从管口算起
5	进户、出户线	1.5m	从管口算起

4. 配线工程量的计算

配线的方式主要有瓷夹配线、塑料夹配线、木槽板配线、塑料槽板配线、塑料护套线敷设、绝缘子配线。

配线工程量的统计方法与管内穿线工程量的计算方法相同。

(1) 瓷夹配线　常用的瓷夹配线有二线式和三线式两项，工程量按不同结构（木结构、砖混结构）以导线截面积大小分规格，以单线“m”为计算单位。

(2) 塑料夹配线、木槽板配线、塑料槽板配线　基本同瓷夹配线。

(3) 塑料护套线敷设　塑料护套线分为二芯线与三芯线两种，工程量按不同结构（木结构、砖混结构、沿钢索）以导线截面积大小分规格，以单线“m”为计算单位。

(4) 绝缘子配线　分为鼓形绝缘子、针式绝缘子、蝶式绝缘子配线。

5. 配管配线工程量计算实例（以照明工程为例）

照明工程施工图样有平面图没有剖面图，平面图中所示线路各段按比例给出了平面长度，垂直引上或引下（如配电箱、开关、插座、接线盒等）长度计算时要先确定楼层的高度，再从设计说明中了解各设备的安装高度，经间接计算得出。线路中各段管型、管径、导线型号、敷设方式，有时并未完全标注，要从系统图中确认。

[例 4-2]　某工程进户线标注为：BV—500V—3 × 16 + 1 × 10—SC32—FC，采用三相四线制 380V/220V 送电，电源采用架空进户，高度为 5.8m，进户后穿钢管引至总配电箱，总配电箱 M—2 安装在二楼，底距地 1.4m，箱面宽 × 高为 1000mm × 800mm，总配电箱引至各层分总配电箱的干线标注为：BV—500V—3 × 6—SC25—WC，分配电箱安装底距地 1.4m，箱面宽 × 高为 800mm × 600mm，本建筑物为砖混结构，楼层高 2.8m，楼板厚 0.2m，进户管

水平长度为2.0m。计算进户线、干线配管和管内穿线的工程量。

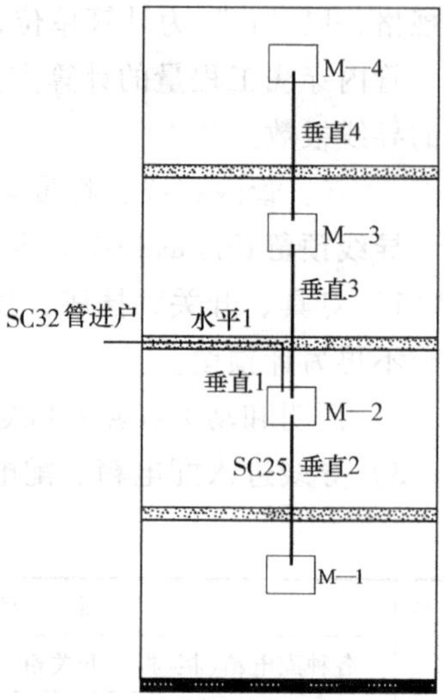

图4-10 照明管线剖面图

解：将本工程的这部分画出剖面图，如图4-10所示。

列出工程项目，并计算工程量如下。

1. 进户管

进户管为SC32钢管沿砖混结构暗配管，表示为BV—3×16+1×10—SC32。

2m(水平1)+(2.8−1.4−0.8−0.1)m(垂直1)+0.15m(架空进户管)=2.65m

2. 进户线

1) BV—16mm^{2}管内穿线：［2.65m（SC32管长）+1.5m（进出户线预留导线）+(0.8+1.0)m（总配电箱预留导线）］×3(根)=17.85m

2) BV—10mm^{2}管内穿线：［2.65m（SC32管长）+1.5m(进出户线预留导线)+(0.8+1.0)m（总配电箱预留导线)］×1（根)=5.95m

3. 干线配管

干线配管为SC25钢管沿砖混结构暗配管，表示为BV—3×6—SC25。

M—1至M—2垂直长度（垂直2）为：1.4m+0.1m+[2.8(楼层高)−1.4−0.6−0.1]m=2.2m

M—2至M—3垂直长度（垂直3）为：1.4m+0.1m+[2.8(楼层高)−1.4−0.8−0.1]m=2.0m

M—3至M—4垂直长度（垂直4）为：1.4m+0.1m+[2.8(楼层高)−1.4−0.6−0.1]m=2.2m

合计为：2.2m+2.0m+2.2m=6.4m

4. 干线管内穿线

BV—6mm^{2}管内穿线［6.4（SC25管长）+(0.8+1.0)×2(总配电箱M—2预留导线)+(0.6+0.8)×4个(分配电箱预留导线)］m×3根=46.8m

5. 分部分项工程量清单与计价表（见表4-9）

表4-9 分部分项工程量清单与计价表

工程名称：某工程　　标段：　　第　页　共　页

序号	项目编码	项目名称	项目特征描述	计量单位	工程量	金额/元		
						综合单价	合价	其中 暂估价
1	030411001001	配管	1. 名称：钢管 2. 材质、规格：SC32 3. 配置形式：暗配	m	2.65			
2	030411001002	配管	1. 名称：钢管 2. 材质、规格：SC25 3. 配置形式：暗配	m	6.4			

（续）

序号	项目编码	项目名称	项目特征描述	计量单位	工程量	金额/元		
						综合单价	合价	其中
								暂估价
3	030411004001	配线	1. 名称:管内穿线 2. 配线形式:动力线路 3. 型号、规格、材质:BV—16mm^2 4. 配线部位: 管内	m	17.85			
4	030411004002	配线	1. 名称:管内穿线 2. 配线形式:动力线路 3. 型号、规格、材质:BV—10mm^2 4. 配线部位: 管内	m	5.95			
5	030411004003	配线	1. 名称:管内穿线 2. 配线形式:动力线路 3. 型号、规格、材质:BV—6mm^2 4. 配线部位: 管内		46.8			

注：本例执行《建设工程工程量清单计价规范》(GB 50500—2013)、《通用安装工程工程量计算规范》(GB 50856—2013)。

[例4-3] 某教学楼部分照明平面图如图4-11所示，分支线路2~3根穿PC16硬塑料管，4~6根穿PC20沿砖混结构暗敷，导线为BV—2.5mm^2，楼层高3m，楼板厚200mm，开关箱暗装，箱底距地1.4m，箱面宽×高为400mm×350mm，照明器开关及插座均暗装，开关距地1.2m，插座（二孔）距地0.3m，计算从开关箱到各照明器具的分支线路配管和管内穿线工程量。

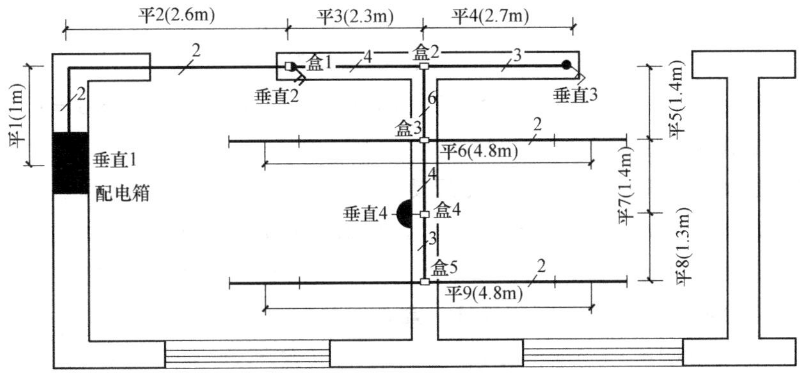

图4-11 某教学楼部分照明平面图

解：首先复核各段管内穿线的根数，同根数的管段加在一起，初学者先把水平和垂直分开计算，以免混淆或漏算。

1. 平面长度

这张平面图所表达的平面长度共有9段，每一段管内所穿的导线根数不同，分别量取管长并同时计算线长。分别把它标以平1~平9，逐一量取它们的长度，配管和管内穿线工程量同时计算。

BV—2×2.5PC16：1m（平1）+2.6m（平2）+4.8m（平6）+4.8m（平9）=13.2m

BV—3×2.5PC16：2.7m（平4）+1.3m（平8）=4.0m

BV—4×2.5PC20：2.3m（平3）+1.4m（平7）=3.7m

BV—6×2.5PC20：1.4m（平5）=1.4m

管合计：PC16　13.2m+4.0m=17.2m

　　　　PC20　3.7m+1.4m=5.1m

线合计：BV—2.5：13.2m×2+4.0m×3+3.7m×4+1.4m×6=61.6m

2. 垂直长度和预留长度

垂直管段有配电箱引出（垂1）、2个开关（垂2、垂3）、插座（垂4）四处垂直长度，分别标以垂直1～垂直4，有接线盒处，垂直长度算至接线盒高度。其中垂直1管段从配电箱引出，要计算配电箱内的导线预留长度，其余管段不计预留。

（1）BV-2×2.5PC16

1）垂直1管（线）长：

垂直1管（线）长：3m（层高）-1.4m（箱底距地）-0.35m（箱高）-0.1m（1/2楼板厚）=1.15m

垂直1预留线长：(0.35+0.4)m（配电箱预留）=0.75m

2）垂直4管（线）长：3m（楼层高）-0.3m（插座距地）-0.1m（1/2楼板厚）-(0.2+0.1)m(盒4)=2.3m（管线长）。

（2）BV—3×2.5PC16

垂直2管（线）长：3m（楼层高）-1.2m（开关距地）-0.1m(1/2楼板厚)-(0.2+0.1)m(盒1)=1.4m（管线长）

垂直3管（线）长：3m（楼层高）-1.2m(开关距地）-0.1m(1/2楼板厚)=1.7m（管线长）

管合计（均为PC16)：1.15m+2.3m+1.4m+1.7m=6.55m

线合计（BV-2.5)：(1.15+0.75+2.3)m×2+1.4m×3+1.7m×3=17.7m

3. 接线盒的管线长度

线路中的接线盒安装在墙上，一般高度为顶板下0.2m处，如果顶板的厚度为0.2m，这样每一处进出接线盒的管子和导线都会增加0.2m+0.2m/2=0.3m，一个照明工程中有许多个接线盒，这些下返的长度累计起来也是一个可观的数目，所以要准确计算。

图中共有5个接线盒，分别标以盒1～盒5。计算如下：

1）BV—2×2.5PC16：0.3m（盒1）+0.3m×2（盒3）+0.3m×2（盒5）=1.5m

2）BV—3×2.5PC16：0.3m（盒2）+0.3m（盒4）+0.3m（盒5）=0.9m

3）BV—4×2.5PC20：0.3m（盒1）+0.3m（盒2）+0.3m（盒3）+0.3m(盒4)=1.2m

4）BV—6×2.5PC20：0.3m（盒2）+0.3m（盒3）=0.6m

管合计：PC16：1.5m+0.9m=2.4m

　　　　PC20：1.2m+0.6m=1.8m

线合计：BV—2.5：1.5m×2（根）+0.9m×3(根)+1.2m×4(根)+0.6m×6(根)=14.1m

4. 该平面图所发生的工程量合计

PC16 硬塑料管沿砖混结构暗敷：17.2m + 6.55m + 2.4m = 26.15m

PC20 硬塑料管沿砖混结构暗敷：5.1m + 1.8m = 6.9m

BV—2.5mm^2 管内穿线：61.6m + 17.7m + 14.1m = 93.4m

4.2.2　配电控制设备及低压电器安装工程量计算

配电控制设备有配电箱、配电盘、配电板等。在建筑照明工程中，最常用的是照明配电箱。它是用户用电设备的供电和配电点，是控制室内电源的设施。照明配电箱一般为定型生产的标准成套配电箱，但根据照明要求的不同也可以做成非成套（标准）配电箱。非标准配电箱可以用铁制或木制做箱体，箱内配电板上装设有保护、控制、计量等电气元件。

1. 成套配电箱安装工程量计算

成套配电箱按安装方式的不同分为落地式和悬挂、嵌入式两种，其中悬挂、嵌入式以半周长分档列项，以“台”为计算单位。成套配电箱是电气设备，其悬挂安装所需要的支架和落地安装所需要的基础型钢要另行计算。

1）明装（悬挂）配电箱的支架制作、安装，以“kg”为计算单位，执行铁构件制作、安装定额。

2）落地式配电箱的基础型钢应分别计算制作和安装两项定额。

① 基础型钢制作，以“kg”为计算单位，根据型钢长度换算成质量，其质量 G = 型钢长度 $L\times$ 型钢的理论质量，执行铁构件制作定额。

② 基础型钢安装，以“m”为计算单位，根据型钢布置形式，其长度计算为 $L=2A+nB$，执行基础型钢安装定额，如图 4-12 所示。

上述的铁构件制作、安装定额，适用于电气设备安装工程的各种支架的制作、安装。分一般铁构件和轻型铁构件两种，主结构厚度在 3mm 以内的执行“轻型铁构件”子目，主结构厚度在 3mm 以上的执行“一般铁构件”子目。

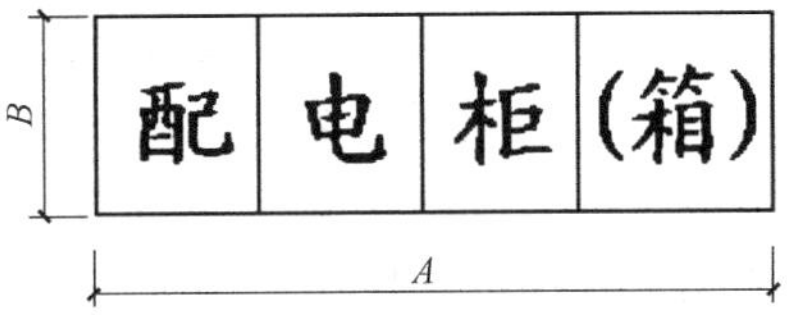

图 4-12　基础型钢

A—各柜、箱边长之和　B—柜、箱之宽

2. 非成套配电箱安装工程量计算

非成套配电箱要根据施工图要求分别列项计算相应的工程量，可列以下各项目。

（1）配电箱、配电板（盘）制作

1）配电箱体制作，分为铁制和木制，铁制时以“kg”为计算单位，执行箱盒制作定额；木制时以“套”为计算单位，按箱体半周长执行相应定额。

2）配电板（盘）制作及木板包铁皮，以“m^2”为计算单位，按不同材质执行相应定额。

（2）配电箱、配电板（盘）安装

1）配电箱体安装，以“台”为计算单位，以箱体半周长执行相应定额。

2）配电板（盘）安装，以“块”为计算单位，以盘、板半周长执行相应定额。

（3）配电箱（盘、板）内电气元件安装　根据施工设计系统图计算相应的元件及数量，如电能表、各种开关、继电器、熔断器等。

（4）盘柜配线　盘柜配线是指盘柜内组装电气元件之间的连接线，计算工程量时，以导线的不同截面划分。盘柜配线总长度计算方法如下：

$$L = (A + B)n$$

式中　L——盘柜配线总长度（m）；

A——盘柜长（m）；

B——盘柜高（m）；

n——盘柜配线回路数。

（5）端子板安装　非成套配电箱中的端子板另行计算，以“组”为计算单位。端子板安装每10个头为一组。

3. 小型配电箱安装工程量计算

小型配电箱是指现场散件组装或自制配电箱安装，其定额中所安装的箱为空箱，不包括盘面上的电器和盘内配线等安装。

小型配电箱不分木制、铁制，均按其半周长套用不同定额子目，半周长是指（宽＋高）之和。

4. 低压电器安装工程量计算

低压电器的控制开关、熔断器、按钮、限位开关、电笛等安装应按不同类别均分别以“个”为计算单位。其主材按定额规定另行计价。

5. 端子板外部接线及接线端子安装

（1）端子板外部接线　定额划分为无端子、有端子两个项目，按导线截面积区分为2.5mm^2（以内）和6mm^2（以内）两种规格，均以“个”为计算单位。当导线为多股导线时，需要用接线端子（俗称接线鼻子）与端子板连接，当导线为单股导线时，可直接与端子板连接。

注意：端子板外部接线的定额单位（计量单位）为“10个”。

（2）接线端子安装　当截面积在10mm^2及以上多股单芯导线与设备或电源连接时必须采用接线端子（图4-1），依据导线的材质分为铜接线端子和铝接线端子两种，铜导线与铜接线端子连接可以焊接和压接，铝导线与铝接线端子只有压接。每一根导线一端接一个接线端子，依据导线截面划分定额子目。

注意：采用电缆取代导线敷设时，要计算电缆终端头的制作、安装，接线端子的费用已计入电缆终端头制作安装定额中，不再单独列项。

6. 其他说明

动力、照明控制设备安装均不包括二次喷漆内容，如实际发生，应以“m^2”为单位计算工程量。

4.2.3　照明器具安装工程量计算

照明器具包括灯具、开关、按钮、插座、安全变压器、电铃、风扇等。照明器具安装工程量，应根据照明平面图，依次分层、分品种进行计算。

1. 灯具安装工程量计算

灯具安装工程量均以“套”为计算单位。

（1）普通灯具安装　普通灯具包括吸顶灯具和其他普通灯具两类。

吸顶灯具包括圆球吸顶灯、半圆球吸顶灯和方形吸顶灯三种类型。圆球和半圆球吸顶灯按灯罩直径大小区分规格，方形吸顶灯按灯罩的形状及个数区分规格。

其他普通灯具以安装方式（如软线吊灯、吊链灯、防水吊灯、一般弯脖灯、一般壁灯、太平门灯、一般信号灯、座灯头等）区分规格。

（2）荧光灯具安装　荧光灯具包括组装型和成套型两类。凡采购来的灯具是分件的安装时需要在现场组装的灯具称为组装型。不需要在现场组装的灯具称为成套型。组装型荧光灯安装分为链吊式、管吊式、吸顶式、嵌入式四种，成套型荧光灯安装分为链吊式、管吊式、吸顶式三种类型。按灯管数量不同又分为单管、双管、三管。

（3）工厂灯及防水防尘灯安装　工厂灯及防水防尘灯包括的灯具类型大致可分为两类：一类是工厂罩灯及防水防尘灯，即管吊式、链吊式、吸顶式、弯杆式、悬挂式工厂罩灯，直杆式、弯杆式、吸顶式防水防尘灯；另一类是工厂常用的其他灯具，包括：碘钨灯、投光灯，烟囱式、水塔式、独立式塔架标志灯、密闭灯具及其他各种灯。

（4）医院灯具的安装　医院灯具分为四种类型，即病房指示灯、病房暗角灯、紫外线杀菌灯、无影灯。

（5）艺术花灯的安装　艺术花灯分为吊灯和吸顶灯，吊灯以灯头数为技术特征分项，若实际安装的吊灯头数与定额不符，可以按插入法进行换算。

（6）路灯安装　路灯安装分为大马路弯灯安装和庭院路灯安装两类。支架制作及导线架设不包括在定额内，需另列项计算。

（7）艺术装饰灯具的安装　艺术装饰灯具分为吊式艺术装饰灯具、吸顶式艺术装饰灯具、荧光艺术装饰灯具、几何形状组合艺术装饰灯具、标志诱导装饰灯具、水下艺术装饰灯具、点光源艺术装饰灯具、草坪灯具、歌舞厅灯具9类，应根据装饰灯具示意图所示，区别不同灯具的类别和形状，按灯具直径、垂吊长度、方形或圆形等技术特征分项，对照灯具图片执行相应定额子目。

2. 开关、按钮、插座安装工程量计算

开关、按钮、插座安装工程量，均以“套”为计算单位。

开关及按钮安装，包括拉线开关、扳把开关明装、暗装，一般按钮明装、暗装和密闭开关安装。扳把开关暗装区分单联、双联、三联、四联分别计算。瓷质防水拉线开关与胶木拉线开关安装套用一个项目，开关、按钮为未计价材料。

插座，包括普通插座和防爆插座两类。普通插座分为明装和暗装两项，每项又分为单相、单相三孔、三相四孔，均以插座的电流15A以下、30A以下区分规格套用定额。插座盒安装应执行开关盒安装定额项目。

3. 安全变压器、电铃、风扇安装工程量计算

（1）安全变压器安装　安全变压器安装以容量（VA）区分规格，以“台”为计算单位，但不包括支架制作，支架制作应另行计算。

（2）电铃安装　电铃安装区分为两大项目六个子项，一大项目是按电铃直径分为三个子项，另一大项目按电铃箱号牌数分为三个子项，均以“套”为计算单位。电铃为未计价材料。

（3）风扇安装　风扇分为吊扇、壁扇和排气扇，以“台”为计算单位，已包括吊扇调速开关安装。风扇为未计价材料。

小知识

常用型钢的理论质量详见第 2 章 2.4.2 中小知识的内容。

练一练

参照本书附录 B 中表 B-5 的规定，根据配管、配线工程量清单项目设置、项目特征描述的内容、计量单位及工程量计算规则，编制［例 4-3］配管、配线分部分项工程量清单。

4.3 动力系统工程量计算

本节导学

在回顾了电气工程施工图知识后，进一步学习电缆工程、电缆桥架、电机检查接线工程量的计算，为后续编制电气动力工程工程量清单做好铺垫。

4.3.1 电缆工程量计算

电缆敷设根据所适应电压（kV）不同、用途不同，应分别套用不同定额。

电缆敷设有以下几种方式：直接埋地敷设（简称“直埋”），电缆在地沟内敷设，电缆沿墙支架敷设，穿保护管敷设，沿钢索敷设，沿电缆桥架敷设。

目前，预制分支电缆的应用越来越成熟，各地都新增加了预分支电力电缆敷设的定额。

1. 电缆工程量计算

1）10kV 以下电力电缆和控制电缆，无论采用什么方式敷设均以铝芯和铜芯分类，按电缆线芯截面积分档，以单根延长米计算，并按规定计算预留长度（表 4-10）。单根电缆长度计算公式如下：

单根电缆长度 =（水平长度 + 垂直长度 + 各部分预留长度）×（1 + 2.5%）

表 4-10 电缆敷设各部分预留长度

序号	预留长度名称	预留长度	说明
1	电缆附加长度（敷设驰度、波形弯度、交叉、接头等）	2.5%	按电缆全长计算
2	电缆进入建筑物	2.0m	规范规定的最小值
3	电缆进入沟内或吊架时引上（下）预留	1.5m	
4	变电所进线、出线	1.5m	
5	电力电缆终端头	1.5m	检修的余量最小值
6	电缆中间接头盒	两端各 2.0m	
7	电缆进控制盒、保护屏及模拟盘等	高 + 宽	按盘面尺寸
8	高压开关柜及低压动力配电盘、箱	2.0m	盘下进出线

（续）

序号	预留长度名称	预留长度	说明
9	电缆至电动机	0.5m	从电动机接线盒起算
10	厂用变压器	3.0m	从地坪算起
11	电梯电缆及电缆架固定点	每处 0.5m	规范规定最小值
12	电缆绕过梁、柱等增加长度	按实际计算	按被绕过物的断面情况计算增加长度

此外，电力电缆敷设定额是按三芯（包括三芯连地）考虑的，线芯多会增加工作难度，故五芯电力电缆敷设按同截面电缆定额乘以系数 1.3；六芯电力电缆敷设按同截面电缆定额乘以系数 1.6；每增加一芯定额增加 30%，依此类推。单芯电力电缆敷设按同截面电缆定额乘以系数 0.67。截面积为 $400 \sim 800mm^2$ 的单芯电力电缆敷设按 $400mm^2$ 电力电缆项目执行；截面积为 $800 \sim 1000mm^2$ 的单芯电力电缆敷设按 $400mm^2$ 电力电缆定额乘以系数 1.25 执行。

2）预制分支电力电缆（亦称母子电缆）敷设，不区分电力电缆芯数，按主电力电缆（母电缆）截面划分计价项目，以“m/束”为计算单位。

2. 直埋电缆沟挖、填土（石）方工程量

直埋电缆沟挖、填土（石）方工程量，以“m^3”为计算单位，电缆沟设计有要求时，应按设计图示计算土（石）方量；电缆沟设计无要求时，可按表 4-11 计算土（石）方量，但应区分不同的土质。

表 4-11 直埋电缆的挖、填土（石）方量

项目	电缆根数	
	1 ~ 2	每增 1 根
每米沟长挖方量/(m^3/m)	0.45	0.153

注：1. 2 根以内的电缆沟，是按上口宽度 600mm、下口宽度 400mm、深度 900mm（深度按规范的最低标准）计算的常规土（石）方量，即 $V = (0.6 + 0.4)\ m \times 0.9m \times 1/2 \times 1.0m = 0.45m^3/m$，如图 4-13 所示。
2. 每增加 1 根电缆，其宽度增加 170mm。
3. 表中土（石）方量按埋深从自然地坪起算，如设计埋深超过 900mm，多挖的土（石）方量应另行计算。

3. 电缆沟铺砂、盖砖及移动盖板工程量

1）电缆沟铺砂、盖砖（保护板）工程量与沟的长度相同，以“m”为计算单位，分为敷设 1 ~ 2 根电缆和每增 1 根电缆两项定额子目。

2）电缆沟盖板揭、盖工程量，以“m”为计算单位，每揭或每盖 1 次，定额按 1 次考虑，如又揭又盖，则按 2 次计算。

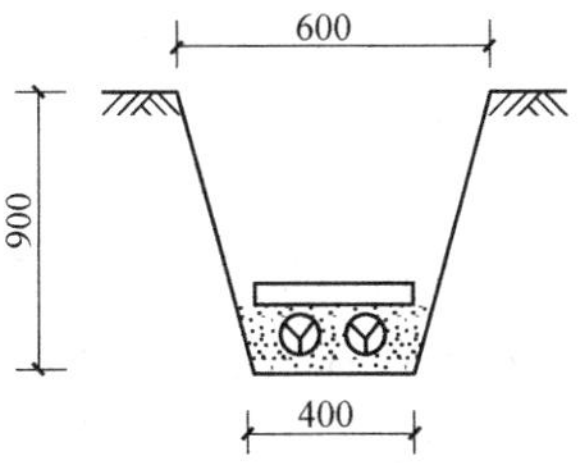

图 4-13 直埋电缆沟挖（填）土（石）方量计算图

4. 电缆保护管工程量

1）电缆保护管可根据不同的材质，以“m”为计算单位，当电缆保护管为 ϕ100mm 以下的钢管时，执行配管配线有关项目。

2）电缆保护管长度，除按设计规定长度计算外，遇有下列情况，应按规定增加保护管长度。

① 横穿道路时，按路基宽度两端各增加 2m。

② 垂直敷设时，管口距地面增加2m。

③ 穿过建筑物外墙时，按外墙外缘以外增加1.5m。

④ 穿过排水沟时，按沟壁外缘以外增加1m。

3）管径大小设计未加说明时可按电缆外径的1.5倍考虑，管端需要封闭时，其工料应另行计算。

4）电缆保护管沟土（石）方挖填量（m^3），凡有施工图注明管沟尺寸的，按施工图管沟尺寸计算；无施工图的，管沟尺寸一般按沟深 $h=0.9m$，沟宽按最外边的保护管两侧边缘外各增加0.3m工作面计算。具体计算公式如下：

$$V=(D+2\times0.3)hL$$

式中 D——保护管外径（m）；

h——沟深（m）；

L——沟长（m）；

0.3——工作面宽（m）。

填方工程量计算，当 $DN\leqslant500mm$ 时不扣除保护管所占体积，同挖方工程量。

5. 电缆桥架工程量

1）电缆桥架安装：按设计图示长度以“m”为计算单位，包括组对、焊接或螺栓固定、弯头、三通或四通、盖板、隔板附件安装等工作内容。依据材质分为钢制桥架、玻璃钢桥架、铝合金桥架，按桥架宽+高（mm）的尺寸划分定额子目；钢制桥架主结构设计厚度大于3mm时，定额人工、机械乘以系数1.2。

2）电缆组合式桥架安装：以“片”为计算单位。

3）电缆槽架安装：若槽架为成品时，以“m”为计算单位；若需现场加工槽架，其制作工程量以“kg”为计算单位。

4）不锈钢桥架按钢制桥架定额乘以系数1.1执行。

6. 电缆支撑架、吊架工程量

1）当电缆在地沟内或沿墙支架敷设时，其支架、吊架、托架的制作安装以“kg”为计算单位。

2）桥架支撑架安装：以“kg”为计算单位。桥架支撑架项目适用于立柱、托臂及其他各种支撑架的安装，项目中已综合考虑了采用螺栓、焊接和膨胀螺栓三种固定方式。

3）支撑架、吊架工程量计算：先按支架（撑）、吊架尺寸计算各种型钢长度，再按长度乘以理论质量分别计算各种型钢质量，最后汇总计算总质量。

7. 电缆在钢索上敷设时的相关工程量

1）钢索架设工程量均以“m”为计算单位，按钢索跨越长度而不扣除拉紧装置所占长度计算。

2）钢索拉紧装置制作安装，以“套”为计算单位。

上述钢索架设内容同样适用于钢索配管和钢索配线时的工程量计算。

8. 电缆头工程量

无论采用哪种材质的电缆和哪种敷设方式，电缆敷设后，其两端要剥出一定长度的线芯，以便分相与设备接线端子连接。每根电缆均有始末两端，所以，1根电缆有2个电缆终端头。另外，当电缆长度不够时，需要将两根电缆连接起来，这个连接的地方，就是电缆中间接头。

1）电缆终端头及中间接头制作、安装均按设计图示数量以“个”为计算单位，按制作方法（浇注式、干包式）、电压等级及电缆单芯截面规格的不同划分定额子目。

2）电力电缆头定额均按铝芯电缆考虑，铜芯电力电缆头按同截面电缆头定额乘以系数1.2。双屏蔽电缆头制作、安装，按同截面电缆头定额人工乘以系数1.05。

3）电缆头制作安装的定额中已经包括了焊（压）接线端子的工作内容，不应重复计算。

4）$240mm^2$ 以上的电缆头的接线端子为异形端子，需要单独加工，应按实际加工价计算（或调整定额价差）。

注：各地区的定额有所差异时，应执行本地区的定额规定。

[例4-4] 电缆埋地引入，保护管SC70为室外出散水1.0m，室外埋深0.7m，室内外高差0.6m，钢管至AP0箱，AP0箱的尺寸为1000mm×2000mm×500mm，落地安装，基础为20号槽钢，从AP0箱分出三条回路N1、N2、N3供给动力、照明配电箱电源。其中AP1箱、AP2箱为动力配电箱，尺寸均为800mm×600mm×200mm；AL箱为照明配电箱，尺寸为600mm×500mm×200mm。AP1箱、AP2箱、AL箱箱底距地面均为1.4m。设备基础高0.3m，设备配管管口高出基础面0.2m。AK开关距地面1.3m。计算图4-14中动力局部平面的配管、配线工程量（导线与柜、箱、设备等相连接预留长度如图4-15所示）。

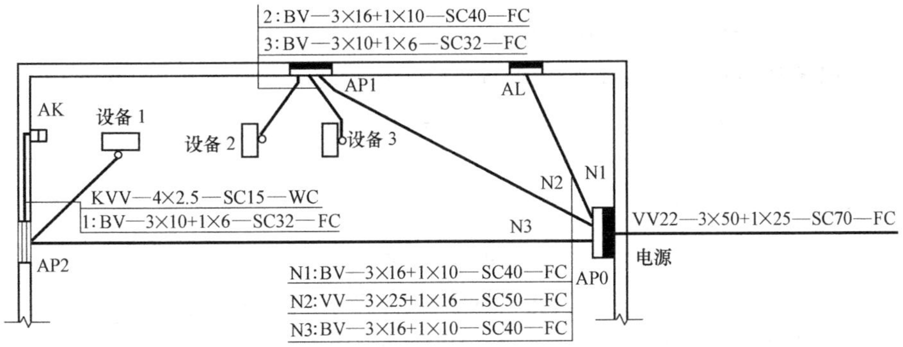

图4-14 某动力局部平面图

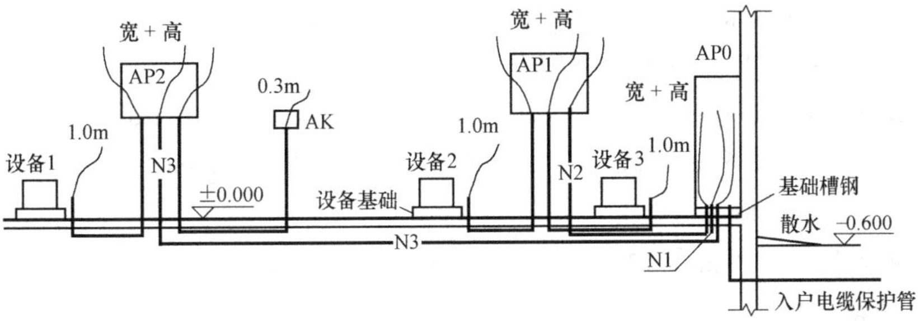

图4-15 导线与柜、箱、设备等相连接预留长度

解：

1. 入户电缆

保护管为SC70，入户电缆配线暂不考虑，外线时统一计算。配管工程量计算如下：

1.0m（预留）+1.0m（散水宽）+0.37m（外墙）+0.25m（箱厚一半）+0.7m（埋深）+0.6m（室内外高差）+0.2m（基础槽钢）=4.12m

2. AP0箱出线

1）N1：BV—3×16+1×10—SC40

3.0m（至AL箱水平长）+0.2m（基础槽钢）+0.3m×2（管两端入地深）+1.4m（AL箱高）=5.2m（管长）+(1.0+2.0)m（AP0箱预留）+(0.6+0.5)m（AL箱预留）=9.3m

2）N2：VV—3×25+1×16—SC50

5.0m（至AP1箱水平长）+0.2m（基础槽钢）+0.3m×2（管两端入地深）+1.4m（AP1箱高）=7.2m（管长）+(1.0+2.0)m（AP0箱预留）+(0.8+0.6)m（AP1箱预留）=11.6m

3）N3：BV—3×16+1×10—SC40

8.6m（至AP2箱水平长）+0.2m（基础槽钢）+0.3m×2（管两端入地深）+1.4m（AP2箱高）=10.8m（管长）+(1.0+2.0)m（AP0箱预留）+(0.8+0.6)m（AP2箱预留）=15.2m

4）电缆终端头25mm^2：2个

5）焊铜接线端子16mm^2：3×2×2=12个；10mm^2：1×2×2=4个

3. AP1箱出线

1）设备2：BV—3×16+1×10—SC40

2.0m（AP1至设备水平长）+1.4m（箱高）+0.3m×2（管两端入地深）+0.3m（设备基础高）+0.2m（管口高出设备基础）=4.5m（管长）+(0.8+0.6)m（AP1箱预留）+1.0m（设备预留）=6.9m

2）设备3：BV—3×10+1×6—SC32

2.5m（AP1至设备水平长）+1.4m（箱高）+0.3m×2（管两端入地深）+0.3m（基础高）+0.2m（管口高）=5.0m（管长）+(0.8+0.6)m（AP1箱预留）+1.0m（设备预留）=7.4m

3）焊铜接线端子16mm^2：3×2=6个；10mm^2：1×2+3×2=8个；6mm^2：1×2=2个

4. AP2箱出线

1）设备1：BV—3×10+1×6—SC32

2.0m（AP2至设备水平长）+1.4m（箱高）+0.3m×2（管两端入地深）+0.3m（基础高）+0.2m（管口高）=4.5m（管长）+(0.8+0.6)m（AP2箱预留）+1.0m（设备预留）=6.9m

2）控制电缆：KVV—4×2.5—SC15

2.0m（AP2至设备水平长）+(1.3+0.3)m（AK箱下返）+(1.4+0.3)m（AP2箱下返）=5.3m（管长）+(0.8+0.6)m（AP2箱预留）+0.3m（AK预留）=7.0m

3）控制电缆头2.5mm^2：1×2=2个

4）焊铜接线端子10mm^2：3×2=6个；6mm^2：1×2=2个

5. 基础槽钢［20a

1）安装：(1.0+0.5) m×2=3.0m

2）制作：$3m \times 22.637kg/m = 67.911kg$

6. 设备安装、电机检查接线、电机调试等工程量略

因设备的资料不全，该项工程量计算略。

7. 汇总（见表4-12）

表4-12 动力系统工程量汇总

设备(工程)名称		计算单位	工程量
动力配电箱		台	3
照明配电箱		台	1
AK开关		个	1
钢管	SC70	m	4.12
	SC50		7.2
	SC40		5.2 + 10.8 + 4.5 = 20.5
	SC32		5.0 + 4.5 = 9.5
	SC15		5.3
电缆	VV—3 × 25 + 1 × 16	m	11.6 × (1 + 2.5%) = 11.89
	KVV—4 × 2.5		7.0 × (1 + 2.5%) = 7.18
电线	BV—16	m	(9.3 + 15.2 + 6.9) × 3 = 94.2
	BV—10		9.3 + 15.2 + 6.9 + 7.4 × 3 + 6.9 × 3 = 74.3
	BV—6		7.4 + 6.9 = 14.3
电缆终端头	$25mm^2$	个	2
控制电缆头 $2.5mm^2$		个	2
焊铜接线端子	$16mm^2$	个	12 + 6 = 18
	$10mm^2$		4 + 8 + 6 = 18
	$6mm^2$		2 + 2 = 4
基础槽钢⊏20a	安装	m	3.0
	制作	kg	67.911

注：首层管道的埋地深度按0.3m考虑，其他各楼层管道的埋深按楼板厚的一半考虑。

4.3.2 电机检查接线

“电机”是发电机和电动机的统称。对于电机本体安装以及工程量的计算均执行第一册《机械设备安装工程》的电机安装定额。而对电动机的检查接线和干燥、调试均执行第二册《电气设备安装工程》有关定额内容。

1. 电机项目的界线划分

单台电机质量在3t以下的为小型电机；单台电机质量在3t以上至30t以下的为中型电机；单台电机质量在30t以上的为大型电机；其他凡功率在0.75kW以下的小型电机均执行微型电机定额。

2. 电机检查接线

均以“台”为计算单位。大中型电机不分交流、直流一律按质量执行相应定额；其他电机按类别和功率划分定额子目。

1）直流发电机组和多台串联的机组，按单台电机分别执行相应定额。

2）小型电机按类别和功率大小执行相应定额，凡功率在0.75kW以下的小型电机执行微型电机定额。如：风机盘管检查接线，执行微型电机检查接线项目；但一般民用小型交流电风扇、排气扇，不计微型电机检查接线项目，只计电风扇、排气扇的安装项目。

3）各类电机的检查接线定额均不包括控制装置的安装和接线。

4）各种电机检查接线，规范要求均需配有相应的金属软管，如设计有规定的按设计规格和数量计算，例如设计要求用包塑金属软管、阻燃金属软管或铝合金金属软管接头等，均按设计计算；设计没有规定时平均每台电机配金属软管1～1.5m（平均1.25m）。

5）电机的电源线为导线时，应计算接头处的压（焊）接线端子。

3. 电机干燥、解体拆装检查

1）电机检查接线定额，除发电机和调相机外，均不包括电机的干燥工作，发生时应执行电机干燥定额。电机安装前应测试绝缘电阻，若测试不合格，必须进行干燥。电机的干燥定额是按一次干燥所需的人工、材料、机械消耗量考虑的。大中型电机干燥定额，按电机质量划分定额子目；小型电机干燥定额，按电机功率划分定额子目，均以“台”为计算单位。

2）电机解体拆装检查，施工现场一般不做此项工作，需要做时经多方签证后按实际发生列项计算，而电动机解体检查的电气配合用工，已包括在电动机检查接线定额中。

4. 电动机的调试

电动机调试分为普通小型直流电动机调试，可控硅调速直流电动机系统调试，普通交流同步电动机调试，低、高压交流异步电动机调试，交流变频调速电动机调试，微型电动机、电加热器调试等项目，分别以“台”或“系统”为计算单位。

（1）微型电动机调试　功率在0.75kW以下的小型交、直流电动机，不分类别，一律执行微型电机综合调试定额，以“台”为计算单位。单相电动机不计算调试费，如风机盘管、排风扇、吊风扇等。

（2）低压交流异步电动机调试　分别按控制保护类型划分定额子目，以“台”为计算单位。

（3）普通电动机调试　分别按电动机控制方式、功率、电压等级的不同划分定额子目，以“台”为计算单位。

小知识

1）预制分支电力电缆（亦称母子电缆）订货时，按订货要求已经做好电缆终端头及预分支头，只需现场压在电缆分线箱上，其电缆头费用已计入预制分支电力电缆价格之内，故不再计取电缆头制作安装。

2）电缆桥架水平敷设时应按荷载曲线选取最佳跨距进行支撑，跨距一般为1.5～3.0m；垂直敷设时其固定点间距不宜大于2m。

3）电缆沿支架敷设：一般在车间、厂房和电缆沟内，在支架上用卡子将电缆固定。

4）电缆支架之间的水平距离：电力电缆为1m，控制电缆为0.8m。电力电缆和控制电缆一般可以同沟敷设，电缆垂直敷设一般为卡设，电力电缆卡距为1.5m，控制电缆卡距为1.8m。

4.4　建筑防雷接地系统工程量计算

本节导学

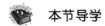

回顾建筑防雷接地系统组成，学习防雷接地系统的接闪器、引下线、接地装置及接地跨接线工程量的计算，为后续编制电气防雷接地工程工程量清单做好铺垫。

4.4.1　建筑防雷接地系统组成

防雷接地工程由接闪器、引下线、接地装置三部分组成，如图4-16所示。

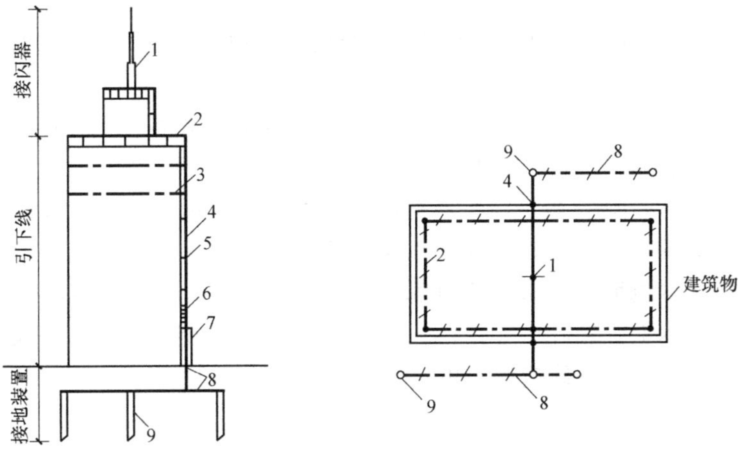

图4-16　防雷接地装置组成及安装示意图

1—避雷针　2—避雷网　3—均压环　4—引下线　5—引下线卡子
6—断接卡子　7—引下线保护管　8—接地母线　9—接地极

1）接闪器用于接受闪电电流。有避雷针、避雷网或避雷带、均压环等形式。

2）引下线用于向下传送闪电电流。有由引下线、引下线卡子、断接卡子、引下线保护管等组成的独立引下线，或由柱内主筋做引下线和断接卡子组成。

3）接地装置用于向大地传输闪电电流，由接地母线、接地极组成。接地极有自然接地极和人工接地极两种形式。自然接地极由基础内主筋焊接形成，并与引下线可靠连接；人工接地极由多根独立的型钢制成，并通过接地母线与引下线可靠连接形成。

防雷接地系统的各部分应进行可靠连接，形成闭合回路，以有效地保护建筑物。

4.4.2　防雷接地系统工程量计算规定

1. 接闪器

（1）避雷针　避雷针安装有四种形式：安装在烟囱上、安装在建筑物上、安装在金属容器及构筑物上和独立式避雷针。

1）避雷针加工制作：普通避雷针制作，以“根”为计算单位，按避雷针针长的不同，分别执行避雷针制作定额；独立避雷针制作，按施工图设计规格、尺寸进行计算，以“kg”为计算单位，执行“一般铁构件”制作定额。

2）避雷针安装：普通避雷针安装按安装部位、安装高度以及避雷针针长的不同划分定额子目，分别以“根”为计算单位；独立避雷针安装按针长划分，以“基”为计算单位。

（2）避雷网（带） 当避雷带形成网状时就称为避雷网，避雷网用于保护建筑物屋顶水平面不受雷击。

避雷网（带）一般采用镀锌圆钢或扁钢制成，圆钢直径≥8mm，扁钢截面积≥48mm²，厚度≥4mm。避雷网（带）由避雷线和支持卡子组成，支持卡子常埋设于女儿墙上或混凝土支座上，避雷网（带）水平敷设时，支持卡子间距为1.0～1.5m，转弯处为0.5m。

1）避雷网（带）安装有沿混凝土块敷设和沿折板支架敷设两项定额，均以“m”为计算单位，已包括了支持卡子的制作与埋设，但其工程量要考虑附加长度，计算式为：

$$避雷网(带)长度(m) = 按图示尺寸计算的长度(m) \times (1 + 3.9\%)$$

3.9%指避雷网（带）转弯、上下波动、避绕障碍物、搭接头等所占的长度，常称为附加长度。

2）混凝土块制作，以“块”为计算单位，混凝土块数量按施工图图示数量计算，施工图没明确时，按支持卡子的数量考虑。

（3）均压环 均压环是高层建筑物利用圈梁内的水平钢筋或单独敷设的扁钢与引下线可靠连接形成的，用作降低接触电压，以防止侧向雷击。一般情况下，当建筑物高度超过30m时，在建筑物的侧面，从30m高度算起，每向上三层，应沿建筑物四周在结构圈梁内敷设均压环（－25×4扁钢）并与引下线连接，30m及以上外墙上的栏杆及金属门窗等较大的金属物应与均压环或引下线连接，30m以下每三层利用结构圈梁中的水平钢筋为均压环与引下线可靠焊接。所有引下线、建筑物内的金属结构、金属物体等与均压环连接，形成等电位。

1）利用建筑物圈梁内主筋做均压环时，以“m”为计算单位。其长度根据施工图设计按需要做均压接地的圈梁中心线长度以延长米计算，定额按焊接两根主筋考虑，当实际超过两根时，可按比例调整。执行“均压环敷设/利用圈梁钢筋”定额。

2）单独用扁钢、圆钢明敷做均压环时，以“m”为计算单位，可执行“户内接地母线敷设”定额，长度需另计3.9%的附加长度，其工程量计算式为：

$$均压环长度(m) = 按图示尺寸计算的长度(m) \times (1 + 3.9\%)$$

2. 引下线

避雷引下线就是指从避雷接闪器向下沿建筑物、构筑物和金属构件引下来的防雷线。引下线一般采用扁钢或圆钢制作，也可以利用建（构）筑物本体结构中的配筋、扶梯等作为引下线。引下线在2根及以上时，需要在距地面0.3～1.8m处做断接卡子，供测量接地电阻使用，独立引下线从断接卡子往下部分为接地母线，需要用套管进行保护。

1）用圆钢或扁钢做引下线时，以“m”为计算单位。引下线安装定额已包括了支持卡子的制作与埋设，长度需另计3.9%的附加长度，其工程量计算式为：

$$引下线长度(m) = 按图示尺寸计算的长度(m) \times (1 + 3.9\%)$$

2）利用建（构）筑物的金属构件或建筑物柱内主筋做引下线时，以“m”为计算单位。定额按每根柱子内焊接两根主筋考虑，当实际超过两根主筋时，可按比例调整。

3）断接卡子（测试卡子）制作、安装，以“套”为计算单位。按施工图设计规定装设的断接卡子数量计算。

4）柱内主筋（引下线）与圈梁钢筋（均压环）焊接，以“处”为计算单位。柱内主筋与圈梁钢筋连接的“处”数按设计规定计算。每处按2根主筋与2根圈梁钢筋分别焊接考虑。如果柱主筋和圈梁钢筋焊接超过2根时，可按比例调整。

3. 接地装置

接地装置由接地母线、接地极组成。接地极一般采用钢管、角钢、圆钢、铜板、钢板制作，也可利用建筑物基础内的钢筋或其他金属结构物。

（1）接地极（板）制作、安装

1）单独接地极制作、安装，钢管、角钢、圆钢接地极安装工程量以“根”为计量单位。其长度按设计长度计算，设计无规定时，每根长度按2.5m计算，并区分普通土、坚土分别套用定额。

2）利用基础钢筋或其他金属结构物做接地极时，注意应从作为引下线的钢筋的某高度处预留户外接地母线，材料为圆钢或扁钢，若测试电阻达不到设计要求时，即从预留的接地母线末端补打人工接地极，接地母线埋设深度根据设计要求，其长度一般引出建筑物散水外1.0m或采用标准图集。

利用基础钢筋做接地极，各地已经补充了相应定额，按基础尺寸计算面积，以“m^2”为计算单位，可按满堂基础、条形基础考虑。如果没有相应定额，可借鉴“利用建筑物柱内主筋做引下线”的定额，以“m”为计算单位，定额按每根柱子内焊接两根主筋考虑。

（2）接地母线敷设　接地母线一般采用扁钢或圆钢制作，以“m”为计算单位，定额中已经包括地沟的挖填和夯实工作。接地母线一般从断接卡子所在高度为计算起点，算至接地极处，另计3.9%的附加长度。其工程量计算式如下：

$$\text{接地母线长度(m)} = \text{按图示尺寸计算的长度(m)} \times (1 + 3.9\%)$$

4. 接地跨接线安装

接地跨接线是指接地母线遇有障碍时，需跨越而设置的连接线，或利用金属构件、金属管道作为接地线时需要焊接的连接线。接地跨接线一般出现在建筑物伸缩缝、沉降缝处，吊车钢轨作为接地线时钢轨与钢轨的连接处，风管法兰连接处，防静电管道法兰盘连接处等。

金属管道通过箱、盘、盒等断开点焊接的连接线，线管与线管连接处的连接线，已经包括在箱、盘、盒等的安装定额、配管定额中，不得再算为跨接线。

1）接地跨接线，以“处”为计算单位。工程量是每跨越一次计算一处。

2）钢窗、铝窗接地，以“处”为计算单位。工程量应按施工图设计规定接地的金属窗数量进行计算。

3）构架接地，以“处”为计算单位。

5. 接地装置调试

接地装置调试详见4.5.4防雷接地系统调试所述。

4.5 电气系统调试工程量计算

本节导学

学习电气调试工程量的计算，掌握电气工程常用调试项目包括的工作内容及系统的划分，以便准确计算工程量。

电气调试系统的划分以电气原理系统图为依据，电气调试包括电气设备的本体试验、主要设备的分系统调试及成套设备的整套起动调试三个部分，其中第二册《电气设备安装工程》中“电气调整试验”，仅包括电气设备的本体试验和主要设备的分系统调试两个部分，不包括成套设备的整套起动调试，此项应按有关规定另行计算。

4.5.1 送配电装置系统调试

送配电装置系统调试中的1kV以下定额适用于所有低压供电回路，如从低压配电装置至分配电箱的供电回路；但从配电箱直接至电动机的供电回路已经包括在电动机的系统调试定额中。送配电装置系统调试包括系统中的电缆试验、瓷瓶耐压等全套调试工作。供电桥回路中的断路器、母线分段断路器皆作为独立的供电系统计算。送配电装置系统调试以“系统”为计算单位。

定额皆按一个系统一侧配一台断路器考虑，若两侧皆有断路器时，则按两个系统计算。但是一个单位工程，至少要计一个送配电装置系统的调试费。如果分配电箱只有闸刀开关、熔断器等不含调试元件的供电回路，则不作为调试系统计算。

一般住宅、学校、办公楼、商场旅馆等民用建筑，其计算方法按下列规定执行：

1）配电室带有调试元件的盘、箱、柜和照明主配电箱内带有在施工安装时需要调试的元件（仪表、继电器、电磁开关等），应按供电方式执行“送配电装置系统调试”。

2）每个用户房间内的配电箱（板）上有电磁开关等调试元件，如果生产厂家已经按固定常数调整好，可直接投入使用，不能再计算调试费。

3）民用电度表的调整及校验属供电部门专业管理，用户向供电局订购已经调试好的电度表，不能再计算调试费。

4.5.2 自动投入装置调试

备用电源自动投入装置，按连锁机构的个数确定备用电源自投装置系统数，自动投入装置调试以“系统”为计算单位。

例如：一个备用厂用变压器作为三段厂用工作母线的备用电源时，应为三个系统的自动投入装置调试，如图4-17所示。

又如：两条互为备用的线路或两台备用变压器装有自动投入装置，计算备用电源自动投入装置调试时，按两个系统的自动投入装置调试。备用电动机自动投入装置调试也按此计算。

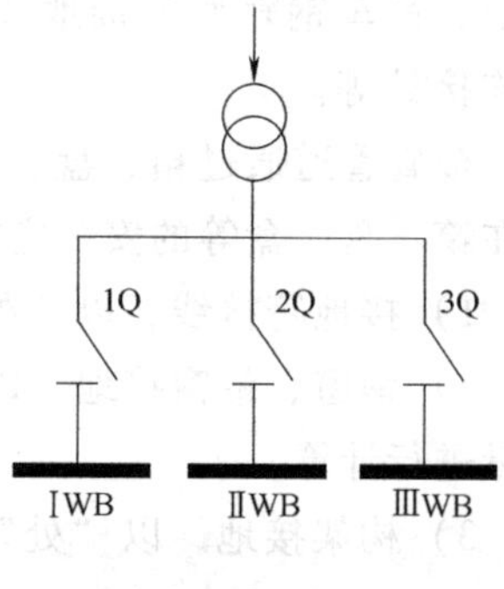

图4-17 备用电源自动投入装置

4.5.3　事故照明切换装置调试

事故照明切换装置调试，按设计凡能完成直流、交流切换的一套装置为一个调试系统，事故照明切换装置调试以“台”为计算单位。应急灯不计算此项费用。

4.5.4　防雷接地系统调试

1. 独立接地装置调试

独立接地装置调试以“组”为计算单位。按施工图设计接地极组数计算，连成一体的接地极以6根以内为一组计算。如果接地电阻未达到要求时，增加接地极后需再做试验，可另计一次调试费。

2. 接地网调试

接地网调试以“系统”为计算单位。接地网是由多根接地极连接而成的，有时是由若干组构成大接地网。一般分网可按10～20根接地极构成。实际工作中，如果按分网计算有困难时，可按网长每50m为一个试验单位，不足50m也可按一个网计算工程量。设计有规定的可按设计数量计算。

目前，基础钢筋做接地极的接地装置调试执行接地网调试。

3. 避雷器的调试

避雷器的调试，按电压等级的不同以“组”为计算单位，避雷器按每三相为一组计算。

4.6　计算实例

本节导学

本节通过具体电气工程实例的学习，加深学生对电气工程的工程量计算程序及计算内容的理解，进一步熟悉工程量计算规则，分别列出直接工程费计算表和分部分项工程量清单表，让学生了解两种计价模式在汇总工程量上的区别。

本例依据2012年《全国统一安装工程预算定额河北省消耗量定额》计算各实例直接工程费；根据《通用安装工程工程量计算规范》（GB 50856—2013）编制实例分部分项工程量清单。

4.6.1　电气照明工程实例

本例依据2012年《全国统一安装工程预算定额河北省消耗量定额》计算直接工程费；根据《通用安装工程工程量计算规范》（GB 50856—2013）编制分部分项工程量清单。

1. 工程概况

本工程是某办公楼电气照明安装工程，办公楼为3层砖混结构，层高3.4m，墙厚240mm，照明系统图如图4-18所示，1～3层平面图如图4-19所示。

进线电源为三相四线制380V/220V，由C轴经角钢横担在室外3.9m高处架空引入，采用SC32钢管暗敷设至总配电箱，总配电箱采用XMR86型，箱面尺寸为500mm×400mm×180mm。分配电箱采用XMR88型，箱面尺寸为400mm×300mm×160mm。

配电箱底距地 1.4m，插座距地 0.3m，扳把开关距地 1.4m，均为暗设。

进户线采用 BV—500V 铜芯聚氯乙烯绝缘导线（简称塑料铜线）沿墙暗敷，照明干线采用 3 根 $2.5mm^2$ 塑料铜线穿 SC15 钢管沿墙暗敷。N1、N2 回路沿顶棚暗配，均采用 BV—2 × $2.5mm^2$ 穿 PVC16 阻燃塑料管敷设；N3 回路沿地面暗配，均采用 BV—3 ×$2.5mm^2$ 穿 PVC16 阻燃塑料管敷设。

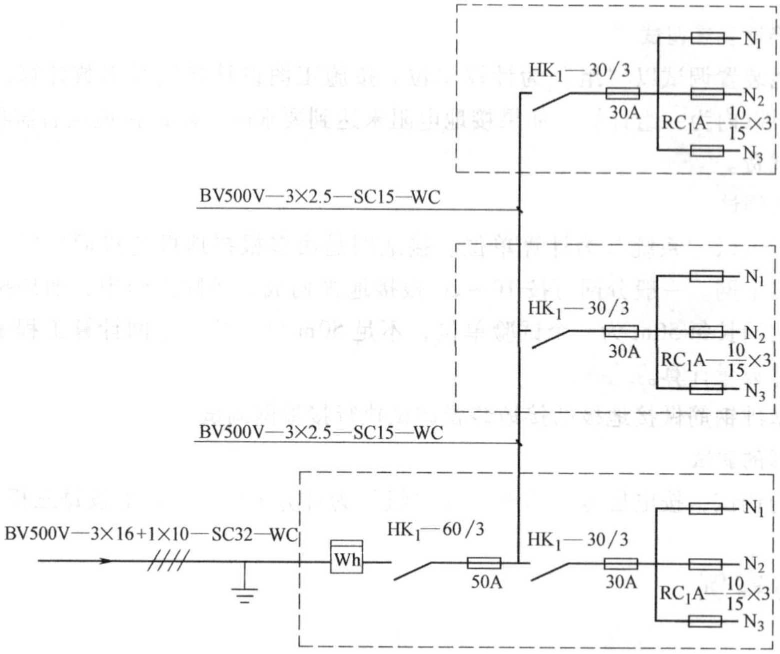

图 4-18　某办公楼照明系统图

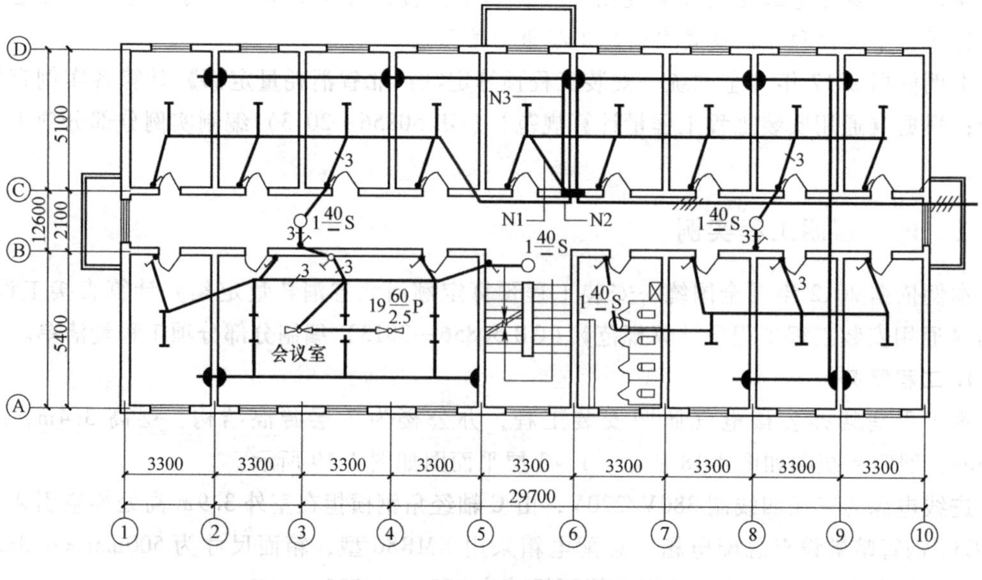

图 4-19　1 ~3 层照明平面图

2. 工程量的计算（见表4-13）

表4-13 工程量计算

序号	分部分项工程名称	单位	数量	计 算 式
1	两端埋设式四线进户角钢横担	组	1	—
2	SC32 钢管暗配	m	15.75	电源管:0.15(进户预留管)+13.5(水平)+(3.9-1.4-0.4)(垂直)=15.75
3	SC15 钢管暗配	m	6.1	干线管:(3.4-1.4-0.4)+1.4+(3.4-1.4-0.3)+1.4=6.1
4	阻燃塑料管 PVC16 暗敷	m	231.43+462.86=694.29	底层:69.1+6.35+78.05+8.35+67.48+0.3+1.8=231.43 ①N1 二线:(3.4-1.4-0.4)(配电箱距顶)+3.1+3.3×4+2.6×4(5~10、C~D 轴水平)+1.6(走廊)+1.2+2.7×3+3.3×3(5~10、A~B 轴水平)+(3.4-1.4)×10(开关垂直)=69.1 ②N1 三线:2.6+1.05(走廊)+2.7=6.35 ③N2 二线:(3.4-1.4-0.4)(配电箱距顶)+3.3+3.1+3.3×3+2.6×3(1~5、C~D 轴水平)+1.6(走廊)+1.2+1.4×2+3.3+2.7×3+3.6+2.7(1~5、A~B 轴水平)+2.1+3.3(电扇水平)+2.0+1.65(楼梯间)+(3.4-1.4)×10(开关垂直)=78.05 ④N2 三线:2.6+1.05(走廊)+1.4(电扇)+3.3=8.35 ⑤N3:1.4(配电箱距地)+0.1(埋地)+3.6(沿 6 轴水平)+(3.3×7+0.24)(2~9 轴间水平)+9.4×2(沿 2、9 轴水平)+3.3×3(2~5 轴间水平)+(3.3+0.24)(8~9 轴间水平)+(0.3+0.1)×17(插座上返高度×次数)=67.48 ⑥接线盒二线:(0.2+0.1)×1=0.3(其余含在单联单控开关垂直处) ⑦接线盒三线:(0.2+0.1)×6=1.8 2、3 层:基本同底层 (69.1+6.35+78.05+8.35+67.48+0.3+1.8)=231.43×2=462.86
5	管内穿线 BV—16mm²	m	54.45	[15.75+1.5(出户线预留)+(0.5+0.4)(总配电箱预留)]=×3=54.45
6	管内穿线 BV—10mm²	m	18.15	15.75+1.5(出户线预留)+(0.5+0.4)(总配电箱预留)=18.15
7	管内穿线 BV—2.5mm²	m	27.3+1659.42=1686.72	干线:[6.1+(0.4+0.5)(总配电箱预留)+(0.4+0.3)×3(分配电箱预留)]×3=27.3 分线:{[69.1+(0.5+0.4)(总配电箱预留)]×2(N1 二线)+6.35×3(N1 三线)+[78.05+(0.5+0.4)]×2(N2 二线)+8.35×3(N2 三线)+[67.48+(0.5+0.4)(总配电箱预留)]×3(N3 三线)+0.3×2+1.8×3}=553.14(首层)×3(三层)=1659.42
8	照明配电箱的安装	台	3	—
9	吊链式荧光灯安装	套	57	19×3=57
10	吸顶灯安装	套	12	4×3=12

（续）

序号	分部分项工程名称	单位	数量	计 算 式
11	暗装单相插座	套	45	15×3=45
12	暗装扳把开关	套	57	19×3=57
13	吊扇	台	6	2×3=6
14	接线盒安装	个	21	7(个分支)×3=21
15	灯头盒	个	75	57(荧光灯)+12(吸顶灯)+6(吊扇)=75
16	开关盒	个	60	57(开关)+3(调速开关)=60
17	插座盒	个	45	45
18	焊铜接线端子16mm^2	个	4	16mm^2，3个 10mm^2，1个
19	无端子外部接线2.5mm^2	个	33	干线：6(箱子)×2=12 配电箱各回路：[2(N1)+2(N2)+3(N3)]×3=21
20	1kV以下交流供电系统调试	系统	1	1

注：有些地区要求进户线在外线时计算，具体处理时根据当地的规定进行。

3. 直接工程费计算表（见表4-14）

表4-14 直接工程费计算表

定额编号	项目名称	单位	数量	单价/元			未计价材		合价/元			
				基价	人工费	机械费	消耗量	单价	合计	人工费	机械费	主材费
2—851	进户线横担安装两端埋设式四线	组	1	63.80	21.60	0	—	—	63.80	21.60	0	—
2—1060	钢管敷设砌体、混凝土结构暗配SC32	100m	0.1575	665.65	493.80	88.21	103	17.15	104.84	77.77	13.89	278.22
2—1057	钢管敷设砌体、混凝土结构暗配SC15	100m	0.061	452.57	358.20	60.53	103	6.93	27.61	21.85	3.69	43.54
2—1142	暗配阻燃塑料管PVC16	100m	6.943	440.84	419.40	0	110	3.00	3060.75	2911.89	0	2291.19
2—1198	管内穿线动力线路BV—16mm^2	100m	0.546	101.03	64.80	0	105	12.50	55.16	35.38	0	716.63
2—1197	管内穿线动力线路BV—10mm^2	100m	0.182	90.43	55.80	0	105	9.50	16.46	10.16	0	181.55
2—1177	管内穿线照明线路BV—2.5mm^2	100m	16.867	82.28	58.80	0	116	2.50	1387.82	991.78	0	4891.43
2—264	照明配电箱安装500mm×400mm	台	1	238.03	106.20	0	1	1000.00	238.03	106.20	0	1000.00
2—264	照明配电箱安装400mm×300mm	台	2	238.03	106.20	0	1	900.00	476.06	212.40	0	1800.00

（续）

定额编号	项目名称	单位	数量	单价/元			未计价材		合价/元			
				基价	人工费	机械费	消耗量	单价	合计	人工费	机械费	主材费
2—1668	吊链式单管荧光灯	10套	5.7	192.19	127.80	0	10.1	50.00	1095.48	728.46	0	2878.50
2—1460	圆球吸顶灯安装	10套	1.2	213.03	127.20	0	10.1	30.00	255.64	152.64	0	363.60
2—1765	单相暗插座安装15A 2孔	10套	4.5	56.24	48.60	0	10.2	10.00	253.08	218.70	0	459.00
2—1737	扳式暗装开关安装　单联	10套	5.7	49.81	42.60	0	10.2	5.00	283.92	242.82	0	290.70
2—1802	吊风扇安装	台	6	29.51	18.00	0	1	80.00	177.06	108.00	0	480.00
2—1429	暗装　接线盒	10个	2.1	37.93	26.40	0	10.2	3.50	79.65	55.44	0	74.97
2—1429	暗装　灯头盒	10个	7.5	37.93	26.40	0	10.2	3.00	284.48	198.00	0	229.50
2—1430	暗装　插座盒	10个	4.5	33.54	28.20	0	10.2	2.50	150.93	126.90	0	114.75
2—1430	暗装　开关盒	10个	6.0	33.54	28.20	0	10.2	2.00	201.24	169.20	0	122.40
2—330	焊铜接线端子截面 $16mm^2$ 以内	10个	0.4	115.63	17.40	0	—	—	46.25	6.96	0	—
2—326	无端子外部接线 $2.5mm^2$	10个	33	24.10	13.00	0	—	—	795.3	429.00	0	—
2—898	1kV 以下交流供电系统调试	系统	1	441.74	370.80	66.30	—	—	441.74	370.80	66.30	—
2—1390	钢管内壁刷防锈漆一遍 SC15	100m	0.061	56.74	10.20	0	—	—	3.46	0.62	0	—
2—1366	钢管外壁刷防锈漆第一遍 SC15	100m	0.061	48.34	10.20	0	—	—	2.95	0.62	0	—
2—1372	钢管外壁刷防锈漆第二遍 SC15	100m	0.061	43.06	10.20	0	—	—	2.63	0.62	0	—
2—1391	钢管内壁刷防锈漆一遍 SC32	100m	0.158	97.63	18.00	0	—	—	15.43	2.84	0	—
2—1367	钢管外壁刷防锈漆第一遍 SC32	100m	0.158	76.39	16.20	0	—	—	12.07	2.56	0	—
2—1373	钢管外壁刷防锈漆第二遍 SC32	100m	0.158	68.04	16.20	0	—	—	10.75	2.56	0	—
	合计	元							9542.57	7205.78	83.89	16215.97
	直接工程费 =9542.57 元 +16215.97 元 =25758.54 元											
	直接工程费中的人工费 + 机械费 =7205.78 元 +83.89 元 =7289.67 元											

注：1. 为体现未计价材料费，本例自制表格；为方便后续费用计算，本例只单列出了人工费和机械费，未单独列出材料费（材料费已含在合价中）。

2. 本例执行 2012 年《全国统一安装工程预算定额河北省消耗量定额》第二册（电气设备安装工程）。

3. 河北省 2012《电气设备安装工程》定额中，钢管敷设定额的工作内容取消了刷漆工作，另列钢管刷油防腐项目，本例执行河北省 2012 定额，另列项计算了钢管刷油（漆）工程量。其他地区钢管敷设定额的工作内容中包括刷漆工作的不能另列项计算。

4. 分部分项工程量清单与计价表（见表4-15）

表4-15 分部分项工程量清单与计价表

工程名称：某办公楼电气照明工程　　标段：　　第　页　共　页

序号	项目编码	项目名称	项目特征描述	计量单位	工程量	金额/元		
						综合单价	合价	其中 暂估价
1	030410002001	横担组装	1. 名称：横担 2. 材质：角钢 3. 规格：∟63×6 4. 类型：两端埋设	组	1			
2	030411001001	配管	1. 名称：钢管 2. 材质：焊接钢管 3. 规格：SC32 4. 配置形式：暗配	m	15.75			
3	030411001002	配管	1. 名称：钢管 2. 材质：焊接钢管 3. 规格：SC15 4. 配置形式：暗配	m	6.1			
4	030411001003	配管	1. 名称：塑料管 2. 材质、规格：PVC16 3. 配置形式：暗配	m	694.29			
5	030411004001	配线	1. 名称：管内穿线 2. 配线形式：动力线路 3. 型号、规格、材质：BV—16mm²（铜芯） 4. 配线部位：管内	m	54.45			
6	030411004002	配线	1. 名称：管内穿线 2. 配线形式：动力线路 3. 型号、规格、材质：BV—10mm²（铜芯） 4. 配线部位：管内	m	18.15			
7	030411004003	配线	1. 名称：管内穿线 2. 配线形式：照明线路 3. 型号、规格、材质：BV—2.5mm²（铜芯） 4. 配线部位：管内	m	1668.12			
8	030404017001	配电箱	1. 名称：照明配电箱 2. 型号：XMR86型 3. 规格：500mm×400mm 4. 焊铜接线端子 BV—16mm² 5. 无端子外部接线 BV—25mm² 6. 安装方式：嵌墙暗装，箱底距地1.4m	台	1			
9	030404017002	配电箱	1. 名称：照明配电箱 2. 型号：XMR88型 3. 规格：400mm×300mm 4. 无端子外部接线 BV—2.5mm² 5. 安装方式：嵌墙暗装，箱底距地1.4m	台	2			

（续）

序号	项目编码	项目名称	项目特征描述	计量单位	工程量	金额/元		
						综合单价	合价	其中 暂估价
10	030412005001	荧光灯	1. 名称:荧光灯 2. 型号:CS—Y 3. 规格:1×60W 4. 安装形式:吊链式,悬挂高度2.5m	套	57			
11	030412001001	普通灯具	1. 名称:圆球吸顶灯 2. 型号:XD1448 3. 规格:1×40W ϕ250mm 4. 安装形式:吸顶安装	套	12			
12	030404035001	插座	1. 名称:单相三极插座 2. 规格:250V/10A 86型 3. 安装方式:暗装	个	45			
13	030404034001	照明开关	1. 名称:单联单控开关 2. 规格:250V/10A 86型 3. 安装方式:暗装	个	57			
14	030404033001	风扇	1. 名称:单相吊扇 2. 规格:ϕ1000mm、三档调速 3. 安装方式:吊装	台	6			
15	030411006001	接线盒	1. 名称:灯头盒 2. 材质:塑料 3. 规格:86H 4. 安装方式:暗装	个	75			
16	030411006002	接线盒	1. 名称:插座盒 2. 材质:塑料 3. 规格:86H 4. 安装方式:暗装	个	45			
17	030411006003	接线盒	1. 名称:开关盒 2. 材质:塑料 3. 规格:86H 4. 安装方式:暗装	个	60			
18	030411006004	接线盒	1. 名称:接线盒 2. 材质:塑料 3. 规格:86H 4. 安装方式:暗装	个	21			
19	031201001001	管道刷油SC15	1. 油漆品种:防锈漆 2. 涂刷遍数:管内壁刷一遍;外壁刷两遍	m	6.1			
20	031201001002	管道刷油SC32	1. 油漆品种:防锈漆 2. 涂刷遍数:管内壁刷一遍;外壁刷两遍	m	15.75			

（续）

序号	项目编码	项目名称	项目特征描述	计量单位	工程量	金额/元		
						综合单价	合价	其中 暂估价
21	030414002001	送配电装置系统调试	1. 名称:低压送配电系统调试 2. 电压等级:1kV 以下 3. 类型:综合	系统	1			
本页小计								
合　计								

注：1. 本例执行《建设工程工程量清单计价规范》（GB 50500—2013）、《通用安装工程工程量计算规范》（GB 50856—2013）。

2. 为了方便教学“项目特征描述”部分针对其“内容”比较详细。

3. 河北省 2012《电气设备安装工程》定额中，钢管敷设定额的工作内容取消了刷漆工作，另列钢管刷油防腐项目，本例执行河北省 2012 定额，另列项计算了钢管刷油（漆）工程量。其他地区钢管敷设定额的工作内容中包括刷漆工作的不能另列 19、20 项清单。

4.6.2 电气动力工程实例

1. 工程概况

某车间的动力系统图如图 4-20 所示，平面图如图 4-21 所示。

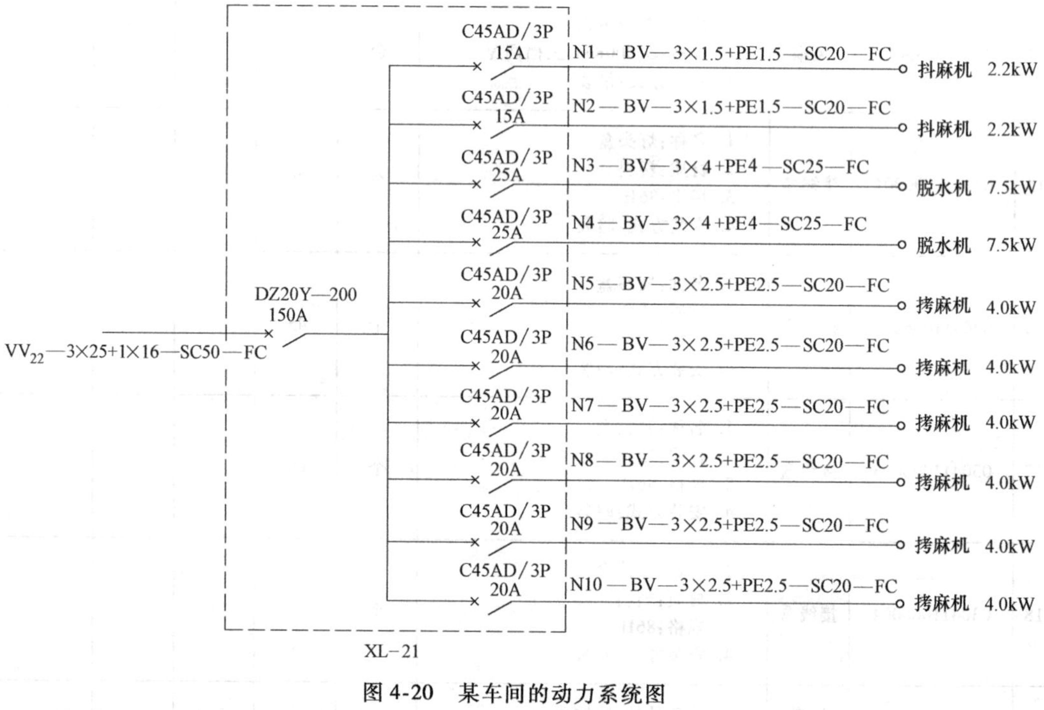

图 4-20　某车间的动力系统图

该车间电源为三相四线 380V/220V 引自工厂变电所，距离该车间 20m，采用 $VV_{22}-3\times25+1\times16$ 电缆直埋引入至建筑物，入户钢管 SC50 室外出散水外 1.0m，室内埋深 0.7m，沿地面暗敷至动力配电柜 XL—21，配电柜（箱）至设备共计有 10 个支路，分别为 N1 ~ N10，各支路采用 BV—500V 铜芯塑料导线穿钢管沿地暗敷设。

动力配电柜 XL—21 尺寸为 1200mm × 2100mm × 400mm（宽 × 高 × 厚），落地式安装，

基础为 20 号槽钢，按标准施工。

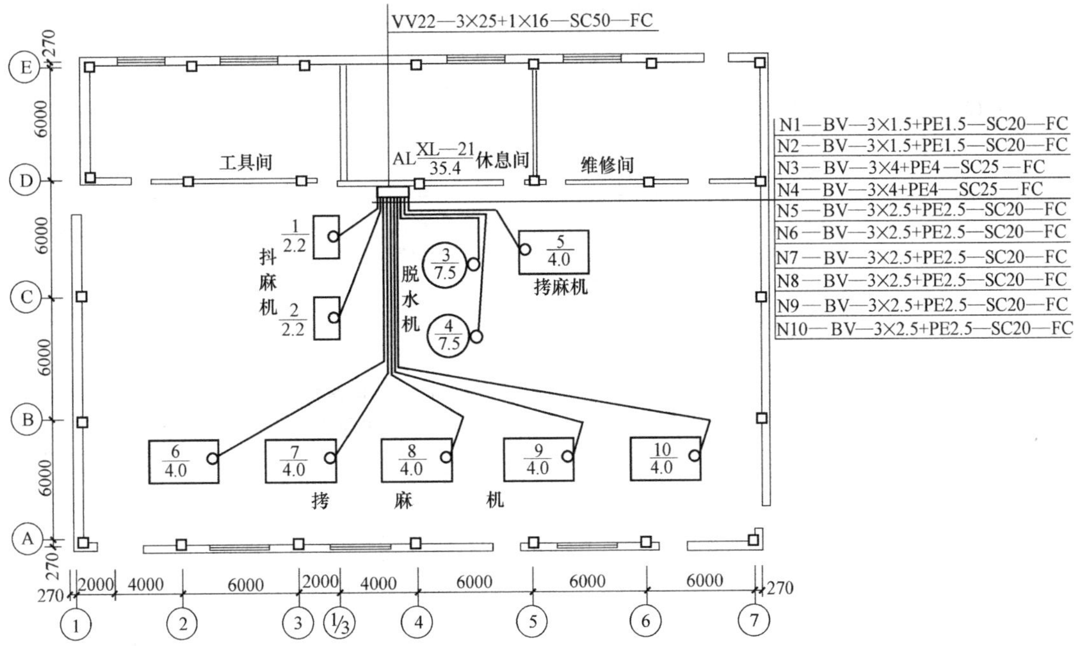

图 4-21 某车间的动力平面图

2. 工程量计算（见表 4-16）

表 4-16 工程量计算表

序号	分部分项工程名称	单位	工程量	计算式
1	电缆沟挖填土	m^3	9	20（沟长）×0.45（每米沟长土石方）=9
2	电缆沟铺沙盖砖	m	20	20（沟长）
3	VV_{22}—3×25+1×16 电缆敷设	m	38.43	水平长度：20（沟长）+6（建筑物内）+0.27（外墙）+0.12（内墙）+0.4/2（箱厚一半）=26.59 垂直长度：0.7（沟深）+0.2（槽钢基础）=0.9 预留长度：1.5（变电所出线）+1.5（进入沟内）+2×1.5（终端头）+2.0（进入建筑物）+2.0（进低压动力配电箱）=10.0 总长：(26.59+0.9+10)×(1+2.5%)=38.43
4	电缆终端头制作 $25mm^2$	个	2	1×2=2
5	SC50 钢管暗配	m	9.29	6（水平长度）+0.39（内、外墙墙厚）+1.0（散水）+1.0（进户管预留）+0.7（埋地深）+0.2（槽钢基础）=9.29
6	动力配电箱安装	台	1	1
7	各支路配管及管内穿线 (1) N1：BV4×1.5 SC20	m	5	管：4.2（箱至1号设备水平长度）+2×0.2（两端埋地深）+0.2（箱槽钢基础）+0.2（设备端出地面）=5
			37.2	线：[5（管长）+(2.1+1.2)（箱预留）+1.0（设备管口预留）]×4=37.2
	(2) N2：BV4×1.5 SC20	m	9.9	管：9.1（箱至2号设备水平长度）+2×0.2（两端埋地深）+0.2（箱槽钢基础）+0.2（设备端出地面）=9.9
			56.8	线：[9.9（管长）+3.3（箱预留）+1.0（设备管口预留）]×4=56.8

（续）

序号	分部分项工程名称	单位	工程量	计算式
7	(3)N3:BV4×4　SC25	m	9.6	管:8.8(箱至3号设备水平长度)+2×0.2(两端埋地深)+0.2(箱槽钢基础)+0.2(设备端出地面)=9.6
			55.6	线:[9.6(管长)+3.3(箱预留)+1.0(设备管口预留)]×4=55.6
	(4)N4:BV4×4　SC25	m	13.6	管:12.8(箱至4号设备水平长度)+2×0.2(两端埋地深)+0.2(箱槽钢基础)+0.2(设备端出地面)=13.6
			71.6	线:[13.6(管长)+3.3(箱预留)+1.0(设备管口预留)]×4=71.6
	(5)N5:BV4×2.5　SC20	m	9.8	管:9.0(箱至5号设备水平长度)+2×0.2(两端埋地深)+0.2(箱槽钢基础)+0.2(设备端出地面)=9.8
			56.4	线:[9.8(管长)+3.3(箱预留)+1.0(设备管口预留)]×4=56.4
	(6)N6:BV4×2.5　SC20	m	19	管:18.2(箱至6号设备水平长度)+2×0.2(两端埋地深)+0.2(箱槽钢基础)+0.2(设备端出地面)=19
			93.2	线:[19(管长)+3.3(箱预留)+1.0(设备管口预留)]×4=93.2
	(7)N7:BV4×2.5　SC20	m	16.9	管:16.1(箱至7号设备水平长度)+2×0.2(两端埋地深)+0.2(箱槽钢基础)+0.2(设备端出地面)=16.9
			84.8	线:[16.9(管长)+3.3(箱预留)+1.0(设备管口预留)]×4=84.8
	(8)N8:BV4×2.5　SC20	m	18	管:17.2(箱至8号设备水平长度)+2×0.2(两端埋地深)+0.2(箱槽钢基础)+0.2(设备端出地面)=18
			89.2	线:[18(管长)+3.3(箱预留)+1.0(设备管口预留)]×4=89.2
	(9)N9:BV4×2.5　SC20	m	22	管:21.2(箱至9号设备水平长度)+2×0.2(两端埋地深)+0.2(箱槽钢基础)+0.2(设备端出地面)=22
			105.2	线:[22(管长)+3.3(箱预留)+1.0(设备管口预留)]×4=105.2
	(10)N10:BV4×2.5　SC20	m	27.8	管:27(箱至10号设备水平长度)+2×0.2(两端埋地深)+0.2(箱槽钢基础)+0.2(设备端出地面)=27.8
			128.4	线:[27.8(管长)+3.3(箱预留)+1.0(设备管口预留)]×4=128.4
8	统计:SC20钢管暗配	m	128.4	SC20:5+9.9+9.8+19+16.9+18+22+27.8=128.4
9	统计:SC25钢管暗配	m	23.2	SC25:9.6+13.6=23.2
10	统计:管内穿线BV—1.5mm^2	m	94	37.2+56.8=94
11	统计:管内穿线BV—2.5mm^2	m	557.2	56.4+93.2+84.8+89.2+105.2+128.4=557.2

（续）

序号	分部分项工程名称	单位	工程量	计算式
12	统计：管内穿线 BV—4mm^2	m	127.2	55.6 + 71.6 = 127.2
13	电动机检查接线（3kW 以下）	台	2	2
14	电动机检查接线（13kW 以下）	台	8	8
15	电动机调试（刀开关控制）	台	10	10
16	基础槽钢制作安装	m	3.2	20 号槽钢：(1.2 + 0.4) × 2 = 3.2
17	无端子板外部接线 2.5mm^2	个	64	2.5mm^2　4 × 2 × 6 = 48 1.5mm^2　4 × 2 × 2 = 16
18	无端子板外部接线 6mm^2	个	16	4mm^2　4 × 2 × 2 = 16
19	送配电系统调试	系统	1	1

注：有些地区要求进户电线在外线时计算，具体处理时根据当地的规定进行。

3. 直接工程费计算表（定额计价）（见表 4-17）

表 4-17　直接工程费计算表

定额编号	项目名称	单位	数量	单价/元			未计价材		合价/元			
				基价	人工费	机械费	消耗量	单价	合计	人工费	机械费	主材费
2—519	电缆沟挖填一般土沟	m^3	9	22.09	22.09	0	—	—	198.81	198.81	0	—
2—529	电缆沟铺砂盖砖 1 ~ 2 根	100m	0.2	962.36	288.58	0	—	—	192.47	57.72	0	—
2—618	电力电缆敷设截面 35mm^2	100m	0.384	539.77	322.80	130.99	101	70.00	207.27	123.96	50.30	2714.88
2—648	电力电缆头制作、安装截面 35mm^2	个	2	92.70	34.80	0	—	—	185.40	69.60	0	—
2—1062	钢管敷设砌体、混凝土结构暗配 SC50	100m	0.0929	1124.21	856.80	117.05	103	26.50	104.44	79.60	10.87	253.57
2—1059	钢管敷设砌体、混凝土结构暗配 SC25	100m	0.232	612.56	462.00	88.21	103	13.50	142.11	107.18	20.46	322.60
2—1058	钢管敷设砌体、混凝土结构暗配 SC20	100m	1.284	491.75	383.40	60.53	103	8.50	631.41	492.29	77.72	1124.14
2—261	成套配电箱安装落地式	台	1	376.98	208.20	126.41	1	1450.00	376.98	208.20	126.41	1450.00
2—1193	管内穿线动力线路 BV—1.5mm^2	100m	0.94	64.40	40.80	0	105	1.15	60.54	38.35	0	113.51
2—1194	管内穿线动力线路 BV—2.5mm^2	100m	5.57	66.51	41.40	0	105	1.50	370.46	230.60	0	877.28

（续）

定额编号	项目名称	单位	数量	单价/元			未计价材		合价/元			
				基价	人工费	机械费	消耗量	单价	合计	人工费	机械费	主材费
2—1195	管内穿线动力线路 BV—4mm^2	100m	1.27	73.27	44.40	0	105	2.80	93.05	56.39	0	373.38
2—437	交流电动机检查接线功率（3kW 以下）	台	2	158.95	108.00	31.69	1	2.00	317.90	216.00	63.38	4.00
2—438	交流电动机检查接线功率（13kW 以下）	台	8	291.96	216.00	31.69	1	2.50	2335.68	1728.00	253.52	20.00
2—978	低压笼型交流异步电动机调试刀开关控制	台	10	214.47	148.80	63.81	—	—	2144.70	1488.00	638.10	—
2—355	基础槽钢制作、安装	10m	0.32	192.66	106.80	44.96	10.5	5.50	61.65	34.18	14.39	18.48
2—326	无端子外部接线 2.5mm^2	10 个	6.4	24.10	13.20	0	—	—	154.24	84.48	0	—
2—327	无端子外部接线 6mm^2	10 个	1.6	28.30	17.40	0	—	—	45.28	27.84	0	—
2—898	1kV 以下交流供电系统调试	系统	1	441.74	370.80	66.30	—	—	441.74	370.80	66.30	—
2—1390	钢管内壁刷防锈漆一遍 SC20	100m	1.284	56.74	10.20	0	—	—	72.85	13.10	0	—
2—1366	钢管外壁刷防锈漆（第一遍）SC20	100m	1.284	48.34	10.20	0	—	—	62.07	13.10	0	—
2—1372	钢管外壁刷防锈漆（第二遍）SC20	100m	1.284	43.06	10.20	0	—	—	55.29	13.10	0	—
2—1391	钢管内壁刷防锈漆一遍 SC25	100m	0.232	97.63	18.00	0	—	—	22.65	4.18	0.00	—
2—1367	钢管外壁刷防锈漆（第一遍）SC25	100m	0.232	76.39	16.20	0	—	—	17.72	3.76	0	—
2—1373	钢管外壁刷防锈漆（第二遍）SC25	100m	2.232	68.04	16.20	0	—	—	151.87	36.16	0	—
2—1392	钢管内壁刷防锈漆一遍 SC50	100m	0.0929	140.56	25.80	0	—	—	13.06	2.40	0	—
2—1368	钢管外壁刷防锈漆（第一遍）SC50	100m	0.093	108.79	23.40	0	—	—	10.12	2.18	0	—

（续）

定额编号	项目名称	单位	数量	单价/元			未计价材		合价/元			
				基价	人工费	机械费	消耗量	单价	合计	人工费	机械费	主材费
2—1374	钢管外壁刷防锈漆（第二遍）SC50	100m	0.093	96.95	23.40	0	—	—	9.02	2.18	0	—
	合计	元							8478.78	5702.11	1321.46	7271.83
	直接工程费 = 8478.78 元 + 7271.83 元 = 15750.61 元											
	直接工程费中的人工费 + 机械费 = 5702.11 元 + 1321.46 元 = 7023.57 元											

注：1. 为体现未计价材料费，本例自制表格；为方便后续费用计算，本例只单列出了人工费和机械费，未单独列出材料费（材料费已含在合价中）。
2. 本例执行2012年《全国统一安装工程预算定额河北省消耗量定额》第二册（电气设备安装工程）。
3. 河北省2012《电气设备安装工程》定额中，钢管敷设定额的工作内容取消了刷漆工作，另列钢管刷油防腐项目，本例执行河北省2012定额，另列项计算了钢管刷油（漆）工程量。其他地区钢管敷设定额的工作内容中包括刷漆工作的不能另列项计算。
4. 河北省2012《电气设备安装工程》定额中基础槽钢制作与安装归为同一定额，其他地区制作可执行铁构件定额。

4. 分部分项工程量清单与计价表（见表4-18）

表4-18 分部分项工程量清单与计价表

工程名称：某车间动力安装工程　　　　标段：　　　　第　页 共　页

序号	项目编码	项目名称	项目特征描述	计量单位	工程量	金额/元		
						综合单价	合价	其中 暂估价
1	010101003001	挖沟槽土方	1. 名称：电缆沟 2. 土壤类型：一般土壤 3. 挖土深度：$H=0.9$m	m^3	9			
2	030408005001	铺砂、盖保护板（砖）	1. 种类：1根电缆的电缆沟 2. 规格：铺砂盖砖	m	20			
3	030408001001	电力电缆	1. 名称：电力电缆 2. 型号、规格、材质：VV_{22}—3×25+1×16、铜芯 3. 敷设方式、部位：室外直埋敷设	m	38.4			
4	030408006001	电力电缆头	1. 名称：电力电缆头 2. 型号：VV_{22} 3. 规格：1kV，3×25mm^2 4. 材质、类型：铜芯电缆、干包式	个	2			
5	030408003001	电缆保护管	1 名称：电缆保护管 2. 材质：焊接钢管 3. 规格：SC50 4. 敷设方式：埋地敷设	m	9.29			
6	030411001001	配管	1. 名称：钢管 2. 材质：焊接钢管 3. 规格：SC25 4. 配置形式：暗配	m	23.2			

（续）

序号	项目编码	项目名称	项目特征描述	计量单位	工程量	金额/元		
						综合单价	合价	其中 暂估价
7	030411001002	配管	1. 名称：钢管 2. 材质：焊接钢管 3. 规格：SC20 4. 配置形式：暗配	m	128.4			
8	030404017001	配电箱	1. 名称：照明配电箱 2. 型号：XL—21 型 3. 规格：1200mm×2100mm×400mm 4. 基础形式、材质、规格：[20（20号槽钢） 5. 无端子外部接线 BV—1.5mm^2；BV—2.5mm^2；BV—4mm^2 6. 安装方式：落地安装	台	1			
9	030411004001	配线	1. 名称：管内穿线 2. 配线形式：动力线路 3. 型号、规格、材质：BV—1.5mm^2（铜芯） 4. 配线部位：管内敷设	m	94			
10	030411004002	配线	1. 名称：管内穿线 2. 配线形式：动力线路 3. 型号、规格、材质：BV—2.5mm^2（铜芯） 4. 配线部位：管内敷设	m	557			
11	030411004003	配线	1. 名称：管内穿线 2. 配线形式：动力线路 3. 型号、规格、材质：BV—4mm^2（铜芯） 4. 配线部位：管内敷设	m	127			
12	030406006001	低压交流异步电动机	1. 名称：电动机检查接线调试 2. 型号：小型 3. 容量：3kW 以下 4. 接线端子材质、规格：BV—1.5mm^2	台	2			
13	030406006002	低压交流异步电动机	1. 名称：电动机检查接线及调试 2. 型号：中型 3. 容量：3kW 以下 4. 接线端子材质、规格：BV—2.5mm^2；BV—4mm^2	台	8			
14	031201001001	管道刷油 SC20	1. 油漆品种：防锈漆 2. 涂刷遍数：管内壁刷一遍；外壁刷两遍	m	128.4			
15	031201001002	管道刷油 SC25	1. 油漆品种：防锈漆 2. 涂刷遍数：管内壁刷一遍；外壁刷两遍	m	23.2			

（续）

序号	项目编码	项目名称	项目特征描述	计量单位	工程量	金额/元		
						综合单价	合价	其中 暂估价
16	031201001003	管道刷油 SC50	1. 油漆品种:防锈漆 2. 涂刷遍数:管内壁刷一遍;外壁刷两遍	m	9.29			
17	030414002001	送配电装置系统调试	1. 名称:低压送配电系统调试 2. 电压等级:1kV 以下 3. 类型:综合	系统	1			
本页小计								
合　计								

注：1. 本例执行《建设工程工程量清单计价规范》（GB 50500—2013）、《通用安装工程工程量计算规范》（GB 50856—2013）。

2. 为了方便教学，“项目特征描述”部分针对其“内容”比较详细。

3. 河北省 2012《电气设备安装工程》定额中，钢管敷设定额的工作内容取消了刷漆工作，另列钢管刷油防腐项目，本例执行河北省 2012 定额，另列项计算了钢管刷油（漆）工程量。其他地区钢管敷设定额的工作内容中包括刷漆工作的不能另列 14、15、16 项清单。

4.6.3 建筑防雷及接地工程实例

1. 工程概况

某六层住宅楼防雷接地平面图如图 4-22 所示，层高 2.9m，避雷网四周沿女儿墙顶敷设，⑨轴沿混凝土块敷设，女儿墙高度为 0.6m，室内外高差为 0.45m。避雷引下线在屋面共有 5 处，沿外墙引下，并在距室外地坪 0.5m 处设置断接卡子，在距建筑物 3m 处设置 2.5m 长的∟50×5 角钢接地极，打入地下 0.8m，土壤为普通土。计算防雷接地工程各项工程量。

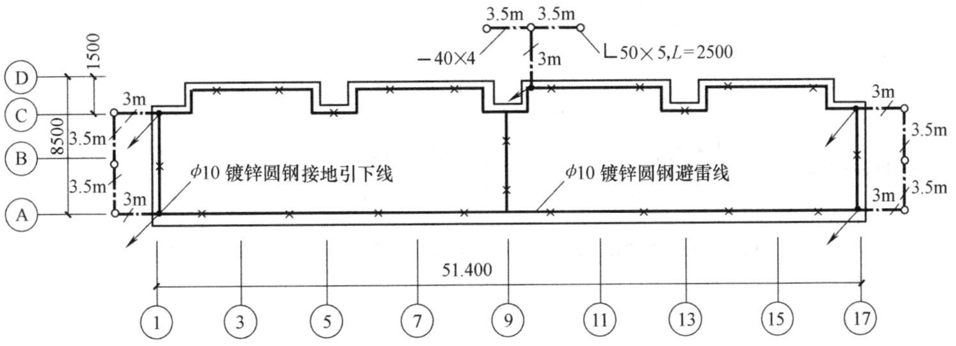

图 4-22　防雷接地平面图

2. 工程量计算（见表 4-19）

表 4-19　工程量计算表

序号	分部分项工程名称	单位	工程量	计算式
1	接地极制作安装∟50mm×5mm, $L=2500$mm	根	9	3×3=9

（续）

序号	分部分项工程名称	单位	工程量	计算式
2	接地母线敷设 －40×4mm	m	44.16	［3（距墙）+0.8（埋深）+0.5（断接点距室外地坪高）］×5（5处）+3.5（接地极间距）×6（6段）=42.5 42.5×（1+3.9%）=44.16
3	避雷网沿屋面四周支持卡子敷设 ϕ10mm	m	133.82	51.4×2（Ⓐ、Ⓓ轴全长）+1.5×8（Ⓓ轴凹凸部分）+7×2（①、⑰轴全长）=128.8 128.8×（1+3.9%）=133.82
4	避雷网沿混凝土块支持卡子敷设 ϕ10mm	m	8.52	8.5－1.5（⑨轴全长－凹凸部分）+0.6×2（女儿墙）=8.2 8.2×（1+3.9%）=8.52
5	混凝土块制作	块	7	7（按直线长度1～1.5m/块考虑）
6	断接卡制作安装	套	5	5
7	避雷引下线的敷设 ϕ10mm	m	93.25	［2.9×6+0.6（女儿墙高）］×5（楼总高×处）+0.45×5（室内外高差×根数）－0.5×5（断接点距室外地坪高×根数）=89.75 89.75×（1+3.9%）=93.25
8	接地装置调试	组	3	3
9	断接卡子测试箱	套	5	5

3. 直接工程费计算表（定额计价）（见表4-20）

表4-20 直接工程费计算表

定额编号	项目名称	单位	数量	单价/元			未计价材		合价/元			
				基价	人工费	机械费	消耗量	单价	合计	人工费	机械费	主材费
2—720	接地极制作安装∟50mm×5mm，L=2500mm 普通土	根	9	51.20	17.40	31.13	1.00	67.22	460.80	156.60	280.17	604.98
2—728	接地母线敷设 －40mm×4mm	10m	4.416	185.98	177.60	6.92	10.5	6.53	821.29	784.28	30.56	302.78
2—804	ϕ10mm避雷网安装沿女儿墙支架敷设	10m	13.382	225.56	141.60	44.96	10.5	3.12	3018.44	1894.89	601.65	438.39
2—803	ϕ10mm避雷网安装沿混凝土块敷设	10m	0.852	83.84	49.20	22.48	10.5	3.12	71.43	41.92	19.15	27.91
2—805	混凝土块制作	10块	0.7	36.46	24.60	0	—	—	25.52	17.22	0	—
2—796	ϕ10mm避雷引下线敷设装在建筑物、构筑物上高度（25m以内）	10m	9.325	125.68	66.60	38.05	10.5	3.12	1171.97	621.05	354.82	305.49

（续）

定额编号	项目名称	单位	数量	单价/元			未计价材		合价/元			
				基价	人工费	机械费	消耗量	单价	合计	人工费	机械费	主材费
2—802	断接卡子制作、安装	10套	0.5	59.66	18.60	1.89	—	—	29.83	9.30	0.95	—
2—750	断接卡子测试箱	套	5	54.18	43.20	6.92	1.00	15.00	270.90	216.00	34.60	75.00
2—934	独立接地装置调试6根接地极以内	组	3	193.54	148.80	42.88	—	—	580.62	446.40	128.64	—
	合计	元							6450.80	4187.66	1450.54	1754.56
	直接工程费＝6450.80元 ＋1754.56元＝8205.36元											
	直接工程费中的人工费＋机械费＝4187.66元＋1450.54元＝5638.20元											

注：1. 为体现未计价材料费，本例自制表格；为方便后续费用计算，本例只单列出了人工费和机械费，未单独列出材料费（材料费已含在合价中）。

2. 本例执行2012年《全国统一安装工程预算定额河北省消耗量定额》第二册（电气设备安装工程）。

4. 分部分项工程量清单与计价表（见表4-21）

表4-21　分部分项工程量清单与计价表

工程名称：某住宅楼防雷接地安装工程　　　　标段：　　　　第　页　共　页

序号	项目编码	项目名称	项目特征描述	计量单位	工程量	金额/元		
						综合单价	合价	其中
								暂估价
1	030409001001	接地极	1. 名称：接地极 2. 材质、规格：∟50mm×5mm，L＝2500mm 3. 土质：普通土	根	9			
2	030409002001	接地母线	1. 名称：接地母线 2. 材质：镀锌扁钢 3. 规格：－40mm×4mm 4. 安装部位：户外埋地	m	44.16			
3	030409005001	避雷网	1. 名称：避雷网 2. 材质：镀锌圆钢 3. 规格：ϕ10mm 4. 安装形式：沿女儿墙敷设	m	133.82			
4	030409005002	避雷网	1. 名称：避雷网 2. 材质：镀锌圆钢 3. 规格：ϕ10mm 4. 安装形式：沿混凝土块安装 5. 混凝土块标号：C20	m	8.52			
5	030409003001	避雷引下线	1. 名称：避雷引下线 2. 材质、规格：ϕ10mm 3. 安装部位：沿外墙引下 4. 安装形式：支持卡子明敷 5. 断接卡子、箱材质、规格：断接卡子及钢制146mm×80mm箱安装	m	93.25			

（续）

序号	项目编码	项目名称	项目特征描述	计量单位	工程量	金额/元		
						综合单价	合价	其中 暂估价
6	030414011001	接地装置	1. 名称：接地装置调试 2. 类别：接地极	组	3			
本页小计								
合　计								

注：1. 本例执行《建设工程工程量清单计价规范》（GB 50500—2013）、《通用安装工程工程量计算规范》（GB 50856—2013）。

2. 为了方便教学，“项目特征描述”部分针对其“内容”比较详细。

本章回顾

1. 电气工程施工图识读顺序：电源进户管、线——→总配电箱——→分配电箱——→各回路配管、配线——→灯具、插座等电气用电设备。

电源进户方式有两种：低压架空进线引入和电缆埋地进线引入。进户线一般归入外线算（各地要求不同），进户管在施工时预留到位，计算其工程量。

干线是从总配电箱——→分配电箱的配管、配线；支线是从分配电箱——→各回路的配管、配线。

2. 掌握电气工程施工图中线路、灯具、设备的标注方法及常用图例、符号；配电箱、灯具、插座、开关的安装高度；电气配线布置原则。

3. 电气照明工程中配管、配线的工程量计算是重点，计算规则是各种配管工程量的计算，不扣除管路中间接线箱、各种盒（接线、开关、插座、灯头）所占的长度。水平配管、配线在平面图用比例尺逐段量取，垂直配管、配线利用层高和安装高度进行计算，接线盒配管、配线逐个分析连接情况再计算；管内穿线工程量＝（该段配管工程量＋导线的预留长度）×导线的根数

4. 电气动力工程中电缆工程量计算是重点，单根电缆长度＝（水平长度＋垂直长度＋各部预留长度）×（1＋2.5%），水平长度和垂直长度可根据施工图计算，预留长度根据电缆敷设的方式、部位等计算。

电缆工程中还涉及直埋电缆的挖填土方，电缆沟铺砂、盖砖（保护板），电缆保护管，电缆支架、吊架、槽架，电缆钢索、电缆桥架，电缆头制作、安装等项目的计算。

5. 防雷接地工程的作用是将建筑物或构筑物所受的雷击电流引入大地，使其免受雷电的破坏。防雷接地系统一般由三大部分组成，分别是接闪器、引下线和接地装置。接闪器用于接受闪电电流，通常有避雷针、避雷网（带）、高层建筑的均压环等形式。引下线负责向下传送闪电电流，一般由引下线、引下线支持卡子、断接卡子、引下线保护管等组成。接地装置是埋入土壤或混凝土基础中起散流作用的金属导体，用于向大地传输闪电电流，一般由接地母线和接地极组成。接地极可分为自然接地极和人工接地极。

6. 计算避雷网（带）、引下线、接地母线等的工程量时，应在施工图图示长度的基础

上，另计 3.9% 的附加长度。

7. 利用建筑物内钢筋做引下线、均压环时，定额考虑两根钢筋。利用基础钢筋做接地极时，从引下线某高度或断接卡子处引出的户外接地母线（圆钢或扁钢），是为补打人工接地极预留备用的。

8. 电气工程工程量清单编制，参照附录 B《通用安装工程工程量计算规范》（GB 50586—2013）（部分）。

思 考 题

4-1 写出线路常用敷设方式的代号：（焊接）钢管敷设________、电线管敷设________、阻燃塑料管敷设________、电缆桥架敷设________。

4-2 写出线路常用敷设部位的组合代号：埋地敷设________、沿墙明敷________、顶板内暗敷________、沿墙暗敷________、沿梁明敷________。

4-3 写出常用铜（铝）芯聚氯乙烯绝缘线，如：BV—1.5、________、________、________、________、________、________、________、________；BLV—2.5、________、________、________、________。

4-4 说出图 4-4 部分照明线路平面图中 N1 ~ N4 各回路标注的安装代号含义。

4-5 写出 10 种以上电气图形符号。

4-6 简述配管工程量的计算规则和计算方法，参照图 4-9 分别计算配电箱、开关、插座、壁灯等的垂直配管的长度。

4-7 简述电气穿线布置原则，说明图 4-23、图 4-24、图 4-25 电气平面图中各段的穿线情况。

4-8 某办公楼照明工程局部平面布置图如图 4-23 所示，建筑物为混合结构，层高 3.3m。图 4-23 的房间内装设了成套型吸顶式双管荧光灯、吊风扇，它们分别由一个单控双联板式暗开关和一个调速开关控制，开关安装距楼地面 1.3m，配电箱尺寸为 500mm × 400mm × 160mm，箱底距地 1.5m，WL 回路导线为 BV—2 × 2.5mm^{2}TC15，穿电线管沿顶棚、墙暗敷设，其中 2 根、3 根时穿 TC15，4 根时穿 TC20。试计算此房间的各分项工程量。

4-9 某简易住宅，层高 3.0m，由照明平面图（图 4-24）可知房间内有单管链吊荧光灯，圆球吸顶灯，暗装板式开关安装高度为 1.4m，分户配电箱尺寸为 500mm × 300mm × 200mm，箱底距地 1.5m，配电线路导线为 BV—2 × 2.5mm^{2}PVC16，穿阻燃塑料管沿顶棚、墙暗敷设，其中 2 根、3 根穿 PVC16，4 根穿 PVC20。试计算此房间的各分项工程量，并编制电气工程量清单。

4-10 某工程电气照明平面图如图 4-25 所示，该建筑物层高 3.2m，成品配电箱规格为 500mm × 300mm × 180mm，箱底距地 1.5m，配管为 PVC 管，2 ~ 3 根穿 PVC16，4 ~ 5 根穿 PVC20，暗敷设，从配电箱引出的 N1 回路穿线为 BV—2 × 2.5mm^{2}PVC16 WC—CC；N2 回路穿线为：BV—3 × 2.5mm^{2}FC；N3 回路穿线为：BV—3 × 4mm^{2}PVC25 WC—CC；开关距地 1.4m，N2 回路的插座安装高度为 0.3m，N3 回路的插座安装高度为 1.8m。计算该平面图电气的工程量，并编制电气工程量清单。

4-11 某电缆 VV_{22}—3 × 50 + 1 × 16 SC70 FC 埋地敷设，应计算哪些工程项目？

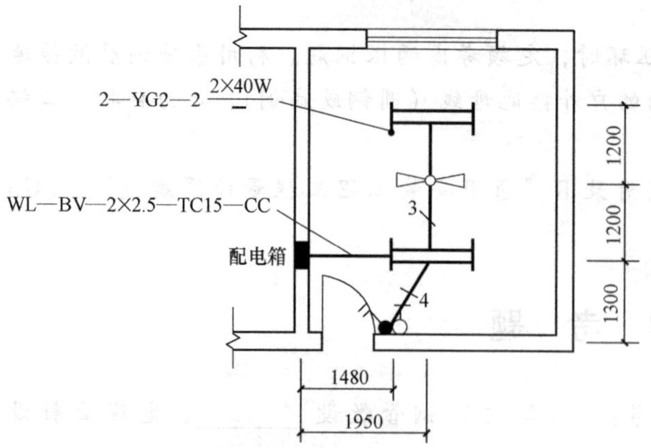

图 4-23　某办公楼照明工程局部平面布置图

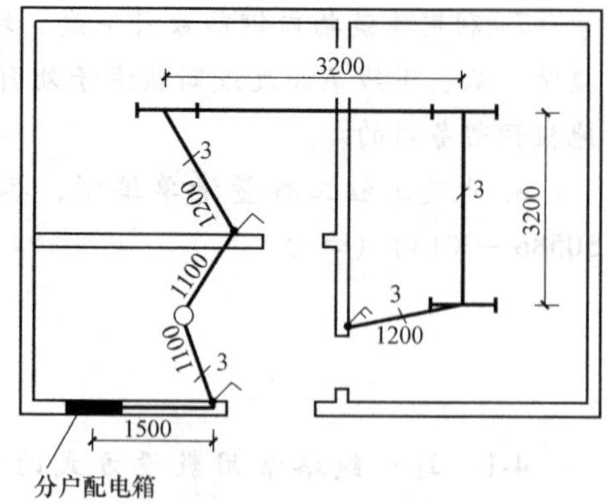

图 4-24　某简易住宅局部电气照明平面图

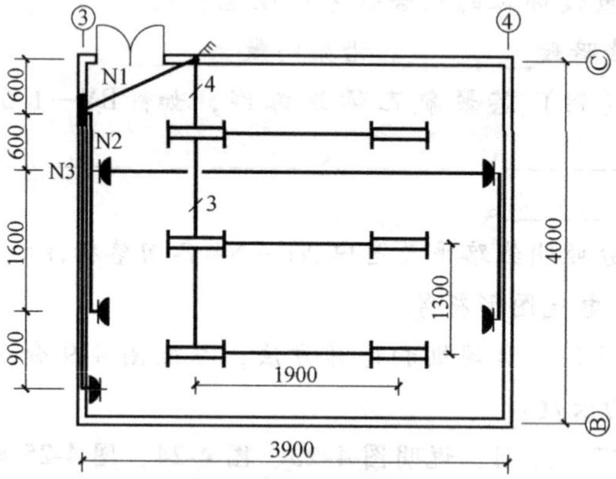

图 4-25　某工程电气照明平面图（灯具均匀布置）

4-12　两车间由厂变电所用电缆供电，采用直埋敷设，整个线路一处穿越公路，一处穿越厂区排水沟，分别设电缆保护管。根据图 4-26 所示的电缆平面图计算电缆、保护管、挖填土方的工程量，并编制电气工程量清单。

4-13　试述防雷接地系统组成及其各部分的作用。其各部分通常设置的形式、组成如何？

4-14　某建筑物内安装有 50 套成套型双管荧光灯，吊链式安装，试查出相应定额并计算直接费（双管荧光灯：50 元/套），并编制工程量清单。

4-15　选择一套照明工程施工图，参照当地的定额，计算照明工程的直接工程费；参照《通用安装工程工程量计算规范》（GB 50856—2013），编制一份照明工程工程量清单。

4-16　选择一套动力工程施工图，参照当地的定额，计算动力工程的直接工程费；参照《通用安装工程工程量计算规范》（GB 50856—2013），编制一份动力工程工程量清单。

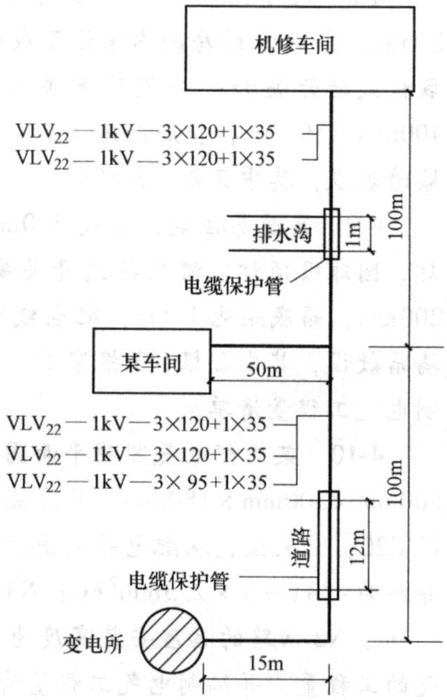

图 4-26　电缆平面图

第5章　建筑弱电工程量计算

知识储备

熟悉建筑有线电视系统、电话通信系统、消防报警系统等弱电工程基本布线和设备设置，能够识读电气弱电工程的施工图，为后续学习工程量计算打好基础。

学习目标和要求：

1. 学习有线电视、电话通信工程、消防报警系统组成，巩固弱电工程的识图知识，为学习计量与计价奠定基础。
2. 了解部分弱电工程常用材料，熟悉常用图例。
3. 掌握弱电工程工程量计算和编制分部分项工程量清单。

5.1　有线电视系统工程量计算

本节导学

学习有线电视工程系统组成，常用电气材料，熟悉常用图例，提高识读有线电视系统施工图的能力，进一步学习有线电视工程工程量计算及编制分部分项工程量清单。

5.1.1　有线电视系统组成及常用材料、图例

1. CATV 系统组成

有线电视主要指 CATV 系统，由前端系统、传输系统、分配系统三部分组成。CATV 系统基本组成如图 5-1 所示。

（1）前端系统　前端系统由信号源部分和信号处理部分组成。主要作用是接受系统提供的视频和音频信号，并进行必要的处理和控制。设备主要有天线、录（放）像设备、放大器、频道转换器、混合器、解调器等。由于 CATV 系统的规模不同，前端设备的组成也不尽相同。

（2）传输系统　传输系统的主要任务是把前端输出的高质量信号尽可能保质保量地输

送给用户分配网络。其主要器件有干线放大器、均衡器、电源供给器及光缆或同轴电缆等。

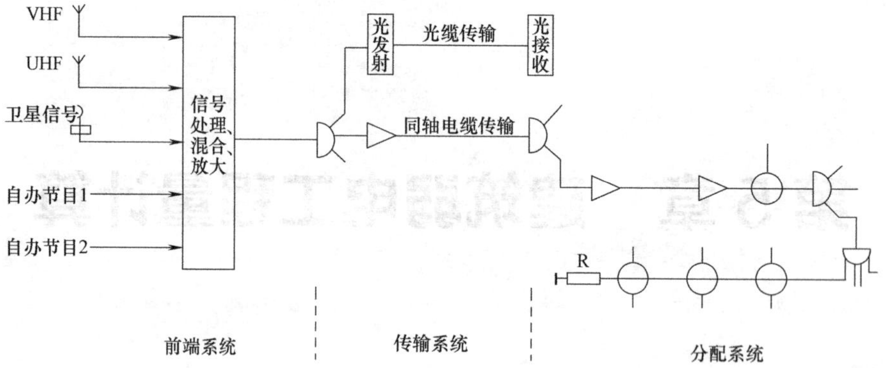

图 5-1　CATV 系统基本组成

(3) 分配系统　分配系统用于把干线传输过来的射频信号分配给系统内的所有用户。其主要器件有线路延长放大器、分配器、分支器、用户终端（即电视出口插座）及同轴电缆等。

2. CATV 系统常用的材料

CATV 系统常用的材料有同轴电缆、放大器、分配器、分支器、用户终端等。

(1) 同轴电缆　同轴电缆主要用于 CATV 系统的信号传输，由一根导线做线芯和外层屏蔽铜网共同组成。内外导体间填充绝缘材料，外包塑料皮，常用的型号有以下两种。

1) 实心同轴电缆，线芯绝缘外径为 5～12mm。如 SYV—75—5 (7、9、12)，表示聚乙烯绝缘、聚氯乙烯护套、特性阻抗为 75Ω。

2) 藕芯同轴电缆，线芯绝缘外径为 5～12mm。如 SYKV—75—5 (7、9、12)，表示聚乙烯纵孔半空气绝缘、聚氯乙烯护套、特性阻抗为 75Ω。

目前工程中常用的是 SYKV 藕芯同轴电缆，主干线一般选用 SYKV—75—12 型，支线一般选用 SYKV—75—7、9 型，用户线一般选用 SYKV—75—5 型。

(2) 放大器　放大器根据其用途可以分为以下几种类型：

1) 干线放大器，用于传输干线上，补偿电缆传输损耗。

2) 分支放大器和分配放大器，用于干线的末端以提高信号电频，以满足分配、分支的需要。

3) 线路延长放大器，通常安装在支干线上，用来补偿支线电缆传输损耗和分支器的分支损耗与插入损耗。

(3) 分配器　分配器用于把一路射频信号分配成多路信号输出的部件，通常有二分配器、三分配器、四分配器、六分配器等。

(4) 分支器　分支器用于从干线上取一小部分信号传输给分支线路或用户终端（电视插座）的部件。分支器由一个主输入端（IN）、一个主输出端（OUT）和若干个分支输出端（BR）构成。根据分支输出端的数目的不同，通常有一分支器、二分支器、三分支器、四分支器等。

分支器和分配器的根本区别在于分配器平均分配射频信号，而分支器是从电缆中取出一小部分射频信号提供给用户，大部分继续向后传输。

（5）用户终端（电视插座） 用户终端是用于供给电视机电视信号的接线器，又称用户终端盒。

3. CATV 系统部件常用图例

CATV 系统部件常用图例见表 5-1。

表 5-1 CATV 系统部件常用图例

序号	名称	图例	备注
1	一般放大器	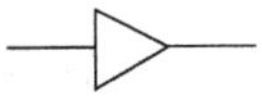	
2	分支放大器	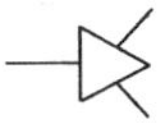	
3	二分配器		IN：主输入 OUT：主输出
4	三分配器		
5	四分配器	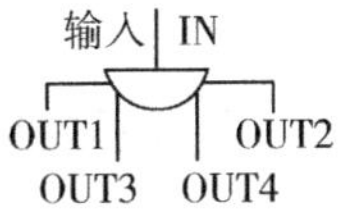	
6	一分支器	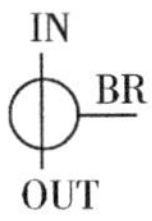	IN：主输入 OUT：主输出 BR：分支输出
7	二分支器	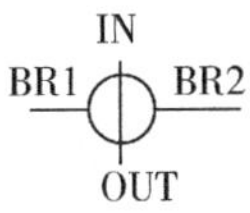	
8	三分支器	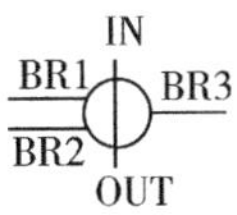	
9	四分支器	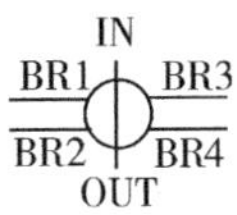	
10	终端电阻	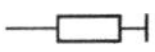	75Ω
11	用户终端出口	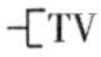	电视插座

5.1.2 有线电视系统工程量计算

1. 前端系统

（1）天线安装、调试　天线安装、调试定额有共用天线安装、调试和卫星天线安装、调试两种。

1）共用天线安装、调试按频道数量划分，分为1～12频道和13～57频道两个定额子目，以“副”为计算单位；架设天线的天线杆及基础应当分别计算，以“套”为计算单位；电视设备箱，以“台”为计算单位。

2）卫星天线安装、调试按天线安装的位置划分，分为天线在楼顶天线架上吊装和天线在地面水泥底座上及天线架上吊装两项定额，再按天线直径的不同划分定额子目，均以“副”为计算单位。

注：天线在楼顶上吊装，是按照楼顶距地面20m以下考虑的，楼顶距地面高度超过20m的吊装工程，应计取超高费。

（2）干线设备安装、调试

1）放大器安装、调试工程量计算。放大器安装，根据用途不同分为线路放大器和放大器两项定额，均以“个”为计算单位。线路放大器安装定额划分为室外、室内安装，其中室外按安装位置分为架空和地面两项定额子目。放大器安装定额按明装和暗装划分定额子目。

放大器调试定额划分为单向、双向，按安装位置分为架空和地面两项定额子目，以“个”为计算单位。

2）供电器安装、调试工程量计算。供电器安装定额划分为室外、室内安装，其中室外按安装位置分为架空和地面两项定额子目，均以“个”为计算单位。

供电器调试按数量划分，分为10台以内和10台以上两项定额，以“个”为计算单位。

（3）用户共用器安装　用户共用器安装若为配套设备使用在前端部分时，以“个”为计算单位。套用定额时分明装与暗装，其中暗装时应计算一个接线箱安装，计算方法与定额套用均与电气设备安装工程相同。

2. 传输系统

（1）线路分配器、分支器、均衡器、衰减器安装　分配器、分支器安装分为明装、暗装两种形式，均以“个”为计算单位；均衡器、衰减器安装，均以“个”为计算单位。

1）暗装时还要考虑暗盒埋设，暗盒埋设根据暗盒规格分为两个定额子目，以“个”为计算单位。

2）楼板、墙壁穿洞，根据施工需要进行计量，以“个”为计量单位。定额根据打孔位置的不同划分子目，分为楼层打孔和墙壁打孔两个子目内容，根据楼板、墙壁的厚度套用相应定额，根据各地的具体要求灵活掌握。

3）有线电视系统中的箱、盒、盘、板等不是成品时，需要制作安装，工程量计算和定额套用，均按当地定额中的有关规定执行。

（2）用户终端（盒）安装　用户终端（盒）由电视插座面板和插座盒组成，有明装、暗装两种形式，均以“个”为计算单位。插座盒安装按第二册的有关规定执行。

（3）同轴电缆敷设　同轴电缆的敷设安装，分为室内布放和室外架设两部分，按敷设方式的不同，均以“m”为计算单位。同轴电缆延长米的计算方法与电缆计算方法相同。

1）室内布放有同轴电缆在管内、暗槽内穿放和在线槽、桥架、支架、活动地板内布放两项定额子目。

2）室外架设有同轴电缆在电杆上架设和在墙壁上架设两项定额子目。

3）同轴电缆接头制作，以“头”为计算单位，分为架空、地面两个定额子目。

3. CATV 系统调试

CATV 系统调试即调试接收指标，除天线等调试以外，以“户”为计量单位。按施工图设计的用户终端数量计算。

5.2 电话通信系统工程量计算

本节导学

学习电话通信工程系统组成，常用电气材料，熟悉常用图例，提高识读电话通信系统施工图的能力，进一步学习电话通信工程工程量计算及编制分部分项工程量清单。

5.2.1 电话通信系统组成及常用材料、图例

1. 电话通信系统组成

电话通信系统用于建筑安装中的部分主要是从电信局的总配线架到用户终端设备的电信线路，称为用户线路。在建筑物内部的传输线路及设备包括配线设备、配线电缆、分线设备、用户线及用户终端设备，如图 5-2 所示。

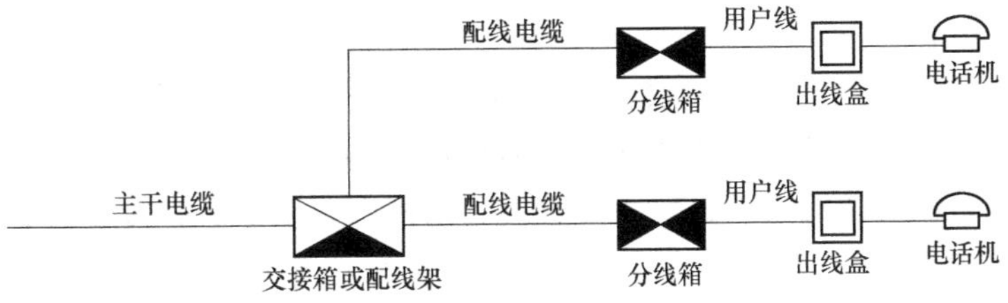

图 5-2 电话通信系统用户线路示意图

2. 主要设备和材料

（1）交接箱 交接箱是连接主干电缆与配线电缆的接口装置，从市话局引来的主干电缆在交接箱中与用户配线电缆相连接。

交接箱的安装方式有落地式、架空式、壁龛式和挂墙式四种。

（2）分线箱与分线盒 其主要作用是连接交接箱或上级分线设备来的电缆，并将其分给电话出线盒，是在配线电缆的分线点所使用的分线设备。分线箱装有保安装置，用在用户引入线为明线的情况，分为室内和室外两种。分线盒不带保安装置，用在用户引入线为胶皮线或对数较少的电话电缆等不大可能有强电流流入电缆的情况，也分为室内和室外两种。

（3）电话出线盒 电话出线盒是连接用户线与电话机的装置，安装方式有墙式和地式

两种。

(4) 用户终端设备　用户终端设备包括电话机、电话传真机、计算机和用户保安器等。

(5) 传输线路　音频和数据信号的传输是通过通信电缆和电话线将通信网络设备与用户终端设备连接起来实现的。

1) 通信电缆：电话系统干线采用通信电缆，现在主要采用聚氯乙烯或聚乙烯绝缘和护套的塑料通信电缆，型号有 HYA、HYN、HPVV 等，电缆对数可以是 5～2400 对，线芯截面有 $0.4mm^2$ 和 $0.5mm^2$ 两种，如 HYA—100 (2×0.5)、HYA—50 (2×0.5)。

2) 电话线：电话系统支线通常采用塑料绝缘电话线，如软导线 RVB—(2×0.5)、双绞线 RVS—(2×0.5)。电话线用 F*n* 表示，其中 *n* 表示对数，如 F3：3RVB—(2×0.5)SC15，表示 3 对电话线穿直径为 15mm 的焊接钢管。

(6) 管材　常用的电缆管有电线管 (TC)、钢管 (SC)、塑料管。室内常用的塑料管有 PVC 管（改性聚氯乙烯塑料管）阻燃型、PC 管（聚氯乙烯硬质塑料管）。

3. 常用图例

常用图例如图 5-3 所示。

图 5-3　电话系统常用图例

5.2.2　电话通信系统工程量计算

1. 配管、配线工程量

电话通信系统中配管工程量的计算和定额套用与电气设备安装工程的配管工程量计算方法和定额套用相同。

电话通信系统中配线工程量的计算方法与电气设备安装工程的配线工程量计算方法也相同。

2. 电话线敷设

电话线的敷设安装，按敷设方式分为户内穿放电话线和布放户内电话线两项定额子目，均以“m”为计算单位。

(1) 户内穿放电话线　户内穿放电话线综合考虑了管内、暗槽内穿放。根据电话线对数的不同划分定额子目，分为 1 对以内、10 对以内、20 对以内、30 对以内等。定额套用执行《建筑智能化系统设备安装工程》中在管内、暗槽内穿放电话线的定额子目。

(2) 布放户内电话线　布放户内电话线综合考虑了线槽、桥架、支架、活动地板内明布放。根据电话线对数的不同划分定额子目，分为 1 对以内、10 对以内、20 对以内、30 对以内等。定额套用执行《建筑智能化系统设备安装工程》中在线槽、桥架、支架、活动地板内明布放电话线的定额子目。

户内电话线穿放、布放都没包括管材、线槽、支架、桥架等项目的安装，需要另行计算，定额套用执行第二册相应的子目。

3. 通信电缆

通信电缆的敷设安装，按敷设方式分为电缆在管内、暗槽内穿放和电缆在线槽、桥架、支架、活动地板内明布放两项定额子目，均以“m”为计算单位。通信电缆延长米的计算方法与电力电缆计算方法相同。

4. 电话出线盒安装

电话出线盒由电话出线口（插座面板）和插座盒组成，不论明装与暗装，均以“个”

为计算单位。插座盒的安装需要另计算。电话出线口安装执行《建筑智能化系统设备安装工程》中相应子目。插座盒安装按第二册的有关规定执行相应子目。

5. 交接箱、分线箱、分线盒安装

(1) 交接箱安装　对于不设电话站的用户单位，设一个箱子直接与市话网络电缆连接，并通过该箱的端子分配给单位内部分线箱（盒）时，该箱称为“交接箱”。

交接箱主要供电话电缆在上升管路和楼层管路内分支、接续、安装分线端子排。交接箱按容量（进、出接线端子的总对数）分规格。

交接箱、组线箱安装分为明装和暗装两种方式，以“台”为计算单位。根据对数的不同划分定额子目。市话电缆进交接箱的接头排，一般由市话安装队伍制作安装，可另行计算。

(2) 分线箱、分线盒安装　电话线路在分配到各楼层、各房间时，需要设置分线箱。分线箱供电话电缆在楼层垂直管路及楼层水平管路中分支、接续、安装分线端子板，有时也称接线箱、接头箱、过路箱等，暗装时又称壁龛。

分线盒主要用于进线为小对数电缆等不大可能有强电电流流入电缆的情况，也称接线盒、过路盒。分线箱和分线盒的不同在于分线箱内设有保护装置，而分线盒内不设，保护装置的作用是防止雷电或其他高压电磁脉冲从明线进入电缆，因此分线箱主要用于引入线为明配的情况。

室内分线箱安装以“台”为计算单位，套用《建筑智能化系统设备安装工程》定额中电话中途箱定额子目。

室内分线盒安装以“个”为计算单位，可套用第二册接线箱定额子目。

6. 系统调试

建筑电气安装队伍一般只做室内电话线路的配管配线、电话机插座及接线盒的安装。电话机、电话交换机、通信电缆敷设及调试工作一般由电信部门来完成。

5.3 消防报警系统工程量计算

本节导学

熟悉消防报警系统组成，掌握常用电气材料、常用图例，提高识读消防报警系统工程施工图的能力，进一步学习消防报警工程系统工程量计算及编制分部分项工程量清单。

5.3.1 消防报警系统组成及常用图例

火灾自动消防报警系统主要由火灾报警控制装置、灭火设备、减灾设备等组成。

1. 火灾报警控制装置

火灾报警控制装置是整个火灾自动消防报警系统的指挥中心，能够接收各火灾探测器等发来的火灾报警信号，用声、光显示火灾发生的区域和部位。

(1) 火灾探测器　火灾探测器有感烟探测器（离子型、光电型）、感温探测器（点型、线型）、感光探测器、可燃气体探测器、红外线探测器等，用于将现场火灾信号传送到火灾报警控制器。

(2) 手动火灾报警按钮　手动火灾报警按钮即用人工方式将火灾信号传送到火灾报警控制器，安装高度为1.5m。

(3) 火灾报警控制器　火灾报警控制器负责接收火灾探测器或手动火灾报警按钮送来的信号，输出控制指令，驱动灭火减灾设备。

(4) 火灾警报装置　火灾报警装置包括故障灯、故障蜂鸣器、火灾事故光字牌及火灾警铃等。火灾警报装置通常装设在火灾报警控制器内，并统称为火灾报警控制器。

2. 灭火设备

火灾自动报警系统的灭火设备有水灭火系统、气体灭火系统及泡沫灭火系统等。其中水灭火系统有消火栓灭火系统、自动喷水灭火系统、水幕与水帘灭火系统。

3. 减灾设备

减灾设备包括电动防火门与防火卷帘、防排烟设施、火灾事故广播、应急照明灯、消防专用电梯等。

4. 消防报警系统常用图例

消防报警系统常用图例如图5-4所示。

图5-4　消防报警系统常用图例

5.3.2　消防报警系统工程量计算

火灾自动消防报警系统电气预算只计算消防报警工程配管、配线、报警设备的安装和调试工程量。

1. 火灾自动消防报警系统电气配管、配线工程量

明配和暗配管线工程量的计算和定额套用方法与电气设备安装工程中的照明工程相同。

2. 火灾探测器安装

火灾探测器安装定额分为点型探测器和线型探测器两种。探测器安装包括了探头和底座或支架的安装及探测器的调试、对中。

(1) 点型探测器　按线制的不同分为多线制与总线制两类。其中的感烟探测器、感温探测器、感光探测器、可燃气体探测器等，不分规格、型号、安装方式与位置，按图样设计，均以“只”为计算单位，探测器安装包括了探头和底座的安装及本体调试；其中的红外线探测器，按图样设计以“对”为计算单位（红外线探测器是成对使用的，计算时一对为两只），项目包括了探头支架安装和探测器的调试、对中。

(2) 线型探测器　线型探测器按环形、正弦及直线综合考虑，不分线制及保护形式，以“m”为计算单位计算延长米，项目中未包括探测器连接的模块和终端，其工程量按相应项目另行计算。

3. 按钮安装

按钮包括消火栓按钮、手动火灾报警按钮、气体灭火（启/停）按钮，不论明装或暗装，均以“只”为计算单位。

4. 模块（接口）安装

根据模块的作用，定额分为控制模块和报警模块两种。

(1) 控制模块（接口）　控制模块（接口）是指仅起控制作用的模块（接口），亦称为中继器，依据其给出控制信号的数量，分为单输入（出）和多输入（出）两种形式。执行时不分安装方式，按照输出数量以“只”为计算单位。

(2) 报警模块（接口）、总线隔离器　报警模块（接口）、总线隔离器是指不起控制作用，只能起监视、报警作用的模块，执行时不分安装方式，以“只”为计算单位。

5. 火灾报警—联动设备安装

(1) 报警控制器　报警控制器不论型号、规格均按线制的不同分为多线制与总线制两种，又根据安装方式分为壁挂式和落地式。在不同线制、不同安装方式中按照“点”数的不同划分定额子目，以“台”为计算单位。

多线制“点”是指报警控制器所带报警器件（探测器、报警按钮等）的数量。

总线制“点”是指报警控制器所带有地址编码的报警器件（探测器、报警按钮、模块等）的数量。如果一个模块带数个探测器，则只能计为一个点。

(2) 联动控制器　联动控制器按线制的不同分为多线制与总线制两种，又按安装方式不同分为壁挂式和落地式。在不同线制、不同安装方式中按照“点”数的不同划分定额子目，以“台”为计算单位。

多线制“点”是指联动控制器所带联动设备的状态控制和状态显示的数量。

总线制“点”是指联动控制器所带的有控制模块（接口）的数量。

(3) 报警联动一体机　报警联动一体机按安装方式不同分为壁挂式和落地式。按照“点”数的不同划分定额子目，以“台”为计算单位。

这里的“点”是指报警联动一体机所带的有地址编码的报警器件与控制模块（接口）的数量。

6. 楼层显示器、报警装置、远程控制器安装

(1) 楼层显示器（重复显示器）安装　楼层显示器（重复显示器）不分型号、规格、安装方式，按多线制与总线制划分，以“台”为计算单位。

(2) 报警装置安装　报警装置分为声光报警和警铃报警两种形式，均以“只”为计算单位。

(3) 远程控制器安装　远程控制器安装按其控制回路数划分，以“台”为计算单位。

7. 火灾事故广播系统

(1) 功放机、录音机安装　功放机、录音机按柜内和台上两种方式综合考虑，均以“台”为计算单位。

(2) 扬声器与音箱安装　扬声器与音箱不分型号、规格和类别，以安装方式分为吸顶式和壁挂式，均以“只”为计算单位。

(3) 消防广播控制柜安装　安装成套消防广播设备成品机柜，不分型号、规格以“台”为计算单位。

(4) 广播分配器安装　单独安装的消防广播用分配器（操作盘），按图样设计，以“台”为计算单位。

8. 消防通信系统

(1) 消防电话交换机安装　消防电话交换机按“门”数不同以“台”为计算单位。

(2) 通信分机、插孔安装　消防专用电话分机与电话插孔，不分安装方式，按图样设计，分别以“部”“个”为计算单位。

(3) 报警备用电源　报警备用电源综合考虑规格、型号，以“台”为计算单位。

9. 其他注意事项

1）接线盒：按接线规范要计算接线盒数量，系统中探测器、按钮、模块等各种报警、联动器件安装时也要考虑接线盒。其工程量计算及定额套用按第二册《电气设备安装工程》有关规定执行相应子目。

2）落地安装的设备，要计算型钢基础的制作安装工程量，若用混凝土浇筑时，以“m^3”为计算单位，套建筑工程零星混凝土子目。

5.3.3 消防报警系统调试

1. 自动报警系统

自动报警系统包括各种探测器、报警按钮、报警控制器等，按“点”数划分定额子目，以“系统”为计算单位。

2. 火灾事故广播、消防通信系统

消防广播扬声器、音箱和消防通信的电话分机、电话插孔，按其数量以“只”为计算单位。

3. 消防电梯系统

消防用电梯与控制中心间的控制调试按图样设计，以“部”为计算单位。

4. 联动控制系统

（1）电动防火门、防火卷帘门调试　指可由消防控制中心显示与控制的电动防火门、防火卷帘门，按图样设计，以“处”为计算单位，每樘为一处。

（2）正压送风阀、防火阀、排烟阀　按图样设计，以“处”为计算单位，一阀为一处。

5.4 计算实例

本节导学

本节通过具体的弱电工程实例，加深学生对弱电工程的工程量计算方法和计算内容的理解，进一步熟悉工程量计算规则，分别列出直接工程费计算表和分部分项工程量清单表，让学生了解两种计价模式在汇总工程量上的区别。

说明：本节例题依据2012年《全国统一安装工程预算定额河北省消耗量定额》计算直接工程费；根据《通用安装工程工程量计算规范》（GB 50856—2013）编制分部分项工程量清单。

5.4.1 有线电视工程实例

1. 工程概况

该建筑物为一栋居民住宅（2号区），共计5层，3个单元，每层3户，共计45户。CATV系统引自小区前端系统，采用三分配器分为3条干线。每个住宅单元均在楼梯间设有分支器箱，干线采用同轴电缆SYKV—75—9穿SC20钢管墙内暗敷，分支器至用户接线盒线路均为同轴电缆SYKV—75—5穿SC15钢管，在墙内及地面内暗敷。分配器型号为FP—4，分支器型号为FZ—3，均安装在尺寸为240mm×240mm的箱内。CATV系统图如图5-5所示，平面图如图5-6所示。注：前端系统至2号区分配器箱的管线暂不计。

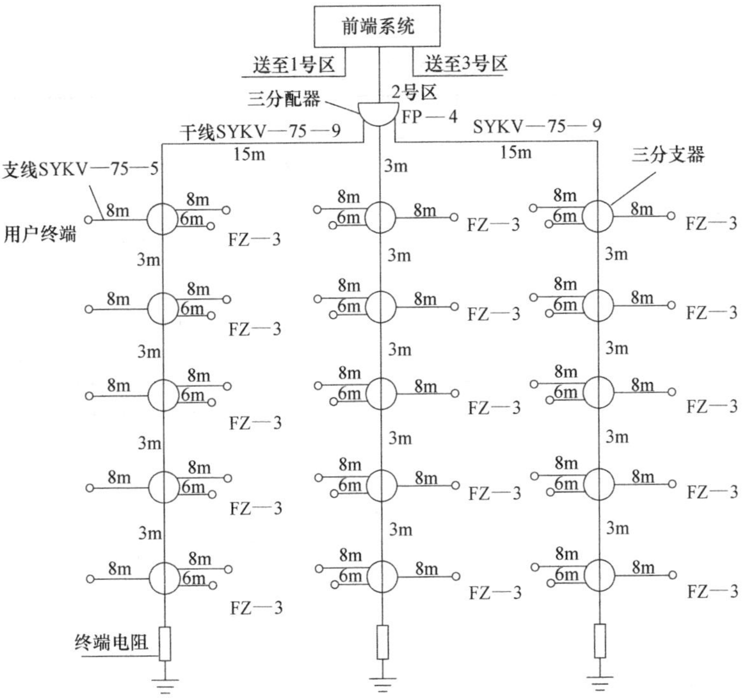

图 5-5　CATV 系统图

注：图上标注的长度是水平长与垂直长的和。

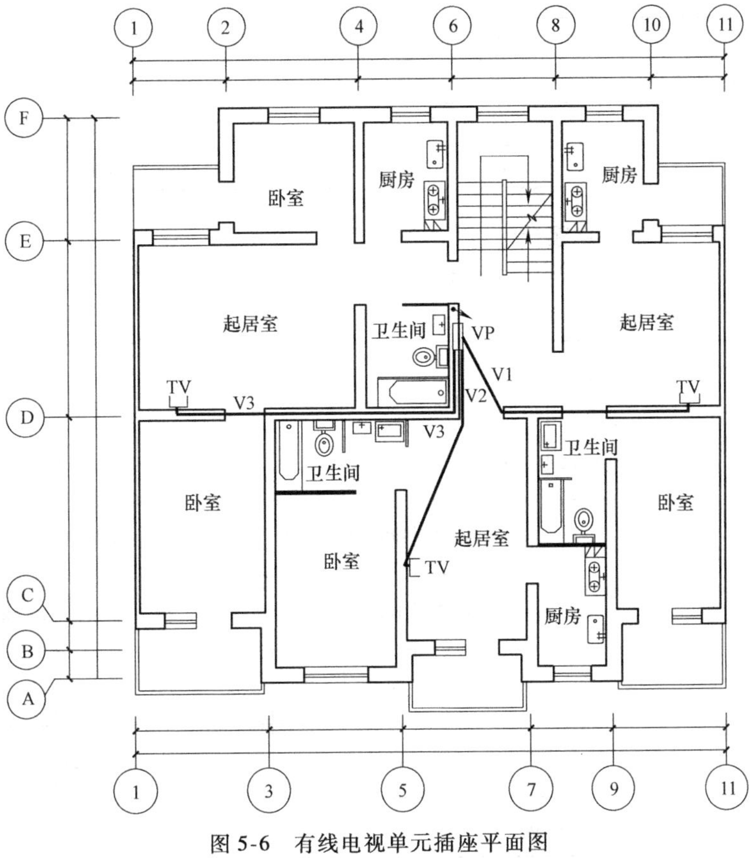

图 5-6　有线电视单元插座平面图

2. 工程量计算（见表5-2）

表5-2 工程量计算表

序号	分部分项工程名称	单位	工程量	计算式
1	SC20钢管暗敷设	m	69	1单元:15(分配器至1单元分支器箱)+3(楼层高)×4(层)=27 2单元:3(分配器至2单元分支器箱)+3(楼层高)×4(层)=15 3单元:15(分配器至3单元分支器箱)+3(楼层高)×4(层)=27 共计:27+15+27=69
2	SYKV—75—9同轴电缆	m	83.4	69(管长)+(0.24+0.24)(箱半周长)×3(分配器箱出线)+(0.24+0.24)(箱半周长)×9次×3(单元分支器箱)=83.4
3	SC15钢管暗敷设	m	330	1单元:[8(分支器至用户1长)+6(分支器至用户2长)+8(分支器至用户3长)]×5(层)=110 2单元、3单元同1单元 共计:110+110+110=330
4	SYKV—75—5同轴电缆	m	351.6	330(管长)+5层×3户×(0.24+0.24)(箱半周长)×3单元=351.6m
5	三分配器安装	个	1	1
6	三分支器安装	个	15	3(单元)×5(层)=15
7	用户终端盒暗装	个	45	3(单元)×5(层)×3(户)=45
8	调试用户终端	户	45	3(单元)×5(层)×3(户)=45
9	箱(半周长0.48m)	套	16	15(分支器)+1(分配器)=16
10	插座盒暗装(86系列)	个	45	3(单元)×5(层)×3(户)=45
11	楼层打孔	个	15	3(单元)×5(层)=15 主体施工时进行不列项
12	墙壁打孔	个	45	3(单元)×5(层)×3(户)=45 主体施工时进行不列项

3. 直接工程费计算表（定额计价）（见表5-3）

表5-3 直接工程费计算表

工程名称：某住宅有线电视系统

定额编号	项目名称	单位	工程量	单价/元			未计价材料		合价/元			
				基价	人工费	机械费	消耗量	单价	合计	人工费	机械费	主材费
2—1057	钢管敷设 砌体、混凝土结构暗配 SC15	100m	3.3	452.57	358.20	60.53	103	6.50	1493.48	1182.06	199.75	2209.35
2—1058	钢管敷设 砌体、混凝土结构暗配 SC20	100m	0.69	491.75	383.40	60.53	103	8.50	339.31	264.55	41.77	604.10
2—1366	钢管外壁 刷防锈漆(第一遍)SC15	100m	3.3	48.34	10.20	0	—	—	159.52	33.66	0	—
2—1372	钢管外壁 刷防锈漆(第二遍)SC15	100m	3.3	43.06	10.20	0	—	—	142.10	33.66	0	—
2—1390	钢管内壁刷防锈漆(一遍)SC15	100m	3.3	56.74	10.20	0	—	—	187.24	33.66	0	—
2—1366	钢管外壁刷防锈漆(第一遍)SC20	100m	0.69	48.34	10.20	0	—	—	33.35	7.04	0	—

（续）

定额编号	项目名称	单位	工程量	单价/元			未计价材料		合价/元			
				基价	人工费	机械费	消耗量	单价	合计	人工费	机械费	主材费
2—1372	钢管外壁刷防锈漆(第二遍)SC20	100m	0.69	43.06	10.20	0	—	—	29.71	7.04	0	—
2—1390	钢管内壁刷防锈漆(一遍)SC20	100m	0.69	56.74	10.20	0	—	—	39.15	7.04	0	—
12—581	室内管内穿同轴电缆 SYKV—75—9	100m	0.834	85.98	73.20	12.78	6	102.00	71.71	61.05	10.66	510.41
12—581	室内管内穿同轴电缆 SYKV—75—5	100m	3.516	85.98	73.20	12.78	2	102.00	302.31	257.37	44.93	717.26
12—674	三分配器安装	10 个	0.1	67.44	67.20	0	—	—	6.74	6.72	0	—
12—674	三分支器安装	10 个	1.5	67.44	67.20	0	—	—	101.16	100.80	0	—
12—677	用户终端盒暗装	10 个	4.5	81.24	81.00	0	10.1	5.00	365.58	364.50	0	227.25
2—1427	分配器暗盒安装	10 个	0.1	630.94	624.60	0	10.0	100.00	63.09	62.46	0	100.00
2—1427	分支器暗盒安装	10 个	1.5	630.94	624.60	0	10.0	100.00	946.41	936.90	0	1500.00
12—678	埋设暗盒(86mm×86mm)	10 个	4.5	28.44	28.20	0	10.1	3.50	127.98	126.90	0	159.08
12—681	网络终端调试 用户终端	户	45	8.12	6.00	2.12	—	—	365.40	270.00	95.40	—
	合计	元							4774.25	3755.40	392.51	6027.44
	直接工程费 =4774.25 元 +6027.44 元 =10801.69 元											
	直接工程费中的人工费 + 机械费 =3755.40 元 +392.51 元 =4147.91 元											

注：1. 部分设备未计价。

2. 为体现未计价材料费，本例自制表格；为方便后续费用计算，本例只单列出了人工费和机械费，未单独列出材料费（材料费已含在合价中）。

3. 本例执行 2012 年《全国统一安装工程预算定额河北省消耗量定额》第十二册（建筑智能化系统设备安装工程）和第二册（电气设备安装工程）。

4. 河北省 2012《电气设备安装工程》定额中，钢管敷设定额的工作内容取消了刷漆工作，另列钢管刷油防腐项目，本例执行河北省 2012 定额，另列项计算了钢管刷油（漆）工程量。其他地区钢管敷设定额的工作内容中包括刷漆工作的不能另列项计算。

4. 分部分项工程量清单与计价表（见表 5-4）

表 5-4 分部分项工程量清单与计价表

工程名称：某住宅有线电视系统　　　　标段：　　　　第　页　　共　页

序号	项目编码	项目名称	项目特征描述	计量单位	工程量	金额/元		
						综合单价	合价	其中 暂估价
1	030411001001	配管	1. 名称:钢管 2. 材质:焊接钢管 3. 规格:SC15 4. 配置形式:暗配	m	330			

（续）

序号	项目编码	项目名称	项目特征描述	计量单位	工程量	金额/元		
						综合单价	合价	其中 暂估价
2	030411001002	配管	1. 名称：钢管 2. 材质：焊接钢管 3. 规格：SC20 4. 配置形式：暗配	m	69			
3	031201001001	管道刷油 SC15	1. 油漆品种：防锈漆 2. 涂刷遍数：管内壁刷一遍；外壁刷两遍	m	330			
4	031201001002	管道刷油 SC20	1. 油漆品种：防锈漆 2. 涂刷遍数：管内壁刷一遍；外壁刷两遍	m	69			
5	030505005001	射频同轴电缆	1. 名称：同轴电缆 2. 规格：SYKV—75—9 3. 敷设方式：管内暗敷	m	83.4			
6	030505005002	射频同轴电缆	1. 名称：同轴电缆 2. 规格：SYKV—75—5 3. 敷设方式：管内暗敷	m	351.6			
7	030502004001	电视、电话插座	1. 名称：电视插座 2. 安装方式：嵌墙暗装 3. 底盒材质、规格：铁质 86 系列	个	45			
8	030505013001	分配网络	1. 名称：分配器安装 2. 功能：分配信号 3. 规格：三分配器 4. 安装方式：箱内暗装	个	1			
9	030505013002	分配网络	1. 名称：分支器安装 2. 功能：获取信号 3. 规格：三分支器 4. 安装方式：箱内暗装	个	15			
10	030502003001	分线接线箱（盒）	1. 名称：分配器箱 2. 材质、规格：铁质、240mm × 240mm 3. 安装方式：嵌墙暗装	个	16			

（续）

序号	项目编码	项目名称	项目特征描述	计量单位	工程量	金额/元		
						综合单价	合价	其中 暂估价
11	030505014001	终端调试	1. 名称:用户终端调试 2. 功能:检信号	个	45			
本页小计								
合　计								

注：1. 本例执行《建设工程工程量清单计价规范》（GB 50500—2013）、《通用安装工程工程量计算规范》（GB 50856—2013）。

2. 为了方便教学，“项目特征描述”部分针对其“内容”比较详细。

3. 河北省2012《电气设备安装工程》定额中，钢管敷设定额的工作内容取消了刷漆工作，另列钢管刷油防腐项目，本例执行河北省2012定额，另列项计算了钢管刷油（漆）工程量。其他地区钢管敷设定额的工作内容中包括刷漆工作的不能另列3、4项清单。

5.4.2 电话通信工程实例

1. 工程概况

某办公楼为砖混结构，楼层高3.5m，共计3层，电话通信系统图如图5-7所示。设电话交接箱1个，电话分线盒3个，进线为HYA—50×（2×0.5）SC50FC，电话电缆穿SC50钢管沿地暗敷设。电话交接箱设于一层，配出一条线路至各层电话分线盒，由交接箱至1号分线盒为50对电话电缆，1号分线盒容量为50对，线序为1—50，用户电话为12门，2号分线盒容量为50对，线序为15—50，用户电话为12门，3号分线盒容量为30对，线序为30—50，用户电话为12门。

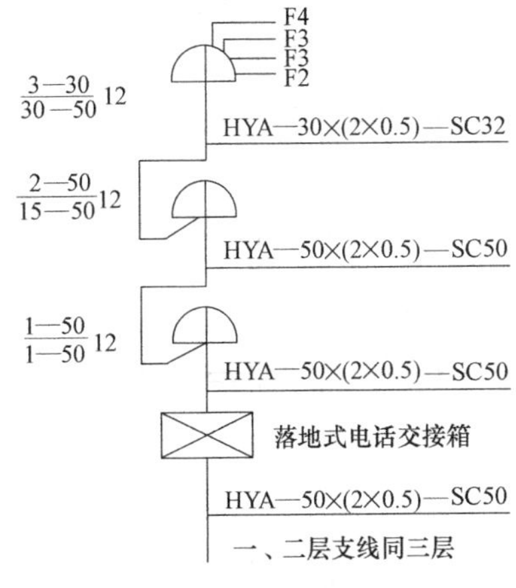

图5-7 某办公楼电话通信系统图

该办公楼二层电话通信系统平面图如图5-8所示，一层和三层除电缆主干线外，其他线路型号和线路走向同二层，二层每个房间均设电话TP一门，共计12门。电话分线盒的进线电缆为HYA型穿钢管，沿墙暗设，电话配线为RVB型穿钢管敷设，F1～F3对穿SC15，F4对以上穿SC20，沿墙和地暗敷设。

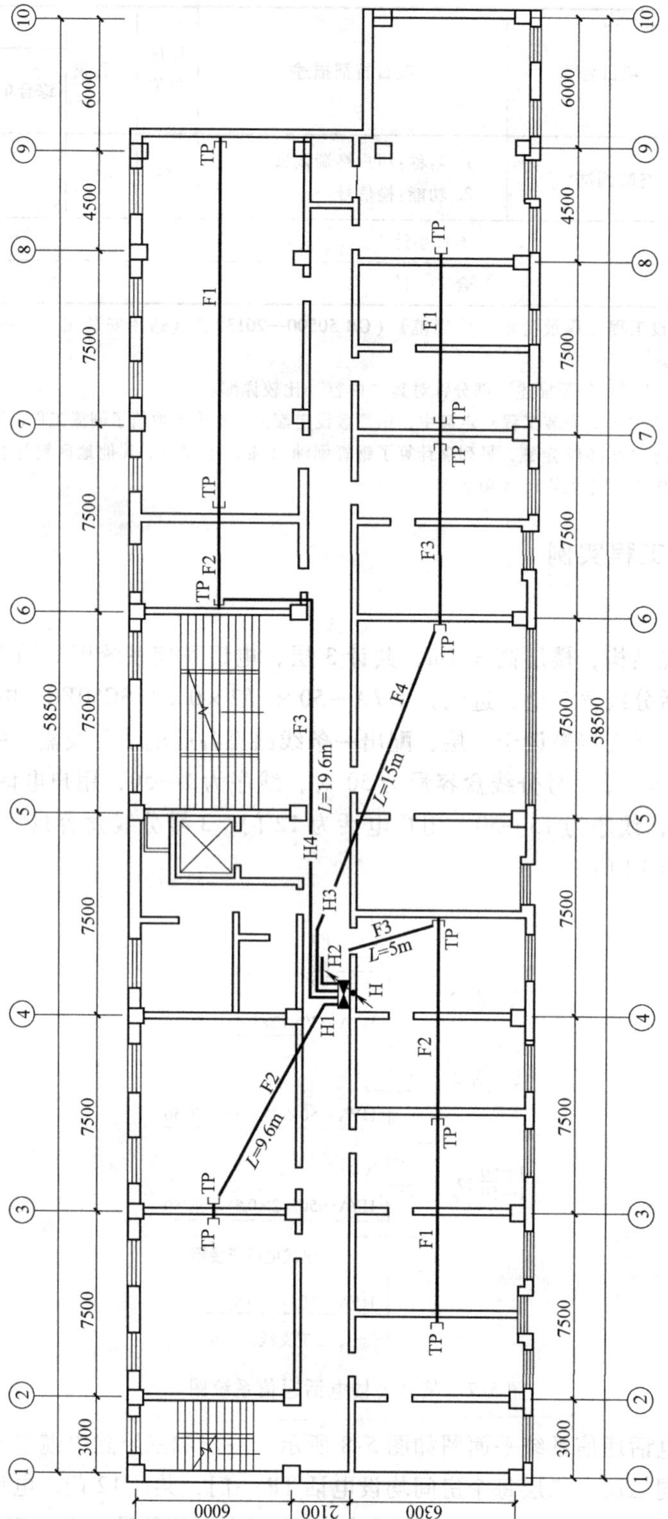

图 5-8　某办公楼二层电话通信系统平面图

电话交接箱尺寸为600mm×800mm×400mm，落地式安装，基础用［10（10号槽钢）。电话分线盒箱尺寸为240mm×240mm，安装高度为1.2m，电话插座TP安装高度为0.5m。该办公楼散水宽1.0m，室内外高差为0.45m，④轴外墙皮至柱中心540mm，引入管埋深0.8m。

2. 工程量计算（见表5-5）

表5-5　工程量计算表

序号	分部分项工程名称	单位	工程量	计　算　式
1	引入管SC50暗敷设	m	10.09+3.9=13.99	1.0(引入管预留)+1.0(散水)+0.8(埋深)+0.45(室内外高差)+0.54(外墙皮至柱中心)+6.3(水平)=10.09(室外至交接箱,电缆暂不考虑)
2	SC50钢管暗敷设	m		(1.2−0.8)(交接箱至1号分线盒距离)+3.5(1号至2号分线盒距离)=3.9
3	HYA—50×(2×0.5)电缆管内穿线	m	6.74	3.9(管长)+(0.8+0.6)(交接箱预留线)+0.48×3(1、2号分线盒预留线)=6.74
4	SC32钢管暗敷设	m	3.5	3.5(2号至3号分线盒距离)=3.5
5	HYA—30×(2×0.5)电缆管内穿线	m	4.46	3.5(管长)+0.48×2(2、3号分线盒预留线)=4.46
6	SC20钢管暗敷设	m	50.7	4RVB—(2×0.5)SC20: H3:15(水平长度)+(1.2+0.1)(垂直长度)+(0.5+0.1)(插座高度)=16.9(SC20管长度)+0.48(线预留长度)=17.38 3RVB—(2×0.5)SC15: H3:7.5(水平长度)+(0.5+0.1)×2处(插座高度)=8.7 H4:19.6(水平长度)+(1.2+0.1)(垂直长度)+(0.5+0.1)(插座高度)=21.5(管长)+0.48(线预留长度)=21.98 H2:5.0(水平长度)+(1.2+0.1)(垂直长度)+(0.5+0.1)(插座高度)=7.9(管长)+0.48(线预留长度)=8.38 管SC15小计:38.1;线小计:39.06 2RVB—(2×0.5)SC15: H4:3.75(水平长度)+(0.5+0.1)×2处(插座高度)=4.95 H2:7.5(水平长度)+(0.5+0.1)×2处(插座高度)=8.7 H1:9.6(水平长度)+(1.2+0.1)(垂直长度)+(0.5+0.1)(插座高度)=11.5m(管长)+0.48(线预留长度)=11.98 管SC15小计:25.15;线小计:25.63 RVB—(2×0.5)SC15: H3:7.5(水平长度)+(0.5+0.1)×2处(插座高度)=8.7 H4:3.75+7.5+4.5(水平长度)+(0.5+0.1)×2处(插座高度)=16.95 H2:7.5(水平长度)+(0.5+0.1)×2处(插座高度)=8.7 管SC15小计:34.35;线小计:34.35 1~3层管合计:SC20=16.9×3(层)=50.7 SC15=38.1+25.15+34.35=97.6×3(层)=292.8 1~3层线合计:RVB—(2×0.5):17.38×4+39.06×3+25.63×2+34.35=272.31×3(层)=816.93
7	SC15钢管暗敷设	m	292.8	
8	RVB(2×0.5)管内穿线	m	816.93	
9	电话交接箱的安装	台	1	1
10	电话分线盒的安装	个	3	3
11	用户电话插座安装	个	36	3×12=36
12	接线盒安装	个	36	3×12=36
13	基础槽钢制作、安装	m	2	10号槽钢:(0.6+0.4)×2=2

3. 直接工程费计算表（定额计价）（见表5-6）

表5-6 直接工程费计算表

定额编号	项目名称	单位	工程量	单价/元			未计价材料		合价/元			
				基价	人工费	机械费	消耗量	单价	合计	人工费	机械费	主材费
2—1062	钢管敷设 砌体、混凝土结构暗配 SC50	100m	0.140	1124.21	856.80	117.05	103	26.50	157.39	119.95	16.39	382.13
2—1060	钢管敷设 砌体、混凝土结构暗配 SC32	100m	0.035	665.65	493.80	88.21	103	17.15	23.30	17.28	3.09	61.83
2—1058	钢管敷设 砌体、混凝土结构暗配 SC20	100m	0.51	491.75	383.40	60.53	103	8.97	250.79	195.53	30.87	471.19
2—1057	钢管敷设 砌体、混凝土结构暗配 SC15	100m	2.93	452.57	358.20	60.53	103	6.93	1326.03	1049.53	177.35	2091.40
2—1368	钢管外壁刷防锈漆(第一遍)SC50	100m	0.14	108.79	23.40	0	—	—	15.23	3.28	0	—
2—1374	钢管外壁刷防锈漆(第二遍)SC50	100m	0.14	96.95	23.40	0	—	—	13.57	3.28	0	—
2—1392	钢管内壁刷防锈漆一遍 SC50	100m	0.14	140.56	25.80	0	—	—	19.68	3.61	0	—
2—1367	钢管外壁刷防锈漆(第一遍)SC32	100m	0.035	76.39	16.20	0	—	—	2.67	0.57	0	—
2—1373	钢管外壁刷防锈漆(第二遍)SC32	100m	0.035	68.04	16.20	0	—	—	2.38	0.57	0	—
2—1391	钢管内壁刷防锈漆(一遍)SC32	100m	0.035	97.63	18.00	0	—	—	3.42	0.63	0	—
2—1366	钢管外壁刷防锈漆(第一遍)SC20	100m	0.51	48.34	10.20	0	—	—	24.65	5.20	0	—
2—1372	钢管外壁刷防锈漆(第二遍)SC20	100m	0.51	43.06	10.20	0	—	—	21.96	5.20	0	—
2—1390	钢管内壁刷防锈漆(一遍)SC20	100m	0.51	56.74	10.20	0	—	—	28.94	5.20	0	—
2—1366	钢管外壁刷防锈漆(第一遍)SC15	100m	2.93	48.34	10.20	0	—	—	141.64	29.89	0	—
2—1372	钢管外壁刷防锈漆(第二遍)SC15	100m	2.93	43.06	10.20	0	—	—	126.17	29.89	0	—
2—1390	钢管内壁刷防锈漆(一遍)SC15	100m	2.93	56.74	10.20	0	—	—	166.25	29.89	0	—
12—3	电缆管内穿放双绞线缆 HYA—50×(2×0.5)	100m	0.067	170.64	142.80	24.22	102	2.50	11.43	9.57	1.62	17.09
12—2	电缆管内穿放双绞线缆 HYA—30×(2×0.5)	100m	0.046	122.6	103.80	16.59	102	2.00	5.64	4.77	0.76	9.38
12—96	RVB(2×0.5)管内穿线	100m	8.17	44.51	37.80	5.61	102	0.60	363.65	308.83	45.83	500.00
12—134	电话交接箱的安装	台	1	174.33	168.60	0	1	500.00	174.33	168.60	0.00	500.00

（续）

定额编号	项目名称	单位	工程量	单价/元			未计价材料		合价/元			
				基价	人工费	机械费	消耗量	单价	合计	人工费	机械费	主材费
12—113	电话分线盒的安装(50 对)	个	2	61.07	54.60	3.46	1	80.00	122.14	109.20	6.92	160.00
12—113	电话分线盒的安装(30 对)	个	1	61.07	54.60	3.46	1	50.00	61.07	54.60	3.46	50.00
12—118	用户电话插座盒的安装	个	36	3.01	2.40	0	1.02	5.00	108.36	86.40	0	183.60
2—1429	暗装　接线盒	10 个	3.6	37.93	26.40	0	10.2	2.00	136.55	95.04	0	73.44
2—355	基础槽钢制作、安装	10m	0.2	192.66	106.80	44.96	10.5	5.00	38.53	21.36	8.99	10.50
	合计	元							3345.76	2357.85	295.28	4510.56
	直接工程费 = 3345.76 元 + 4510.56 元 = 7856.32 元											
	直接工程费中人工费 + 机械费 = 2357.85 元 + 295.28 元 = 2653.13 元											

注：1. 为体现未计价材料费，本例自制表格；为方便后续费用计算，本例只单列出了人工费和机械费，未单独列出材料费（材料费已含在合价中）。

2. 本例执行 2012 年《全国统一安装工程预算定额河北省消耗量定额》第十二册（建筑智能化系统设备安装工程）和第二册（电气设备安装工程）。

3. 河北省 2012《电气设备安装工程》定额中，钢管敷设定额的工作内容取消了刷漆工作，另列钢管刷油防腐项目，本例执行河北省 2012 定额，另列项计算了钢管刷油（漆）工程量。其他地区钢管敷设定额的工作内容中包括刷漆工作的不能另列项计算。

4. 分部分项工程量清单表与计价表（见表 5-7）

表 5-7　分部分项工程量清单与计价表

工程名称：某办公楼电话通信系统　　　　标段：　　　　第　页　共　页

序号	项目编号	项目名称	项目特征描述	单位	数量	金额/元		
						综合单价	合价	其中 暂估价
1	030411001001	配管	1. 名称:钢管 2. 材质:焊接钢管 3. 规格: SC50 4. 配置形式:暗配	m	13.99			
2	030411001002	配管	1. 名称:钢管 2. 材质:焊接钢管 3. 规格: SC32 4. 配置形式:暗配	m	3.5			
3	030411001003	配管	1. 名称:钢管 2. 材质:焊接钢管 3. 规格: SC20 4. 配置形式:暗配	m	50.7			
4	030411001004	配管	1. 名称:钢管 2. 材质:焊接钢管 3. 规格: SC15 4. 配置形式:暗配	m	292.8			

（续）

序号	项目编号	项目名称	项目特征描述	单位	数量	金额/元		
						综合单价	合价	其中 暂估价
5	031201001001	管道刷油 SC50	1. 油漆品种:防锈漆 2. 涂刷遍数:管内壁刷一遍;外壁刷两遍	m	13.99			
6	031201001002	管道刷油 SC32	1. 油漆品种:防锈漆 2. 涂刷遍数:管内壁刷一遍;外壁刷两遍	m	3.5			
7	031201001003	管道刷油 SC20	1. 油漆品种:防锈漆 2. 涂刷遍数:管内壁刷一遍;外壁刷两遍	m	50.7			
8	031201001004	管道刷油 SC15	1. 油漆品种:防锈漆 2. 涂刷遍数:管内壁刷一遍;外壁刷两遍	m	292.8			
9	030502005001	双绞线缆	1. 名称:电话电缆 2. 规格:HYA—50×(2×0.5) 3. 线缆对数:50 对 4. 敷设方式:管内敷设	m	6.7			
10	030502005002	双绞线缆	1. 名称:电话电缆 2. 规格:HYA—30×(2×0.5) 3. 线缆对数:30 对 4. 敷设方式:管内敷设	m	4.5			
11	030411004001	配线	1. 名称:管内穿线 2. 配线形式:电话线路 3. 规格、材质: RVB(2×0.5) 4. 配线部位:管内敷设	m	816.93			
12	030502003001	分线接线箱(盒)	1. 名称:电话交接箱 2. 材质、规格:铁质、600mm×800mm×400mm 3. 安装方式:落地安装 4. 基础形式、材质、规格:槽钢、匚10	个	1			
13	030502003002	分线接线箱(盒)	1. 名称:电话分线盒 2. 材质、规格:铁质,240mm×240mm 容量 50 对 3. 安装方式:嵌墙暗装	个	2			
14	030502003003	分线接线箱(盒)	1. 名称:电话分线盒 2. 材质、规格:铁质,240mm×240mm 容量 30 对 3. 安装方式:嵌墙暗装	个	1			

（续）

序号	项目编号	项目名称	项目特征描述	单位	数量	金额/元		
						综合单价	合价	其中 暂估价
15	030502004001	电视、电话插座	1. 名称:电话插座 2. 安装方式:嵌墙暗装 3. 底盒材质、规格:铁盒、86 系列	个	36			
本页小计								
合计								

注：1. 本例执行《建设工程工程量清单计价规范》（GB 50500—2013）、《通用安装工程工程量计算规范》（GB 50856—2013）。

2. 为了方便教学，“项目特征描述”部分针对其“内容”比较详细。

3. 河北省 2012《电气设备安装工程》定额中，钢管敷设定额的工作内容取消了刷漆工作，另列钢管刷油防腐项目，本例执行河北省 2012 定额，另列项计算了钢管刷油（漆）工程量。其他地区钢管敷设定额的工作内容中包括刷漆工作的不能另列 5、6、7、8 项清单。

5.4.3 消防报警工程实例

1. 工程概况

本工程为某变电所的消防报警系统工程（系统图如图 5-9 所示，消防报警平面图如图 5-10所示），建筑结构为砖混结构，共计一层，楼高 5.3m。

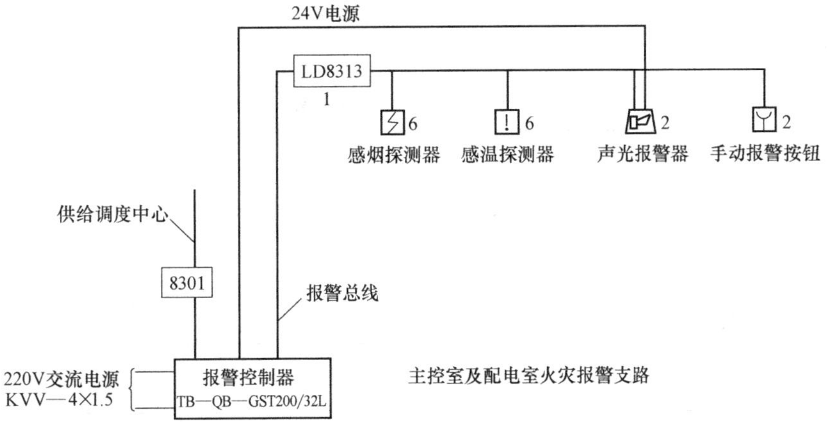

图 5-9 某变电所消防报警系统图

1）该变电所消防报警系统工程安装报警控制器 1 个，光电感烟探测器 6 个，感温探测器 6 个，声光报警器 2 个，手动报警按钮 2 个。

2）探测器导线采用 1 根阻燃双绞软线 $2\times1.5mm^2$ 和 2 根阻燃铜芯塑料软线 $1.5mm^2$，标注为 ZR—RVS2 × 1.5 + 2ZR—BVR1 × 1.5。自报警控制器至棚顶穿 SC15 钢管暗敷设，棚顶至设备穿金属软管明敷设。

3）手动报警按钮安装距地 1.5m，声光报警器距顶棚 0.3m。感烟探测器和感温探测器自顶棚下垂 1.0m。

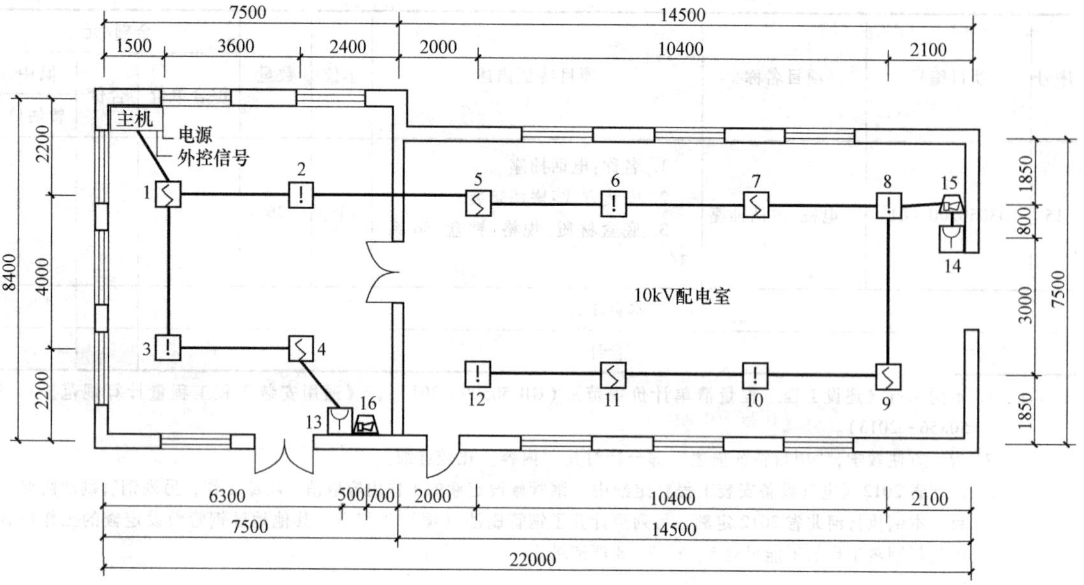

图 5-10 某变电所消防报警平面图

4）报警控制器为壁挂式主机，中心距地 1.5m，尺寸为 400mm×500mm。

5）主机可输出火情报警信号供给调度中心，主机内设外控模块 8301 型一个，隔离器 8313 型一个。

6）主机电源及外控信号引至控制屏上，距离为 20m。

7）主控室设 119 电话。

2. 工程量计算（见表 5-8）

表 5-8 工程量计算表

序号	分部分项工程名称	单位	工程量	计 算 式
1	火灾报警控制器安装	台	1	查系统图
2	感烟探测器安装	只	6	查系统图
3	感温探测器安装	只	6	查系统图
4	手动报警按钮安装	只	2	查系统图
5	声光报警器安装	只	2	查系统图
6	控制模块安装	只	1	查系统图
7	线路隔离器安装	只	1	查系统图
8	报警系统调试（128 点内）	系统	1	
9	金属软管安装	m	12	1（每个设备垂度）×（6＋6）（感烟探测器＋感温探测器）＝12
10	SC15 钢管暗敷设	m	60.48	[2.5（斜长）＋7.5－1.5＋14.5－0.12＋3.8＋0.8＋10.4＋4.0＋3.6＋2.5（斜长）＋0.5]（平面长）＋（5.3－1.5）（报警控制器垂直高度）＋（5.3－1.5）×2（手动报警按钮垂直高度）＋0.3×2（声光报警器垂直高度）＝60.48

（续）

序号	分部分项工程名称	单位	工程量	计算式
11	管内穿线 ZR—BVR1.5	m	146.76	[60.48(管长)+(0.4+0.5)(报警控制器箱预留)+12(金属软管)]×2(根)=146.76
12	管内穿线 ZR—RVS2×1.5	m	73.38	60.48(管长)+(0.4+0.5)(报警控制器箱预留)+12(金属软管)=73.38
13	控制电缆敷设(KVV—4×1.5)	m	42.85	20(供电控制屏距离)+(0.4+0.5)(报警控制器箱预留)=20.9×2(2根电缆)=41.8×(1+2.5%)(2.5%表示电缆附加长度)=42.85
14	控制电缆终端头制作安装	个	4	4
15	接线盒的安装	个	22	6(感烟探测器)+6(感温探测器)+2(手动报警按钮)+2(声光报警器)+1(线路隔离器)+1(线路隔离器)+4(分支和拐弯)=22

3. 直接工程费计算表（定额计价）（见表5-9）

表5-9 直接工程费计算表

工程名称：消防报警系统

定额编号	项目名称	单位	工程量	单价/元			未计价材料		合价/元			
				基价	人工费	机械费	消耗量	单价	合计	人工费	机械费	主材费
7—23	火灾报警控制器安装 总线制(壁挂式)200点以下	台	1	907.99	658.20	176.02	—	—	907.99	658.20	176.02	—
7—6	火灾探测器安装 点型探测器 总线制 感烟	只	6	30.17	24.00	0.99	—	—	181.02	144.00	5.94	—
7—7	火灾探测器安装 点型探测器 总线制 感温	只	6	29.38	24.00	0.16	—	—	176.28	144.00	0.96	—
7—12	手动火灾按钮安装	只	2	45.25	35.40	1.11	—	—	90.50	70.80	2.22	—
7—55	警报装置安装 声光报警器安装	只	2	67.69	49.80	0.80	—	—	135.38	99.60	1.60	—
7—16	线路隔离器安装	只	1	72.11	60.00	1.75	—	—	72.11	60.00	1.75	—
7—14	控制模块(接口)安装 多输(入)出	只	1	121.53	99.60	2.70	—	—	121.53	99.60	2.70	—
7—227	自动报警系统装置调试 64点以下	系统	1	1133.56	912.00	91.34	—	—	1133.56	912.00	91.34	—
2—1158	金属软管敷设 SC15 每根管长(1000以内mm)	10m	1.2	231.21	149.40	0	10.3	4.50	277.45	179.28	0	55.62
12—125	管内穿双绞线 ZR—RVS2×1.5	100m	0.73	74.04	51.60	5.61	102	2.50	54.05	37.67	4.10	186.15
2—1176	管内穿线 ZR—BVR1.5	100m	1.47	77.50	57.60	0	116	1.50	113.93	84.67	0	255.78
2—710	控制电缆头制作、安装 终端头(6芯以下)	个	4	54.41	20.40	0	—	—	217.64	81.60	0	—

（续）

定额编号	项目名称	单位	工程量	单价/元			未计价材料		合价/元			
				基价	人工费	机械费	消耗量	单价	合计	人工费	机械费	主材费
2—702	控制电缆敷设 电缆(6芯以下)	100m	0.43	356.29	244.80	0	101.5	6.00	153.20	105.26	0	261.87
2—1057	钢管敷设 砌体、混凝土结构暗配 SC15	100m	0.61	452.57	358.20	60.53	103.0	6.93	276.07	218.50	36.92	435.41
2—1366	钢管外壁刷防锈漆(第一遍)SC15	100m	0.61	48.34	10.20	0	—	—	29.49	6.22	0	—
2—1372	钢管外壁刷防锈漆(第二遍)SC15	100m	0.61	43.06	10.20	0	—	—	26.27	6.22	0	—
2—1390	钢管内壁刷防锈漆(一遍)SC15	100m	0.61	56.74	10.20	0	—	—	34.61	6.22	0	—
2—1429	暗装 接线盒	10套	2.2	37.93	26.40	0	10.2	2.00	83.45	58.08	0	44.88
	合计	元							4084.53	2971.92	323.55	1239.71
	直接工程费=4084.53元+1239.71元=5324.24元											
	直接工程费中的人工费+机械费=2971.92元+323.55元=3295.47元											

注：1. 部分设备未计价。

2. 为体现未计价材料费，本例自制表格；为方便后续费用计算，本例只单列出了人工费和机械费，未单独列出材料费（材料费已含在合价中）。

3. 本例执行2012年《全国统一安装工程预算定额河北省消耗量定额》第七册（消防及安全防范设备安装工程）和第二册（电气设备安装工程）。

4. 河北省2012《电气设备安装工程》定额中，钢管敷设定额的工作内容取消了刷漆工作，另列钢管刷油防腐项目，本例执行河北省2012定额，另列项计算了钢管刷油（漆）工程量。其他地区钢管敷设定额的工作内容中包括刷漆工作的不能另列项计算。

4. 分部分项工程量清单与计价表（见表5-10）

表5-10 分部分项工程量清单与计价表

工程名称：消防报警系统　　　　标段：　　　　第　页共　页

序号	项目编码	项目名称	项目特征描述	计量单位	工程量	金额/元		
						综合单价	合价	其中 暂估价
1	030904001001	点型探测器	1. 名称:感烟探测器 2. 线制:总线制 3. 类型:光电感烟探测器	个	6			
2	030904001002	点型探测器	1. 名称:感温探测器 2. 线制:总线制 3. 类型:点型感温探测器	个	6			
3	030904003001	按钮	名称:手动报警按钮	个	2			
4	030904005001	声光报警器	名称:声光报警器	个	2			
5	030904008001	模块	1. 名称:总线隔离器 2. 类型:8313型隔离模块 3. 输出形式:输入/输出	个	1			

（续）

序号	项目编码	项目名称	项目特征描述	计量单位	工程量	金额/元		
						综合单价	合价	其中 暂估价
6	030904008002	模块	1. 名称:模块 2. 类型:8301 型控制模块 3. 输出形式:输入/输出	个	1			
7	030905001001	自动报警系统调试	1. 点数:64 点以下 2. 线制:总线制	系统	1			
8	030904009001	区域报警控制箱	1. 总线制:总线制 2. 安装方式:壁挂式 3. 控制点数量:64 点以下	台	1			
9	030411001001	配管	1. 名称:金属软管 2. 材质:金属软管 3. 规格:SC15 4. 配置形式:明配	m	12			
10	030411004001	配线	1. 名称:管内穿线 2. 配线形式:控制线路 3. 型号:ZR—RVS 4. 规格:$2\times1.5mm^2$ 5. 材质:阻燃铜芯线 6. 配线部位:管内敷设	m	73.38			
11	030411004002	配线	1. 名称:管内穿线 2. 配线形式:照明线路 3. 型号:ZR—BVR 4. 规格:$1.5mm^2$ 5. 材质:阻燃铜芯线 6. 配线部位:管内敷设	m	146.76			
12	030408002001	控制电缆	1. 名称:控制电缆 2. 型号:KVV 型 3. 规格:$4\times1.5mm^2$ 4. 材质:铜芯 5. 安装方式、部位:室外直埋	m	42.85			
13	030408007001	控制电缆头	1. 名称:控制电缆头 2. 型号:KVV 型 3. 规格:$4\times1.5mm^2$ 4. 材质、类型:铜芯、干包式 5. 安装方式:终端安装	个	4			
14	030411001002	配管	1. 名称:钢管 2. 材质:焊接钢管 3. 规格:SC15 4. 配置形式:暗配	m	60.48			
15	031202002001	管道刷油 SC15	1. 油漆品种:防锈漆 2. 涂刷遍数:管内壁刷一遍;外壁刷两遍	m	60.48			

（续）

序号	项目编码	项目名称	项目特征描述	计量单位	工程量	金额/元		
						综合单价	合价	其中 暂估价
16	030411006001	接线盒	1. 名称:接线盒 2. 材质:铁质 3. 规格:86H 4. 安装方式:暗装	个	22			
		本页小计						
		合计						

注：1. 本例执行《建设工程工程量清单计价规范》（GB 50500—2013）、《通用安装工程工程量计算规范》（GB 50856—2013）。

2. 为了方便教学，“项目特征描述”部分针对其“内容”比较详细。

3. 河北省2012《电气设备安装工程》定额中，钢管敷设定额的工作内容取消了刷漆工作，另列钢管刷油防腐项目，本例执行河北省2012定额，另列项计算了钢管刷油（漆）工程量。其他地区钢管敷设定额的工作内容中包括刷漆工作的不能另列15项清单。

本章回顾

1. 有线电视系统专业性很强，建筑施工单位一般只负责室内部分安装，包括线路的敷设，分配器、分支器、用户终端等设备安装。工程预算人员需掌握系统常用材料、常用图例及设备安装方式，对专业性工程部分，只需进行了解即可。

2. 电话系统专业性很强，建筑施工单位一般只负责室内部分安装，即从交接箱开始，包括线缆的敷设，电话组线箱、接线盒、用户插座等设备安装。工程预算人员需掌握系统常用材料、常用图例及设备安装方式，对专业性工程部分，只需进行了解即可。

3. 火灾自动报警系统的组成，联动系统涉及的器件、设备等。工程预算人员需会进行系统设置的线路、探测器、手动报警按钮、声光报警器等工程量计算，掌握系统常用材料、常用图例及设备安装方式。

4. 各系统工程量计算均以入户处为起点，逐系统按回路依次计算，最后汇总各系统的工程量。

思 考 题

5-1 简述有线电视工程的组成、系统图和平面图的主要内容和各部件符号。

5-2 住宅有线电视工程应列哪些分部工程项目？

5-3 住宅电话通信工程应列哪些分部工程项目？

5-4 消防报警工程应列哪些分部工程项目？

5-5 某建筑物内安装有50个分支器，暗装在墙上，试查出相应定额并计算直接费（不计主材）。

5-6 某建筑物内安装有20个感烟探测器，10个感温探测器，1个报警控制器，试查出相应定额并计算直接费（不计主材）。

5-7 选择一套某住宅有线电视工程施工图（可参考本书附录C），参照《通用安装工程工程量计算规范》（GB 50856—2013），编制一份有线电视工程工程量清单。

5-8 选择一套某住宅电话通信工程施工图（可参考本书附录C），参照《通用安装工程工程量计算规范》（GB 50856—2013），编制一份电话通信工程工程量清单。

第6章　安装工程计价

知识储备

熟悉安装工程各专业工程量计算知识，安装工程定额及工程量清单的基础知识，为计算安装工程施工图预算造价，为工程量清单编制及计价打好基础。

学习目标和要求：

1. 了解定额计价的程序，熟悉措施项目内容及计算基数。
2. 掌握定额计价计算工程造价的方法。
3. 熟悉工程量清单的编制。
4. 了解工程量清单与计价的格式，掌握综合单价的组成。
5. 掌握清单计价计算工程造价的方法。

6.1　安装工程施工图预算

本节导学

在学习了各专业工程量计算的基础上，进一步学习安装工程施工图预算的计算过程，学习直接工程费、措施费、企业管理费、规费、利润、税金的计算方法，使学生能够依据本地区的消耗量定额，完成安装工程施工图预算。

安装工程施工图预算的编制是通过国家颁布统一的计价定额，对建筑安装产品价格进行计价的活动，国家以假定的建筑安装产品为对象，制定统一的预算定额，然后按统一的预算定额规定的分部分项子目，逐项计算工程量，套用预算定额单价（或单位估价表）确定直接工程费，然后按规定的取费标准确定措施费、企业管理费、规费、利润和税金，汇总后即为工程施工图预算价值，此预算价值即为定额计价法计算出的工程造价。

6.1.1　安装工程施工图预算计价步骤

安装工程施工图预算就是定额计价法计算安装工程各专业工程造价，是根据预算定额规定的计量单位和计算规则，逐项计算拟建工程施工图中的分项工程量，先套用安装预算定额基价确定人工费、材料费、施工机具使用费之和，即直接工程费（实体项目部分）；然后按规定的计算基数和相应费率确定措施费（包含人工费、材料费、施工机具使用费）；再按计费程序和费率计算企业管理费、规费、利润；按市场指导价进行价款调整；按规定计取税金后汇总施工图预算造价。

教师可根据各章计算实例的工程量套用本地区消耗量定额进行讲解，让学生了解直接工程费的计算过程。

1. 直接工程费的计算

学习安装工程各专业的工程量的计算是为了进行安装工程计价，各章的工程实例已经套用2012年《全国统一安装工程预算定额河北省消耗量定额》，按公式“直接工程费 = Σ(工程量 × 预算定额基价)”计算出了相应的直接工程费。参照单位工程概预算表6-1。

表 6-1 单位工程概预算表（直接工程费计算表）

序号	定额编号	项目名称	单位	数量	单价/元				合价/元			
					基价	人工费	材料费	机械费	合计	人工费	材料费	机械费
		合计										

注：此表依据计价软件提供表格。

直接工程费 = Σ(工程量 × 预算定额基价)。其中，预算定额基价 = 人工费 + 材料费 + 施工机具使用费。

2. 工程造价的计算

措施费、企业管理费、规费、利润及税金根据国家的有关规定，依据不同地区施工环境及施工方案计算程序可分为三种方式，分别见表6-2、表6-3、表6-4。

表 6-2 以直接工程费为计算基数

序号	费用项目	计算方法	备注
(1)	直接工程费	按概预算表汇总计算	
(2)	措施费	(1) × 相应费率	
(3)	直接费小计	(1) + (2)	
(4)	企业管理费	(3) × 相应费率	
(5)	规费	(3) × 相应费率	
(6)	利润	[(3) + (4) + (5)] × 相应利润率	
(7)	税金	[(3) + (4) + (5) + (6)] × 相应税率	
(8)	工程造价	(3) + (4) + (5) + (6) + (7)	

表 6-3 以直接工程费中的人工费为计算基数

序号	费用项目	计算方法	备注
(1)	直接工程费	按概预算表汇总计算	
(2)	直接工程费中的人工费	按概预算表汇总计算	
(3)	措施费	(2) × 相应费率	
(4)	措施费中的人工费	按概预算表汇总计算	
(5)	直接费小计	(1) + (3)	

（续）

序号	费用项目	计算方法	备注
(6)	直接费中的人工费小计	(2)+(4)	
(7)	企业管理费	(6)×相应费率	
(8)	规费	(6)×相应费率	
(9)	利润	(6)×相应利润率	
(10)	税金	[(5)+(7)+(8)+(9)]×相应税率	
(11)	工程造价	(5)+(7)+(8)+(9)+(10)	

表 6-4 以直接工程费中的人工费和机械费为计算基数

序号	费用项目	计算方法	备注
(1)	直接工程费	按概预算表汇总计算	
(2)	直接工程费中的人工费和机械费	按概预算表汇总计算	
(3)	措施费	(2)×相应费率	
(4)	措施费的人工费和机械费	按概预算表汇总计算	
(5)	直接费小计	(1)+(3)	
(6)	直接费中的人工费和机械费小计	(2)+(4)	
(7)	企业管理费	(6)×相应费率	
(8)	规费	(6)×相应费率	
(9)	利润	(6)×相应利润率	
(10)	税金	[(5)+(7)+(8)+(9)]×相应税率	
(11)	工程造价	(5)+(7)+(8)+(9)+(10)	

6.1.2 安装工程措施费计算

措施项目内容比较广泛，应单独列表，逐项计算，统一汇总。可依据地区和工作内容等实际情况进行增减。但是，列项与计算要以定额规定、地方文件、工程实际为依据。

措施项目各地区计算基数不同，共有三种计算基数，分别见表 6-2、表 6-3 、表 6-4。这三种计算基数的实质分别是以工程量套定额计算出的直接工程费、以工程量套定额计算出直接工程费中的人工费、以工程量套定额计算出直接工程费中的人工费加机械费之和为计算基数。教师根据本地区的具体规定讲解措施费。

措施费是指为完成建设工程施工，发生于该工程施工前和施工过程中的技术、生活、安全、环境保护等方面的费用。安装工程常计取的措施费有以下几种。

1. 安全文明施工费

安全文明施工费的工作内容及包含范围有：环境保护、文明施工、安全施工及临时设施。

安全文明施工费 = 计算基数 × 安全文明施工费费率（%），计算基数各地规定不同。

2. 脚手架搭拆费

1）脚手架搭拆费是施工需要的各种脚手架搭、拆、运输费用及脚手架的摊销（或租赁）费用。定额中的脚手架搭拆费，均采用系数计算，各册测算系数时已考虑了以下因素：

① 各专业交叉作业施工时，可以互相利用已搭好的脚手架。

② 施工时各部分或全部使用土建的脚手架时，按有偿使用考虑。

③ 无论现场是否发生，包干使用。

2）脚手架搭拆费以全部“工程量”计算的定额人工费或定额人工费加定额机械费为计算基数。第二册《电气设备安装工程》定额规定5m以下高度已经考虑了脚手架搭拆费，所以电气设备安装工程脚手架搭拆费只计算5m以上部分“工程量”计算的定额人工费或定额人工费加定额机械费为计算基数。

3. 超高费

1）超高费是指施工中施工高度超过6层或20m的人工降效，以及材料垂直运输增加的费用。

① 建筑物高度：是指设计室外地坪至檐口滴水的垂直高度，不包括屋顶水箱、楼梯间、电梯间、女儿墙等高度。

② 同一建筑物高度不同时，可分别按不同高度计算超高费。

2）超高费应包括6层或20m以下全部“工程量”计算的定额人工费或定额人工费加定额机械费为计算基数。

4. 操作高度增加费

1）操作高度增加费是指有楼层的按楼地面至安装物的垂直距离，无楼层的按操作地点（或设计正负零）至操作物的距离而言。操作高度增加费属于超高的人工降效性质。

各册定额规定的层高如下：

① 第二册、第七册规定的操作高度离地面5m以上；第九册规定的操作高度离地面6m以上；第八册规定的操作高度离地面3.6m以上，层高超过上述规定应计算操作高度增加费。

② 已经在定额中考虑了操作高度增加因素的项目不应再计取操作高度增加费。

③ 在高层建筑施工中，可同时计取超高费和操作高度增加费。

2）操作高度增加费以定额规定高度以上部分“工程量”计算的定额人工费或定额人工费加定额机械费为计算基数。

5. 系统调整费

1）系统调整费适用于采暖、通风空调工程等。

2）系统调整费以采暖、通风空调工程发生的全部“工程量”计算的定额人工费或定额人工费加定额机械费为计算基数。

6. 垂直运输费

1）垂直运输费是施工时发生的垂直运输机械的台班费用。

① 层高在5m以内的单层建筑（无地下室）内的安装工程不计取垂直运输费。

② 垂直运输基准面：室内以室内地坪为基准面，室外以安装现场地平面为基准面。

2）垂直运输费以安装工程发生的全部“工程量”计算的定额人工费或定额人工费加定额机械费为计算基数。

7. 其他措施费

其他措施费包括生产工具、用具使用费，检验试验配合费，冬雨期施工增加费，夜间施工增加费，二次搬运费，停水、停电增加费，工程定位复测配合费及场地清理费，已完工程及设备保护费，安装与生产同时进行增加费，有害环境中施工增加费等十项。

1）生产工具、用具使用费是指施工生产所需而又不属于固定资产的生产工具、用具使用等的购置、摊销和维修费用，以及支付给工人自备工具的补贴费用。

2）检验试验配合费是指配合工程质量检测机构取样、检测所发生的费用。

3）冬雨期施工增加费是指按照施工验收规范所规定的冬雨期施工要求，为保证冬雨期施工期间工程质量和安全生产所需要增加的费用，包括冬雨期施工增加的工序、人工降效、机械降效、防雨、防滑、保温加热等施工措施费用；不包括冬期施工所需要提高混凝土和砂浆强度等级所增加的费用及特殊工程采取蒸汽养护法、电加热法和暖棚搭设、外加剂等施工增加的设施费用。

4）夜间施工增加费是指根据设计、施工的技术要求和合理的施工进度安排必须在夜间连续施工而发生的费用，包括夜间施工照明设施安拆及使用费、劳动降效、夜间补助费和白天在塔、炉内施工照明费用，不包括建设单位要求赶工期而采取的夜班作业施工所发生的费用。

5）二次搬运费是指由于施工场地狭小等特殊情况而必须发生的二次搬运费用。

6）停水、停电增加费是指施工期间由非承包商原因引起的停水和停电每周累计 8 小时内而造成的停工、机械停滞费用。

7）工程定位复测配合费及场地清理费是指工程开工、竣工时配合定位复测、竣工图绘制的费用，以及移交施工现场的一次性清理费用。

8）已完工程及设备保护费是指工程完工后至正式交付发包人前对已完工程、设备进行保护所采取的措施费及养护、维修费用。

9）安装与生产同时进行增加费是指改扩建工程在生产车间或装置内施工，因生产操作或生产条件限制（如不准动火）干扰了安装工作正常进行而降效的增加费。安装工作不受干扰的，不计此费用。

10）有害环境中施工增加费是指在有害人身健康（包括高温、多尘、噪声超过标准和在有害气体等有害环境）中施工时，因降效而增加的人工费（不含其他费用）。

以上十项其他措施费均以安装工程全部“工程量”计算的定额人工费或定额人工费加定额机械费为计算基数。

措施费费率由各地工程造价管理机构根据各专业工程特点和调查资料综合分析后确定。

6.1.3 安装工程企业管理费、规费、利润、税金计算

1. 企业管理费计算

企业管理费 =（直接工程费中的计算基数 + 措施费中的计算基数）× 相应管理费费率
= 直接费中的计算基数 × 相应管理费费率

2. 规费计算

规费 =（直接工程费中的计算基数 + 措施费中的计算基数）× 相应规费费率
= 直接费中的计算基数 × 相应规费费率

3. 利润计算

利润 =（直接工程费中的计算基数 + 措施费中的计算基数）× 相应利润率
= 直接费中的计算基数 × 相应利润率

4. 税金的计算

在工程造价的计算过程中，税金通常一并计算，合并为综合税率，其税率按工程所在地的不同而不同。工程在市区的执行 3.48%；工程在县城、镇的执行 3.41%；工程不在市区、县城、镇的执行 3.28%。

税金 =（直接工程费 + 措施费 + 企业管理费 + 规费 + 利润）× 相应税率

=（直接费 + 间接费 + 利润）× 相应税率

6.1.4 安装工程施工图预算实例

因措施费、企业管理费、规费、利润等的计算基数各地有所差异，所以教师应根据当地的费用计算要求讲授本节内容。本实例以河北省的规定进行分析、计算，施工图预算表格采用计价软件提供的表格形式。

[例 6-1] 某小区住宅楼的结构类型为框架剪力墙结构，总建筑面积为 7535m^2，建筑层数为 12 层，层高 2.8m，施工工期：当年 5 月 4 日至下一年 4 月 30 日。

工程施工范围：施工图样范围内的采暖系统安装工程。

工程量依据采暖工程施工图，按第 2 章所讲述的计算规则及计算方法进行计算。本实例只提供计算汇总后的工程量，不附采暖工程施工图。

该采暖工程发生的其他项目费为：46787 元。

第一步：解读相应地区规范

1. 分析安装工程费用项目组成

根据《河北省建筑、安装、市政、装饰装修工程费用标准》（HEBGFB—1—2012）中规定：安装工程费由直接工程费（人工费 + 材料费 + 机械费）、措施费、企业管理费、规费、利润、税金等组成。其中直接费由直接工程费和措施费组成。

直接工程费是指施工过程中耗费的构成工程实体的各项费用，包括人工费、材料费、施工机具使用费。

措施费是指为完成工程项目施工，发生于该工程施工前和施工过程中的非工程实体项目的费用，分为可竞争措施项目和不可竞争措施项目。可竞争措施项目包括其他措施项目费（生产工具用具使用费、检验试验配合费、冬雨期施工增加费、夜间施工增加费、二次搬运费、停水停电增加费、工程定位复测配合费及场地清理费、已完工程及设备保护费、安装与生产同时进行增加费、有害身体健康的环境中施工增加费）和超高费、脚手架搭拆费、系统调整费等，其计费基数为定额实体项目的人工费加机械费之和。其具体内容详见安装定额相关章、节、子目。不可竞争措施项目即安全生产、文明施工费，其计费基数为直接费（人工费、材料费、机械费，不含安全生产、文明施工费、设备费）、企业管理费、规费、利润、价款调整之和。安全生产、文明施工费固定费率，具体见《关于调整河北省安全生产文明施工费的通知》（冀建市〔2015〕11 号）。

企业管理费是指建筑安装企业在组织施工生产和经营管理时所需的费用。内容包括管理人员工资、办公费、差旅交通费、固定资产使用费、工具用具使用费、劳动保险和职工福利费、劳动保护费、检验试验费、工会经费、职工教育经费、财产保险费、财务费、税金、其他等。

规费是指省级以上政府和有关权力部门规定必须缴纳和计提的费用（简称规费）。内容包括社会保险费（包括养老保险费、医疗保险费、失业保险费、生育保险费、工伤保险费）、住房公积金、工程排污费。

利润是指施工企业完成所承包工程获得的盈利。

税金是指国家税法规定的应计入建筑安装工程造价内的营业税、城市维护建设税、教育费附加及地方教育附加。

2. 分析安装工程计价程序（见表6-5）

表6-5 工程造价计价程序表

序号	费用项目	计算方法
1	直接费	—
1.1	直接费中人工费＋机械费	—
2	企业管理费	1.1×费率
3	规费	1.1×费率
4	利润	1.1×费率
5	价款调整	按合同确认的方式、方法计算
6	安全生产、文明施工费	(1－设备费＋2＋3＋4＋5)×费率
7	税金	(1＋2＋3＋4＋5＋6)×费率
8	工程造价	1＋2＋3＋4＋5＋6＋7

注：本计价程序中直接费不含安全生产、文明施工费。

3. 明确安装工程费用标准（见表6-6）

表6-6 安装工程费用标准表

序号	费用项目	计费基数	费用标准(%)		
			一类工程	二类工程	三类工程
1	直接费	—	—		
2	企业管理费	直接费中人工费＋机械费	22	17	15
3	利润		12	11	10
4	规费		27(投标报价、结算时按核准费率计取)		
5	税金	(1＋2＋3＋4)×3.48%、3.41%、3.28%			

注：表中税金费率工程所在地在市区的执行3.48%；工程所在地在县城、镇的执行3.41%；工程所在地不在市区、县城、镇的执行3.28%。

4. 明确安装工程类别划分（略）

本工程工程类别为二类，详见2012年《河北省建筑、安装、市政、装饰装修工程费用标准》中“安装工程类别划分”的规定。

第二步：依据前述地区规范规定计算安装工程造价

工程概（预）算书封面格式如图6-1所示。

工程概（预）算书

某高层住宅楼采暖工程

工程名称：

建设单位：

工程规模：7535 m^2

工程造价：650919.59 元

造价指标：86.39 元/m^2

建设单位：（盖章）

施工单位：（盖章）

编制日期：2015年×月×日

版权许可编号：冀建价办201204—A

图6-1 工程概（预）算书封面格式

1. 直接工程费计算表（定额计价）（见表6-7）

表6-7 直接工程费计算表（主材单列）

工程名称：住宅楼采暖工程定额计价

序号	定额编号	项目名称	单位	数量	单价/元				合价/元			
					基价	人工费	材料费	机械费	合计	人工费	材料费	机械费
1	8—175	室内管道 焊接钢管（螺纹连接） 公称直径（15mm以内）	10m	132.5	131.76	100.20	31.56	0	17458.20	13276.50	4181.70	0
	主材	焊接钢管	m	1351.5	6.93				9365.90			
2	8—176	室内管道 焊接钢管（螺纹连接） 公称直径（20mm以内）	10m	185.5	140.39	100.20	40.19	0	26042.35	18587.10	7455.25	0
	主材	焊接钢管	m	1892	8.97				16972.14			
3	8—177	室内管道 焊接钢管（螺纹连接） 公称直径（25mm以内）	10m	103	181.37	120.60	59.19	1.58	18681.11	12421.80	6096.57	162.74
	主材	焊接钢管	m	1050.6	13.26				13930.96			
4	8—178	室内管道 焊接钢管（螺纹连接） 公称直径（32mm以内）	10m	9.5	188.36	120.60	66.18	1.58	1789.42	1145.70	628.71	15.01
	主材	焊接钢管	m	96.9	17.15				1661.84			
5	8—187	室内管道 钢管（焊接） 公称直径（40mm以内）	10m	12	121.23	97.20	10.86	13.17	1454.76	1166.40	130.32	158.04
	主材	焊接钢管	m	122.4	20.85				2552.04			
6	8—188	室内管道 钢管（焊接） 公称直径（50mm以内）	10m	23	143.36	106.80	21.45	15.11	3297.28	2456.40	493.35	347.53
	主材	焊接钢管	m	234.6	26.50				6216.90			
7	8—189	室内管道 钢管（焊接） 公称直径（65mm以内）	10m	18	241.15	97.20	45.90	98.05	4340.70	1749.60	826.20	1764.90
	主材	焊接钢管	m	183.6	35.99				6607.76			
8	8—190	室内管道 钢管（焊接） 公称直径（80mm以内）	10m	9.5	273.04	111.00	53.81	108.23	2593.88	1054.50	511.20	1028.19
	主材	焊接钢管	m	96.9	45.20				4379.88	0.00	0.00	0.00
9	8—191	室内管道 钢管（焊接） 公称直径（100mm以内）	10m	7.0	357.33	134.40	74.46	148.47	2501.31	940.80	521.22	1039.29
	主材	焊接钢管	m	71.4	58.97				4210.46			
10	8—400	方形伸缩器制作安装 公称直径（100mm以内）	个	2	362.31	219.00	55.36	87.95	724.62	438.00	110.72	175.90
11	8—399	方形伸缩器制作安装 公称直径（80mm以内）	个	2	279.82	152.40	43.35	84.07	559.64	304.80	86.70	168.14
12	8—398	方形伸缩器制作安装 公称直径（65mm以内）	个	4	200.46	83.40	32.99	84.07	801.84	333.60	131.96	336.28

（续）

序号	定额编号	项目名称	单位	数量	单价/元				合价/元			
					基价	人工费	材料费	机械费	合计	人工费	材料费	机械费
13	8—397	方形伸缩器制作安装 公称直径(50mm以内)	个	4	111.67	52.80	22.41	36.46	446.68	211.20	89.64	145.84
14	8—414	阀门安装 螺纹阀 公称直径(15mm以内)	个	84	7.38	6.00	1.38	0	619.92	504.00	115.92	0
	主材1	螺纹阀门 J11T—16—15	个	84.84	10				848.40			
	主材2	阀门连接件	个	84.84	2				169.68			
15	8—415	阀门安装 螺纹阀 公称直径(20mm以内)	个	76	7.66	6.00	1.66	0	582.16	456.00	126.16	0
	主材1	螺纹阀门 J11T—16—20	个	76.76	12				921.12			
	主材2	阀门连接件	个	76.76	2.50				191.90	0.00	0.00	0.00
16	8—416	阀门安装 螺纹阀 公称直径(25mm以内)	个	52	8.65	6.60	2.05	0	449.80	343.20	106.60	0.00
	主材1	螺纹阀门 J11T—16—25	个	52.52	16.00				840.32			
	主材2	阀门连接件	个	52.52	3.00				157.56			
17	8—434	阀门安装 焊接法兰阀 公称直径(100mm以内)	个	6	253.64	36.60	164.62	52.42	1521.84	219.60	987.72	314.52
	主材	法兰阀门 J41T—16—100	个	6	500.00				3000.00			
18	8—674	铸铁散热器组成安装 型号 柱型	10片	538.5	58.39	22.8	35.59	0	31443.02	12277.80	19165.22	0
	主材1	铸铁散热器 柱型	片	3721.04	28.00				104189.12			
	主材2	柱型散热器 足片	片	1717.82	30.00				51534.60			
19	8—473	阀门安装 自动排气阀 *DN*20	个	5	22.33	12.0	10.33	0	111.65	60.00	51.65	0
	主材	自动排气阀	个	5	36.00				180.00			
20	8—355	室内管道 管道支架制作安装 一般管架	100kg	12	1340.49	315.6	253.37	771.52	16085.88	3787.20	3040.44	9258.24
	主材	型钢	kg	1272	5.42				6894.24			
21	8—319	室内管道 镀锌铁皮套管制作、安装 公称直径(15mm以内)	个	250	2.82	1.80	1.02	0	705.00	450.00	255.00	0
22	8—320	室内管道 镀锌铁皮套管制作、安装 公称直径(20mm以内)	个	267	5.13	3.60	1.53	0	1369.71	961.20	408.51	0
23	8—321	室内管道 镀锌铁皮套管制作、安装 公称直径(25mm以内)	个	105	5.13	3.60	1.53	0	538.65	378.00	160.65	0
24	8—322	室内管道 镀锌铁皮套管制作、安装 公称直径(32mm以内)	个	21	5.13	3.60	1.53	0	107.73	75.60	32.13	0

（续）

序号	定额编号	项目名称	单位	数量	单价/元				合价/元			
					基价	人工费	材料费	机械费	合计	人工费	材料费	机械费
25	8—332	室内管道 钢套管制作、安装 公称直径(40mm 以内)	个	30	15.37	5.40	8.88	1.09	461.10	162.00	266.40	32.70
	主材	焊接钢管 *DN*70	m	9.18	35.99				330.39			
26	8—333	室内管道 钢套管制作、安装 公称直径(50mm 以内)	个	50	21.19	7.80	12.08	1.31	1059.50	390.00	604.00	65.50
	主材	焊接钢管 *DN*80	m	15.3	45.20				691.56			
27	8—334	室内管道 钢套管制作、安装 公称直径(65mm 以内)	个	34	24.54	9.00	13.94	1.60	834.36	306.00	473.96	54.40
	主材	焊接钢管 *DN*100	m	10.4	58.97				613.29			
28	8—335	室内管道 钢套管制作、安装 公称直径(80mm 以内)	个	30	33.47	12.60	18.93	1.94	1004.10	378.00	567.90	58.20
	主材	焊接钢管 *DN*125	m	9.18	83.47				766.25			
29	8—336	室内管道 钢套管制作、安装 公称直径(100mm 以内)	个	30	39.20	14.40	22.46	2.34	1176.00	432.00	673.80	70.20
	主材	焊接钢管 *DN*150	m	9.18	98.85				907.44			
30	11—1	手工除锈 管道 轻锈	$10m^2$	52.45	21.35	18.60	2.75	0	1119.81	975.57	144.24	0
31	11—53	管道刷油 防锈漆 第一遍	$10m^2$	52.45	18.16	15.00	3.16	0	952.49	786.75	165.74	0
	主材	酚醛防锈漆各色	kg	68.71	13.00				893.23			
32	11—56	管道刷油 银粉漆 第一遍	$10m^2$	36.86	19.37	15.00	4.37	0	713.98	552.90	161.08	0
	主材	银粉漆	kg	24.70	13.00				321.10			
33	11—57	管道刷油 银粉漆 第二遍	$10m^2$	36.86	17.32	14.40	2.92	0	638.42	530.78	107.63	0
	主材	银粉漆	kg	23.22	13.00				301.86			
34	11—1926	纤维类制品(管壳)安装 管道 ϕ57 以下(厚度) 50mm	m^3	6.06	272.26	228.60	29.75	13.91	1649.90	1385.32	180.29	84.29
	主材	岩棉管壳	m^3	6.24	650.00				4056.00			
35	11—1934	纤维类制品(管壳)安装 管道 ϕ133 以下(厚度) 50mm	m^3	7.78	150.61	116.40	20.30	13.91	1171.75	905.59	157.93	108.22
	主材	岩棉管壳	m^3	8.01	650.00				5206.50			
36	11—2306	防潮层、保护层安装 玻璃布 管道	$10m^2$	40.28	25.98	25.80	0.18	0	1046.47	1039.22	7.25	0
	主材	玻璃丝布 0.5mm	m^2	563.92	1.60				902.27			

（续）

序号	定额编号	项目名称	单位	数量	单价/元				合价/元			
					基价	人工费	材料费	机械费	合计	人工费	材料费	机械费
37	11—242	玻璃布、白布面刷油 管道 调和漆 第一遍	$10m^2$	40.28	52.18	50.40	1.78	0	2101.81	2030.11	71.70	0
	主材	酚醛调和漆各色	kg	76.53	18.00				1377.54			
38	11—243	玻璃布、白布面刷油 管道 调和漆 第二遍	$10m^2$	40.28	44.50	43.20	1.30	0	1792.46	1740.10	52.37	0
	主材	酚醛调和漆各色	kg	58.41	18.00				1051.38			
39	11—4	手工除锈 设备 ϕ1000mm 以上 轻锈	$10m^2$	150.78	22.55	19.80	2.75	0	3400.09	2985.44	414.65	0
40	11—194	铸铁管、暖气片刷油 防锈漆 一遍	$10m^2$	150.78	21.32	18.00	3.32	0	3214.63	2714.04	500.59	0
	主材	酚醛防锈漆各色	kg	158.32	13.00				2058.16			
41	11—196	铸铁管、暖气片刷油 银粉漆 第一遍	$10m^2$	150.78	27.33	18.6	8.73	0	4120.82	2804.51	1316.31	0
	主材	酚醛清漆各色	kg	67.85	13.00				882.05			
42	11—197	铸铁管、暖气片刷油 银粉漆 第二遍	$10m^2$	150.78	25.68	18.00	7.68	0	3872.03	2714.04	1157.99	0
	主材	酚醛清漆各色	kg	61.82	13.00				803.66			
43	11—7	手工除锈 一般钢结构 轻锈	100kg	12	33.35	18.60	2.03	12.72	400.20	223.20	24.36	152.64
44	11—115	一般钢结构刷油 防锈漆 第一遍	100kg	12	27.59	12.60	2.27	12.72	331.08	151.20	27.24	152.64
	主材	酚醛防锈漆各色	kg	11.04	13.00				143.52			
45	11—118	一般钢结构刷油 银粉漆 第一遍	100kg	12	30.21	12.00	5.49	12.72	362.52	144.00	65.88	152.64
	主材	酚醛清漆各色	kg	3	13.00				39.00			
46	11—119	一般钢结构刷油 银粉漆 第二遍	100kg	12	29.49	12.00	4.77	12.72	353.88	144.00	57.24	152.64
	主材	酚醛清漆各色	kg	2.76	13.00				35.88			
		合计	元						422210.45	97093.77	52912.09	15998.69
第八册直接工程费:376895.96 元;人工费:75267.00 元;机械费:15195.62 元;人工费加机械费之和:90462.62 元;材料费:48299.60 元;主材费:238133.75 元												
第十一册直接工程费:45314.49 元;人工费:21826.77 元;机械费:803.07 元;人工费加机械费之和:22629.84 元;材料费:4612.49 元;主材费:18072.15 元												
第十一册其中刷油直接工程费:26361.50 元;人工费:14312.43 元;机械费:457.92 元;人工费加机械费之和:14770.35 元;材料费:3683.77 元;主材费:7907.38 元												
第十一册其中保温直接工程费:14032.89 元;人工费:3330.13 元;机械费:192.51 元;人工费加机械费之和:3522.64 元;材料费:345.47 元;主材费:10164.77 元												
第十一册其中除锈直接工程费:4920.10 元;人工费:4184.21 元;机械费:152.64 元;人工费加机械费之和:4336.85 元;材料费:583.25 元;主材费:0 元												

注：直接工程费中的人工费：97093.77 元；机械费：15998.69 元；直接工程费中人工费加机械费之和：113092.46 元；未计价材：256205.9 元

2. 措施费表（见表6-8）

根据实际情况，本例可竞争措施项目只计取超高费、脚手架搭拆费、系统调整费、垂直运输费、冬雨期施工费、夜间施工增加费、已完工程及设备保护费。按河北省规定，可竞争措施费计费基数为直接工程费的人工费和机械费之和。

表6-8 措施费表

工程名称：住宅楼采暖工程定额计价

项目编码	项 目 名 称	单位	计算基数	费率				合价/元			
				基价	人工费	材料费	机械费	合计	人工费	材料费	机械费
一	可竞争措施项目	元									
1	操作高度增加费	元									
2	超高费	元						26981.92	7031.93	0	19949.99
8—959	超高费(12层/40m以下)(给排水、采暖、燃气工程)	元	90462.62	19.32%	2.52%	0	16.80%	17477.38	2279.66	0	15197.72
11—2799	超高费(高度40m以内)(刷油、防腐蚀、绝热工程)	元	22629.84	42.00%	21%	0	21%	9504.54	4752.27	0	4752.27
3	脚手架	元						5383.80	1345.95	4037.85	0
8—956	脚手架搭拆费(给排水、采暖、燃气工程)	元	90462.62	4.20%	1.05%	3.15%	0	3799.43	949.86	2849.57	0
11—2794	脚手架搭拆费(刷油工程)	元	14770.35	6.72%	1.68%	5.04%	0	992.57	248.14	744.43	0
11—2796	脚手架搭拆费(绝热工程)	元	3522.64	16.80%	4.20%	12.60%	0	591.80	147.95	443.85	0
4	系统调整费	元						11805.37	5907.21	5898.16	0
8—957	系统调试费　采暖工程系统调整费	元	90462.62	13.05%	6.53%	6.52%	0	11805.37	5907.21	5898.16	0
5	垂直运输费	元						1085.55	0	0	1085.55
8—991	垂直运输费(给排水、采暖、燃气工程)	元	90462.62	1.20%	0	0	1.20%	1085.55	0	0	1085.55
6	大型机械一次安拆及场外运输费	元									
7	生产工具用具使用费	元									
8	检验试验配合费	元									
9	冬期施工增加费	元						1017.83	554.16	463.67	0
8—982	给排水、采暖、燃气工程　冬期施工增加费	元	90462.62	0.90%	0.49%	0.41%	0	814.16	443.27	370.89	0
11—2807	刷油、防腐蚀、绝热工程　冬期施工增加费	元	22629.84	0.90%	0.49%	0.41%	0	203.67	110.89	92.78	0

（续）

项目编码	项目名称	单位	计算基数	费率				合价/元			
				基价	人工费	材料费	机械费	合计	人工费	材料费	机械费
10	雨期施工增加费	元						2374.95	1277.95	1097.00	0
8—983	给排水、采暖、燃气工程　雨期施工增加费	元	90462.62	2.10%	1.13%	0.97%	0	1899.72	1022.23	877.49	0
11—2808	刷油、防腐蚀、绝热工程　雨期施工增加费	元	22629.84	2.10%	1.13%	0.97%	0	475.23	255.72	219.51	0
11	夜间施工增加费	元						1187.47	712.48	474.99	0
8—984	给排水、采暖、燃气工程　夜间施工增加费	元	90462.62	1.05%	0.63%	0.42%	0	949.86	569.91	379.94	0
11—2809	刷油、防腐蚀、绝热工程　夜间施工增加费	元	22629.84	1.05%	0.63%	0.42%	0	237.61	142.57	95.05	0
12	二次搬运费	元									
13	停水停电增加费	元									
14	工程定位复测场地清理费	元									
15	已完工程及设备保护费	元						712.49	214.88	497.61	0
8—985	给排水、采暖、燃气工程　已完工程及设备保护费	元	90462.62	0.63%	0.19%	0.44%	0	569.92	171.88	398.04	0
11—2810	刷油、防腐蚀、绝热工程　已完工程及设备保护费	元	22629.84	0.63%	0.19%	0.44%	0	142.57	43.00	99.57	0
16	施工与生产同时进行增加费	元									
17	在有害身体健康的环境中施工降效增加费	元									
	合　计	元						50549.38	17044.56	12469.28	21035.54

注：1. 河北省冬雨期施工增加费分为雨期施工增加费和冬期施工增加费两项。

2. 计算基数及费率按河北省《工程费用标准》（HEBGFB—1—2012）及《河北省消耗量定额》执行。

3. 措施费为50549.38元，其中人工费17044.56元；机械费21035.54元；人工费加机械费之和：38080.10元。

4. 其余可竞争措施项目费计算方法与之相同，不再一一列举计算。

3. 其他项目费（独立费）（见表6-9）

表6-9　其他项目费

工程名称：某住宅楼采暖工程定额计价　　　　第1页　共1页

序号	费用名称	单位	数量	单价/元	合价/元
	其他项目费				46787
1	暂列金额	项	1	23320	23320
2	计日工合计	元	—	—	23467

（续）

序号	费用名称	单位	数量	单价/元	合价/元
2.1	人工小计	元	—	—	9900
	管道工	工日	120	45	5400
	电焊工	工日	50	45	2250
	其他工	工日	50	45	2250
2.2	材料小计	元	—	—	1267
	电焊条	kg	10	4	40
	氧气	m^3	15	5	75
	乙炔气	kg	90	12.8	1152
2.3	机械小计	元	—	—	12300
	电焊机直流 20kW	台班	50	30	1500
	汽车起重机 8t	台班	40	150	6000
	载重汽车 8t	台班	40	120	4800

4. 直接费汇总表、单位工程费用表（工程造价表）

根据直接工程费计算表、措施费计算表汇总计算直接费。直接费汇总表见表6-10，单位工程费用表见表6-11。

表6-10　直接费汇总表　（单位：元）

	费用合价	其中未计价材	其中人工费	其中材料费	其中机械费	人工费加机械费
直接工程费	422210.45	256205.90	97093.77	52912.09	15998.69	113092.46
措施费	50549.38	0	17044.56	12469.28	21035.54	38080.10
直接费	472759.83	256205.90	114138.33	65381.37	37034.23	151172.56

注：直接工程费422210.45元，其中含主材费：256205.90元（见表6-12）。

表6-11　单位工程费用表

项目名称：住宅楼采暖工程定额计价　　第1页　共1页

序号	费用名称	取费说明	计算基数/元	费率(%)	费用金额/元
一	直接费	人工费+材料费+机械费+未计价材料费			472759.83
1	人工费	人工费+组价措施项目人工费			114138.33
2	材料费	材料费+组价措施项目材料费			65381.37
3	机械费	机械费+组价措施项目机械费			37034.23
4	未计价材料费	主材费+组价措施项目主材费			256205.90
5	设备费	设备费+组价措施项目设备费			0
二	企业管理费	预算人工费+组价措施预算人工费+预算机械费+组价措施预算机械费	151172.56	17	25699.34
三	规费	预算人工费+组价措施预算人工费+预算机械费+组价措施预算机械费	151172.56	27	40816.59
四	利润	预算人工费+组价措施预算人工费+预算机械费+组价措施预算机械费	151172.56	11	16628.98

（续）

序号	费用名称	取费说明	计算基数/元	费率(%)	费用金额/元
五	价款调整	人材机价差+独立费			46787.00
1	人材机价差	人材机价差			0
2	其他项目费	其他项目费			46787.00
六	安全生产、文明施工费	工程总造价(不包括安全生产、文明施工费和税金)	602691.74	4.37	26337.63
七	税金	直接费+设备费+企业管理费+规费+利润+价款调整+安全生产、文明施工费	629029.37	3.48	21890.22
八	工程造价	直接费+设备费+企业管理费+规费+利润+价款调整+安全生产、文明施工费+税金			650919.59
含税工程造价：陆拾伍万零玖佰壹拾玖元伍角玖分					

注：安全生产、文明施工费费率按本节小知识中《关于调整河北安全生产文明施工费的通知》（冀建市〔2015〕11号）执行。

5. 单位工程主材表（见表6-12）

表6-12 单位工程主材表

工程名称：住宅楼采暖工程定额计价　　　　第1页　共1页

序号	名称及规格	单位	数量	市场价	市场价合计/元
1	型钢	kg	1272	5.42	6894.24
2	酚醛调和漆各色	kg	134.94	18.00	2428.92
3	酚醛防锈漆各色	kg	238.07	13.00	3094.91
4	酚醛清漆各色	kg	135.43	13.00	1760.59
5	玻璃丝布 $\delta=0.5$mm	m^2	563.92	1.60	902.27
6	岩棉管壳 ϕ57mm 以下	m^3	6.24	650.00	4056.00
7	岩棉管壳 ϕ133mm 以下	m^3	8.01	650.00	5206.50
8	焊接钢管 *DN*65(*DN*70)	m	9.18	35.99	330.39
9	焊接钢管 *DN*80	m	15.3	45.20	691.56
10	焊接钢管 *DN*100	m	10.40	58.97	613.29
11	焊接钢管 *DN*125	m	9.18	83.47	766.25
12	焊接钢管 *DN*150	m	9.18	98.85	907.44
13	焊接钢管公称直径(15mm 以内)	m	1351.5	6.93	9365.90
14	焊接钢管公称直径(20mm 以内)	m	1892.1	8.97	16972.14
15	焊接钢管公称直径(25mm 以内)	m	1050.6	13.26	13930.96
16	焊接钢管公称直径(32mm 以内)	m	96.9	17.15	1661.84
17	焊接钢管公称直径(40mm 以内)	m	122.4	20.85	2552.04
18	焊接钢管公称直径(50mm 以内)	m	234.6	26.50	6216.90
19	焊接钢管公称直径(65mm 以内)	m	183.6	35.99	6607.76
20	焊接钢管公称直径(80mm 以内)	m	96.9	45.20	4379.88
21	焊接钢管公称直径(100mm 以内)	m	71.4	58.97	4210.46

（续）

序号	名 称 及 规 格	单位	数量	市场价	市场价合计/元
22	螺纹阀门 J11T—16—15 公称直径(15mm 以内)	个	84.84	10.00	848.40
23	螺纹阀门 J11T—16—20 公称直径(20mm 以内)	个	76.76	12.00	921.12
24	螺纹阀门 J11T—16—25 公称直径(25mm 以内)	个	52.52	16.00	840.32
25	自动排气阀 *DN*20	个	5	36.00	180.00
26	阀门连接件 *DN*15	个	84.84	2.00	169.68
27	阀门连接件 *DN*20	个	76.76	2.50	191.90
28	阀门连接件 *DN*25	个	52.52	3.00	157.56
29	柱型散热器　足片	片	1717.82	30.00	51534.60
30	铸铁散热器　柱型	片	3721.04	28.00	104189.12
31	银粉漆	kg	47.92	13.00	622.96
32	法兰阀门 J41T—16—100 公称直径(100mm 以内)	个	6	500.00	3000.00
	合计	—	—	—	256205.90

小知识

《关于调整河北省安全生产文明施工费的通知》（冀建市〔2015〕11 号），调整安全生产、文明施工费计取方式和费率，具体事项如下：

安全生产、文明施工费计取方式调整为固定费率，原《关于印发 < 关于加强建设工程安全生产文明施工费计取和管理的指导意见 > 的通知》（冀建市〔2012〕386 号）有关内容停止执行。本通知自 2015 年 7 月 15 日起执行。7 月 15 日及以后完成的工程量和新开工的工程，按本通知固定费率执行。调整后建筑各专业安全生产、文明施工费固定费率见表 6-13。

表 6-13　安全生产、文明施工费固定费率

<table>
<tr><th rowspan="2">序号</th><th rowspan="2" colspan="2">计 价 依 据</th><th rowspan="2">计费基数</th><th colspan="2">费率</th></tr>
<tr><th>建筑面积 10000m² 以上</th><th>建筑面积 10000m² 以下</th></tr>
<tr><td rowspan="2">1</td><td rowspan="2">2012 年《全国统一建筑工程基础定额河北省消耗量定额》</td><td>一般土建工程</td><td rowspan="5">工程总造价（不包括安全生产、文明施工费和税金）</td><td>4.53%</td><td>4.98%</td></tr>
<tr><td>桩基础工程</td><td>3.57%</td><td>3.93%</td></tr>
<tr><td>2</td><td colspan="2">2012 年《全国统一建筑装饰装修工程消耗量定额河北省消耗量定额》</td><td>3.73%</td><td>4.11%</td></tr>
<tr><td>3</td><td colspan="2">2012 年《全国统一安装工程预算定额河北省消耗量定额》</td><td>3.97%</td><td>4.37%</td></tr>
<tr><td>4</td><td colspan="2">2013 年《河北省仿古建筑工程消耗量定额》</td><td>4.53%</td><td>4.98%</td></tr>
</table>

6.2　安装工程工程量清单与计价

本节导学

在学习了各专业工程量计算的基础上，进一步学习安装工程清单计价的计算程序、分部分项工程清单、措施项目清单、规费及税金项目清单的计价方法，使学生能够依据本地区的消耗量定额、《建设工程工程量清单计价规范》（GB 50500—2013）、《通用安装工程工程量计算规范》（GB 50856—2013），完成安装工程清单计价。

6.2.1 安装工程工程量清单的编制

1. 编制（招标）工程量清单的依据

1）《建设工程工程量清单计价规范》GB 50500—2013 和相关工程的国家计量规范。

2）国家或省级、行业建设主管部门颁发的计价依据和办法。

3）建设工程设计文件及相关资料。

4）与建设工程有关的标准、规范、技术资料。

5）拟定的招标文件。

6）施工现场情况，地勘水文资料、工程特点及常规施工方案。

7）其他相关资料。

2. 分部分项工程项目清单编制

分部分项工程项目清单必须根据各专业工程现行国家计量规范规定的项目编码、项目名称、项目特征、计量单位和工程量计算规则进行编制，见表 6-14。

表 6-14 分部分项工程和单价措施项目清单与计价表

工程名称： 标段： 第 页 共 页

序号	项目编码	项目名称	项目特征	计量单位	工程量	金额/元		
						综合单价	合价	其中
								暂估价

（1）项目编码 项目编码是分部分项工程和措施项目清单名称的阿拉伯数字标识。

项目编码共分为五级，用十二位阿拉伯数字表示。各级编码代表的含义如下：

第一级编码（第一、二位）表示为专业工程代码。其中：01 表示房屋建筑与装饰工程；02 表示仿古建筑工程；03 表示通用安装工程；04 表示市政工程；05 表示园林绿化工程；06 表示矿山工程；07 表示构筑物工程；08 表示城市轨道交通工程；09 表示爆破工程。

第二级编码（第三、四位）表示附录分类顺序码。如：0304 表示通用安装工程的附录 D“电气设备安装工程”。

第三级编码（第五、六位）表示分部工程顺序码。如：030412 表示通用安装工程的附录 D 中“D. 12 照明器具安装”分部。

第四级编码（第七、八、九位）表示分项工程项目名称顺序码。如：030412005 表示通用安装工程的附录 D. 12 照明器具安装中荧光灯分项。

第五级编码（第十、十一、十二位）表示的是清单项目名称顺序码。如：030412005001 表示吸顶式荧光灯（单管组装型）。

在项目编码中，第一~四级编码（即一~九位）必须按照《建设工程工程量清单计价规范》（GB 50500—2013）的统一规定设置，不得变动；第五级编码（即十～十二位）由工程量清单编制人区分具体工程项目特征设置，同一招标工程的项目编码不得出现重码。

项目编码结构如图6-2所示（以电气安装工程为例）。

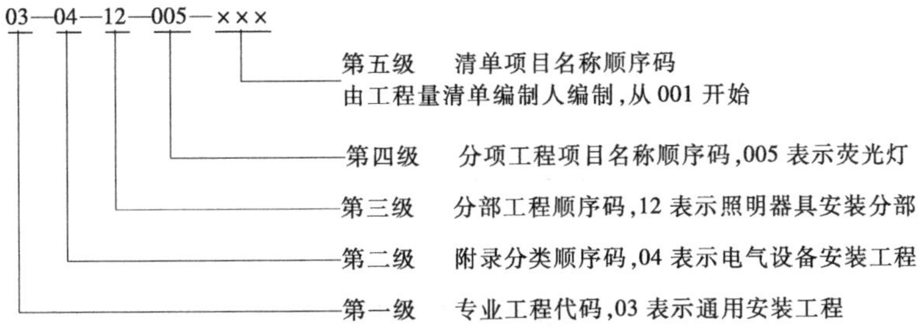

图6-2　项目编码结构说明图

（2）项目名称　项目名称应按照附录中的项目名称，结合拟建工程的实际确定。例如：规范附录K给排水、采暖、燃气工程中，K.4卫生器具031004014给排水附（配）件指独立的水嘴、地漏、地面清扫口等。在列清单项目名称时，结合拟建工程的实际确定其项目名称：水嘴或地漏。

（3）项目特征　项目特征是构成分部分项工程项目、措施项目自身价值的本质特征。项目特征是对项目的准确描述，是确定一个清单项目综合单价不可缺少的重要依据，在编制工程量清单时，结合拟建工程项目的实际，必须对项目特征进行准确和全面的描述。

在各专业工程计量规范附录中，还有关于各清单项目“工作内容”的描述。工作内容是指完成清单项目可能发生的具体工作和操作程序，工程内容通常无须描述，因为在计价规范中，工程量清单项目与工程量计算规则、工作内容有一一对应关系，当采用计价规范这一标准时，工程内容均有规定。

（4）计量单位　计量单位必须按附录中规定的计量单位确定，一般按基本计量单位设置。即：计算质（重）量——吨（t）或千克（kg）；计算体积——立方米（m^3）；计算面积——平方米（m^2）；计算长度——米（m）；其他——个、套、块、樘、组、台等；没有具体数量的项目——系统、项等；各专业有特殊计量单位的，需另行加以说明。

（5）工程量计算规则　工程数量的计算应按照《通用安装工程工程量计算规范》（GB 50856—2013）中规定的工程量计算规则进行计算。和按施工工序进行设置的预算定额相比，清单项目的划分一般是以一个综合实体考虑的，包括了多项工程内容，所以在计算时必须要注意计算规则的变化，还要注意项目名称的计算单位。

3. 措施项目清单的编制

措施项目清单应根据相关工程现行国家计量规范的规定编制，并应依据拟建工程的实际情况列项。措施项目清单分为单价措施项目清单和总价措施项目清单，单价措施项目清单与完成工程实体具有直接关系，并且可以精确计量工程量的措施项目，用分部分项工程量清单的方式进行编制，必须列出项目编码、项目名称、项目特征、计量单位和工程量五个要件，见表6-14；总价措施项目清单是不能计算工程量的措施项目，仅列出项目编码、项目名称和包含的范围，不必描述项目特征和确定计量单位，见表6-15。

表 6-15 总价措施项目清单与计价表

工程名称： 标段： 第 页 共 页

序号	项目编码	项目名称	计算基础	费率(%)	金额/元	调整费率(%)	调整后金额/元	备注

编制人（造价人员）： 复核人（造价工程师）

4. 其他项目清单的编制

其他项目清单包括下列内容：暂列金额、暂估价（包括材料暂估单价、工程设备暂估单价、专业工程暂估价）；计日工和总承包服务费。其他项目清单与计价汇总表见表 6-16，若出现未包含在表格中内容的项目，可根据工程实际情况进行补充。

表 6-16 其他项目清单与计价汇总表

工程名称： 标段： 第 页 共 页

序号	项目名称	金额/元	结算金额/元	备注
1	暂列金额			
2	暂估价			
2.1	材料(工程设备)暂估价/结算价			
2.2	专业工程暂估价/结算价			
3	计日工			
4	总承包服务费			
5	索赔与现场签证(工程结算列此项)			
合计				

注：材料（工程设备）暂估单价进入清单项目综合单价，此处不汇总。

招标人填写的内容随招标文件发至投标人或招标控制价编制人，其项目名称、数量、金额等内容招标控制价编制人或投标人在编制招标控制价和投标价时不得随意改动。

1）暂列金额是招标人在工程量清单中暂定并包括在合同价款中的一笔款项，用于工程合同签订时尚未确定或者不可预见的所需材料、工程设备、服务的采购，施工中可能发生的工程变更、合同约定调整因素出现时的工程价款调整以及发生的索赔、现场签证确认等的费用。暂列金额明细表见表 6-17。

表 6-17 暂列金额明细表

工程名称： 标段： 第 页 共 页

序号	项目名称	计量单位	暂定金额/元	备注
1				
2				
3				
合计				

注：此表由招标人填写，如不能详列，也可只列暂定金额总价，投标人应将上述暂列金额计入投标总价中。

暂列金额是为工程建设过程中出现的诸多不确定因素导致价格调整而设立的，以便达到合理确定和有效控制工程造价的目标。

2）暂估价是招标人在工程量清单中提供的用于支付必然发生但暂时不能确定价格的材料、工程设备的单价以及专业工程的金额，包括材料暂估单价、工程设备暂估单价和专业工程暂估价。暂估价类在招标阶段预见肯定要发生，只是因为标准不明确或者需要由专业承包人完成，暂时无法确定价格。

暂估价中的材料、设备暂估单价应根据工程造价信息或参照市场价格估算，列出明细表（见表6-18）；专业工程暂估价应分不同专业，按有关计价规定估算，列出明细表（见表6-19）。

表6-18 材料（工程设备）暂估单价及调整表

工程名称： 标段： 第 页 共 页

序号	材料（工程设备）名称、规格、型号	计量单位	数量		暂估/元		确认/元		差额±/元		备注
			暂估	确认	单价	合价	单价	合价	单价	合价	
合计											

注：此表由招标人填写“暂估单价”，并在备注栏内说明暂估价的材料、工程设备拟用在哪些清单项目上，投标人应将上述材料、工程设备暂估单价计入工程量清单综合单价报价中。

表6-19 专业工程暂估价及结算价格表

工程名称： 标段： 第 页 共 页

序号	工程名称	工程内容	暂估金额/元	结算金额/元	差额±/元	备注
1						
2						
3						
合计						

注：此表“暂估金额”由招标人填写，投标人应将“暂估金额”计入投标总价中。结算时按合同约定结算金额填写。

3）计日工是在施工过程中，承包人完成发包人提出的工程合同范围以外的零星项目或工作，按合同中约定的单价计价的一种方式。计日工是为了解决现场发生的零星项目或工作的计价而设立的。见表6-20。表中人工、材料、机械台班的暂定数量、项目名称由发包人根据工程的复杂程度、工程设计质量的优劣，以及工程项目设计的成熟程度等因素来确定给出。

表 6-20 计日工表

工程名称：　　　　　　　　　　　　　　　　标段：　　　　　　　　　　　　　　　　第　页共　页

编号	项目名称	单位	暂定数量	实际数量	综合单价/元	合价/元	
						暂定	实际
一	人工						
1							
2							
3							
人工小计							
二	材料						
1							
2							
3							
材料小计							
三	施工机械						
1							
2							
3							
施工机械小计							
四、企业管理费和利润							
合计							

注：此表项目名称、暂定数量由招标人填写，编制招标控制价时，单价由招标人按有关计价规定确定；投标时，单价由投标人自主报价，按暂定数量计算合价计入投标总价中，结算时，按发承包双方确认实际数量计算合价。

4）总承包服务费是总承包人为配合协调发包人进行的专业工程发包，对发包人自行采购的材料、工程设备等进行保管以及施工现场管理、竣工资料汇总整理等服务所需的费用。招标人应预计该项费用并按投标人的投标报价向投标人支付该项费用。

总承包服务费应列出服务项目及其内容等，见表 6-21。

表 6-21 总承包服务费计价表

工程名称：　　　　　　　　　　　　　　　　标段：　　　　　　　　　　　　　　　　第　页共　页

序号	项目名称	项目价值/元	服务内容	计算基础	费率(%)	金额/元
1	发包人发包专业工程					
2	发包人提供材料					
	合计					

注：此表项目名称、服务内容由招标人填写，编制招标控制价时，费率及金额由招标人按有关计价规定确定；投标时，费率及金额由投标人自主报价，计入投标总价中。

5）索赔和现场签证：竣工结算时，如果发生“索赔”或“现场签证”费用，应列此项，并按双方认可的金额计入表 6-16 中。

5. 规费、税金项目清单的编制

规费项目清单应按下列内容列项：社会保险费（包括养老保险费、失业保险费、医疗保险费、工伤保险费、生育保险费）；住房公积金；工程排污费。

税金项目清单应包括下列内容：营业税、城市维护建设税；教育费附加；地方教育附加。

规费、税金项目清单与计价表见表6-22。

表6-22 规费、税金项目清单与计价表

工程名称：　　　　　　　　　　　　　标段：　　　　　　　　　　　　第　页共　页

序号	项目名称	计算基础	计算基数	计算费率(%)	金　额/元
1	规费	分部分项工程费中的计算基数＋措施项目费中的计算基数＋其他项目费中的计算基数			
1.1	社会保险费				
(1)	养老保险费				
(2)	失业保险费				
(3)	医疗保险费				
(4)	工伤保险费				
(5)	生育保险费				
1.2	住房公积金				
1.3	工程排污费				
2	税金	分部分项工程费＋措施项目费＋其他项目费＋规费－按规定不计税的工程设备金额			
合　计					

编制人（造价人员）：　　　　　　　　　　　　　　复核人（造价工程师）：

6.2.2 安装工程工程量清单计价实例

1. 招标文件中的工程量清单

本实例是某住宅楼采暖工程，依据《建设工程工程量清单计价规范》（GB 50500—2013）、《通用安装工程工程量清单计算规范》（GB 50856—2013）及河北省的计价规程编制的工程量清单，如下（1）～（7）项。请完成其清单投标报价，并填报相应表格。

本例题只针对投标人投标报价阶段进行计算，对于合同价款约定以及工程计量与价款支付、工程价款调整、索赔、竣工结算、工程计价争议处理等内容不做详细计算。

（1）封面　封面格式如图6-3所示。

某住宅楼采暖工程清单计价 工程

招 标 工 程 量 清 单

招　标　人：（单位公章）　　法定代表人或委托代理人：（签字盖章）

工程造价咨询人：（单位公章及成果专用章）　　法定代表人或委托代理人：（签字盖章）

编　制　人：（造价人员签字盖专用章）　　复　核　人：（造价工程师签字盖专用章）

编制时间:2015年 ×月×日

图6-3　某工程招标工程量清单封面

（2）总说明　总说明格式如图6-4所示。

总说明

工程名称：住宅楼采暖工程清单计价　　　　第1页　共1页

1. 工程概况

本工程是某开发公司投资建设的某小区住宅楼。结构类型为框架剪力墙结构，总建筑面积为7535m^2，建筑层数为12层，层高2.8m，计划工期为：360天（本年5月4日至下一年4月30日）。

2. 工程招标范围

某小区住宅楼工程施工图样范围内的采暖系统安装工程（具体见工程量清单）。

3. 工程量清单编制依据

(1)《建设工程工程量清单计价规范》(GB 50500—2013)、《通用安装工程工程量计算规范》(GB 50856—2013)。

(2)建设主管部门颁发的计价依据和办法。

(3)建设工程设计文件。

(4)与建设工程项目有关的标准、规范、技术资料。

(5)招标文件及其补充通知、答疑纪要。

(6)施工现场情况、工程特点及常规施工方案。

(7)其他相关资料。

4. 工程质量要求

按《建筑给水排水及采暖工程施工质量验收规范》(GB 50242—2002)严格验收，要求达到"合格"。

5. 其他需说明的问题

无

图6-4　某工程招标工程量清单总说明

（3）单位工程投标报价汇总表（河北规程表格形式）　单位工程投标报价汇总表见表6-23。

表6-23　单位工程投标报价汇总表

工程名称：某住宅楼采暖工程清单计价　　　　第1页　共1页

序号	名称	计算基数	费率(%)	金额/元	其中/元		
					人工费	材料费	机械费
1	分部分项工程量清单计价合计	分部分项合计	—				
2	措施项目清单计价合计	单价措施项目工程量清单计价合计+其他总价措施项目清单计价合计	—				
2.1	单价措施项目工程量清单计价合计	单价措施项目					
2.2	其他总价措施项目清单计价合计	其他总价措施项目					
3	其他项目清单计价合计	其他项目合计	—				
4	规费	规费合计					
5	安全生产、文明施工费	安全生产、文明施工费					
6	税金	分部分项工程量清单计价合计+措施项目清单计价合计+其他项目清单计价合计+规费+安全生产、文明施工费					
	合计	—	—				

（4）分部分项工程量清单及综合单价分析表　分部分项工程量清单及综合单价分析表

分别见表 6-24、表 6-25。

表 6-24 分部分项工程量清单与计价表

工程名称：住宅楼采暖工程清单计价　　　　第 1 页 共 4 页

序号	项目编码	项目名称	项目特征	计量单位	工程数量	金额/元		
						综合单价	合价	其中 暂估价
1	031001002001	钢管	1. 安装部位：室内 2. 输送介质：热媒体 3. 规格：*DN*15 4. 连接形式：螺纹连接 5. 压力试验、水冲洗：按规范要求	m	1325			
2	031001002002	钢管	1. 安装部位：室内 2. 输送介质：热媒体 3. 规格：*DN*20 4. 连接形式：螺纹连接 5. 压力试验、水冲洗：按规范要求	m	1855			
3	031001002003	钢管	1. 安装部位：室内 2. 输送介质：热媒体 3. 规格：*DN*25 4. 连接形式：螺纹连接 5. 压力试验、水冲洗：按规范要求	m	1030			
4	031001002004	钢管	1. 安装部位：室内 2. 输送介质：热媒体 3. 规格：*DN*32 4. 连接形式：螺纹连接 5. 压力试验、水冲洗：按规范要求	m	95			
5	031001002005	钢管	1. 安装部位：室内 2. 输送介质：热媒体 3. 规格：*DN*40 4. 连接形式：焊接 5. 压力试验、水冲洗：按规范要求	m	120			
6	031001002006	钢管	1. 安装部位：室内 2. 输送介质：热媒体 3. 规格：*DN*50 4. 连接形式：焊接 5. 压力试验、水冲洗：按规范要求	m	230			
7	031001002007	钢管	1. 安装部位：室内 2. 输送介质：热媒体 3. 规格：*DN*70 4. 连接形式：焊接 5. 压力试验、水冲洗：按规范要求	m	180			
本页小计								

（续）

序号	项目编码	项目名称	项目特征	计量单位	工程数量	金额/元		
						综合单价	合价	其中 暂估价
8	031001002008	钢管	1. 安装部位：室内 2. 输送介质：热媒体 3. 规格：*DN*80 4. 连接形式：焊接 5. 压力试验、水冲洗：按规范要求	m	95			
9	031001002009	钢管	1. 安装部位：室内 2. 输送介质：热媒体 3. 规格：*DN*100 4. 连接形式：焊接 5. 压力试验、水冲洗：按规范要求	m	70			
10	031003009001	补偿器	1. 类型：方形伸缩器 2. 规格：*DN*100 3. 连接形式：焊接	个	2			
11	031003009002	补偿器	1. 类型：方形伸缩器 2. 规格：*DN*80 3. 连接形式：焊接	个	2			
12	031003009003	补偿器	1. 类型：方形伸缩器 2. 规格：*DN*70 3. 连接形式：焊接	个	4			
13	031003009004	补偿器	1. 类型：方形伸缩器 2. 规格：*DN*50 3. 连接形式：焊接	个	4			
14	031003001001	螺纹阀门	1. 类型：J11T—16—15 截止阀 2. 规格：*DN*15 3. 压力等级：$p = 1.6$MPa 4. 连接形式：螺纹连接	个	84			
15	031003001002	螺纹阀门	1. 类型：J11T—16—20 截止阀 2. 规格：*DN*20 3. 压力等级：$p = 1.6$MPa 4. 连接形式：螺纹连接	个	76			
16	031003001003	螺纹阀门	1. 类型：J11T—16—25 截止阀 2. 规格：*DN*25 3. 压力等级：$p = 1.6$MPa 4. 连接形式：螺纹连接	个	52			
17	031003003001	焊接法兰阀门	1. 类型：J41T—16 截止阀 2. 规格：*DN*100 3. 压力等级：$p = 1.6$MPa 4. 焊接方法：平焊	个	6			
18	031005001001	铸铁散热器	1. 型号、规格：柱型 813 铸铁暖气片 2. 安装方式：落地安装	片	5385			
本页小计								

（续）

第 3 页 共 4 页

序号	项目编码	项目名称	项目特征	计量单位	工程数量	金额/元		
						综合单价	合价	其中 暂估价
19	031003001004	螺纹阀门	1. 类型：自动排气阀 2. 材质：铜 3. 规格：*DN*20 4. 压力等级 $p=1.6$MPa 5. 连接形式：螺纹连接	个	5			
20	031002001001	管道支架	1. 材质：型钢 2. 管架形式：一般管架	kg	1200			
21	031002003001	套管	1. 名称、类型：套管 2. 材质：镀锌铁皮 3. 规格：*DN*15	个	250			
22	031002003003	套管	1. 名称、类型：套管 2. 材质：镀锌铁皮 3. 规格：*DN*20	个	267			
23	031002003004	套管	1. 名称、类型：套管 2. 材质：镀锌铁皮 3. 规格：*DN*25	个	105			
24	031002003005	套管	1. 名称、类型：套管 2. 材质：镀锌铁皮 3. 规格：*DN*32	个	21			
25	031002003002	套管	1. 名称、类型：套管 2. 材质：钢管 3. 规格：*DN*40	个	30			
26	031002003006	套管	1. 名称、类型：套管 2. 材质：钢管 3. 规格：*DN*50	个	50			
27	031002003007	套管	1. 名称、类型：套管 2. 材质：钢管 3. 规格：*DN*70	个	34			
28	031002003008	套管	1. 名称、类型：套管 2. 材质：钢管 3. 规格：*DN*80	个	30			
29	031002003009	套管	1. 名称、类型：套管 2. 材质：钢管 3. 规格：*DN*100	个	30			
30	031201001001	管道刷油	1. 除锈级别：手工除微锈 2. 油漆品种：防锈漆 3. 涂刷遍数：一遍	m^2	524.5			
31	031201001002	管道刷油	1. 油漆品种：银粉漆 2. 涂刷遍数：两遍	m^2	368.6			
32	031201003001	金属结构刷油	1. 除锈级别：手工除微锈 2. 油漆品种及涂刷遍数：防锈漆一遍 3. 油漆品种及涂刷遍数：银粉漆两遍	kg	1200			
本页小计								

（续）

第 4 页　共 4 页

序号	项目编码	项目名称	项目特征	计量单位	工程数量	金额/元		
						综合单价	合价	其中 暂估价
33	031201004001	铸铁管、暖气片刷油	1. 除锈级别：手工除微锈 2. 油漆品种及涂刷遍数：防锈漆一遍 3. 油漆品种及涂刷遍数：银粉漆两遍	m^2	1507.8			
34	031208002002	管道绝热	1. 绝热材料品种：岩棉管壳 2. 绝热厚度：$\delta=50mm$ 3. 管道 $\phi57mm$ 以下保温	m^3	6.06			
35	031208002001	管道绝热	1. 绝热材料品种：岩棉管壳 2. 绝热厚度：$\delta=50mm$ 3. 管道 $\phi133mm$ 以下保温	m^3	7.78			
36	031208007001	防潮层、保护层	1. 材料：玻璃丝布 2. 厚度：$\delta=0.5mm$ 3. 层数：一层	m^2	402.8			
37	031201006001	布面刷油	1. 布面品种：玻璃丝布 2. 油漆品种：调和漆 3. 涂刷遍数：两遍	m^2	402.8			
38	031009001001	采暖工程系统调试	采暖工程系统调试	系统	1			
本页小计								
合　计								

注：为方便计取规费等，可在表中增设其中："定额人工费"。

表 6-25　综合单价分析表

工程名称：某住宅楼采暖工程　　　　标段：　　　　第　页　共　页

项目编码		项目名称		计量单位		工程量					
清单综合单价组成明细											
定额编号	定额项目名称	定额单位	数量	单价				合价			
				人工费	材料费	机械费	管理费和利润	人工费	材料费	机械费	管理费和利润
人工单价		小计									
综合用工二类：元/工日		未计价材料费									
清单项目综合单价											
材料费明细	主要材料(未计价材料)名称、规格、型号					单位	数量	单价/元	合价/元	暂估单价/元	暂估合价/元
	未计价材料费小计										
	其他材料费							—		—	—

注：1. 如不使用省级或行业建设主管部门发布的计价依据，可不填定额项目、编号等。

2. 招标文件提供了暂估单价的材料，按暂估的单价填入表内"暂估单价"栏及"暂估合价"栏。

（5）措施项目清单表 措施项目清单表见表6-26、表6-27。

表6-26 单价措施项目工程量清单与计价表

工程名称：某住宅楼采暖工程清单计价 第1页 共1页

序号	项目编码	项目名称	项目特征	计量单位	工程量	金额/元		
						综合单价	合价	其中 暂估价
—	—	本页小计	—	—	—	—		
—	—	合计	—	—	—	—		

表6-27 总价措施项目清单与计价表

工程名称：某住宅楼采暖工程清单计价 第1页 共1页

序号	项目编码	项目名称	计算基础	费率(%)	金额/元	调整费率(%)	调整后金额/元	备注
1 安全生产、文明施工费			—	—	—	—	—	—
(1)	031302001001	安全生产、文明施工费						
	—	小计						
2 其他总价措施项目			—	—	—	—	—	—
(1)	031302B01001	冬期施工增加费						
(2)	031302B02001	雨期施工增加费						
(3)	031302002001	夜间施工增加						
(4)	031302004001	二次搬运费						
(5)	031302B03001	生产工具用具使用费						
(6)	031302B04001	检验试验配合费						
(7)	031302B05001	工程定位复测场地清理费						
(8)	031302B06001	停水停电增加费						
(9)	031302006001	已完工程及设备保护费						
(10)	031302007001	高层施工增加						
(11)	031302B07001	垂直运输费						
(12)	031302B08001	施工与生产同时进行增加费用						
(13)	031302B09001	有害环境中施工增加费						
(14)	031301017001	脚手架搭拆						
	—	小计						

注：表中项目编码是河北省的补充项目编码，其中第7位用“B”表示。

（6）其他项目清单表 其他项目清单表见表6-28～表6-33。

表 6-28　其他项目清单与计价汇总表

工程名称：住宅楼采暖工程清单计价　　第 1 页　共 1 页

序号	项目名称	金额/元	结算金额/元	备注
1	暂列金额	23320		
2	暂估价			
2.1	材料(工程设备)暂估价			—
2.2	专业工程暂估价			—
3	计日工			
4	总承包服务费			
5	索赔与现场签证			
	合计			

注：材料（工程设备）暂估单价进入清单项目综合单价，此处不汇总。

表 6-29　暂列金额明细表

工程名称：住宅楼采暖工程清单计价　　第 1 页　共 1 页

序号	项目名称	计量单位	暂定金额/元	备注
1	暂列金额	项	23320	
合　计			23320	

注：此表由招标人填写，如不能详列，也可只列暂定金额总价，投标人应将上述暂列金额计入投标总价中。

表 6-30　材料（工程设备）暂估单价表

工程名称：住宅楼采暖工程清单计价　　第 1 页　共 1 页

序号	材料(工程设备)名称、规格、型号	计量单位	数量		暂估/元		确认/元		差额 ±/元		备注
			暂估	确认	单价	合价	单价	合价	单价	合价	
	合计										

注：此表由招标人填写“暂估单价”，并在备注栏内说明暂估价的材料、工程设备拟用在哪些清单项目上，投标人应将上述材料、工程设备暂估单价计入工程量清单综合单价报价中。

表 6-31　专业工程暂估价及结算价格表

工程名称：　　标段：　　第　页　共　页

序号	工程名称	工程内容	暂估金额/元	结算金额/元	差额 ±/元	备注
1						
2						
3						
	合计					

注：此表“暂估金额”由招标人填写，投标人应将“暂估金额”计入投标总价中。结算时按合同约定结算金额填写。

表 6-32 计日工表

工程名称：住宅楼采暖工程清单计价　　　　第 1 页　共 1 页

序号	项目名称	单位	暂定数量	实际数量	综合单价/元	合价/元	
						暂定	实际
1	人工	—	—		—	—	—
1.1	管道工	工日	120				
1.2	电焊工	工日	50				
1.3	其他工	工日	50				
小计		—	—		—		
2	材料	—	—		—	—	—
2.1	电焊条	kg	10				
2.2	氧气	m^3	15				
2.3	乙炔气	kg	90				
小计		—	—		—		
3	机械	—	—		—	—	—
3.1.	电焊机直流 20kW	台班	50				
3.2	汽车起重机 8t	台班	40				
3.3	载重汽车 8t	台班	40				
小计			—		—	—	—
合计		—	—		—	—	—

注：此表项目名称、暂定数量由招标人填写，编制招标控制价时，单价由招标人按有关计价规定确定；投标时，单价由投标人自主报价，按暂定数量计算合价计入投标总价中，结算时，按发承包双方确认实际数量计算合价。

表 6-33 总承包服务费计价表

工程名称：住宅楼采暖工程清单计价　　　　第 1 页　共 1 页

序号	项目名称	项目价值/元	服务内容	计算基础	费率(%)	金额/元
1	招标人另行发包专业工程	—			—	—
1.1						
	小　　计				—	
2	招标人供应材料	—			—	—
2.1						
	小　　计				—	
3	招标人供应设备	—			—	—
3.1						
	小　　计				—	
—	合　　计	—			—	

注：此表项目名称、服务内容由招标人填写，编制招标控制价时，费率及金额由招标人按有关计价规定确定；投标时，费率及金额由投标人自主报价，计入投标总价中。

（7）主要材料、工程设备一览表　主要材料、工程设备一览表见表 6-34、表 6-35。

表 6-34 发包人（招标人）提供材料和工程设备一览表

工程名称：某住宅楼采暖工程清单计价　　　　第 1 页　共 1 页

序号	材料(工程设备)名称、规格、型号	单位	数量	单价/元	交货方式	送达地点	备注

（续）

序号	材料（工程设备）名称、规格、型号	单位	数量	单价/元	交货方式	送达地点	备注
	合计	—	—	—	—	—	

注：此表由招标人填写，供投标人在投标报价、确定总承包服务费时参考。

表 6-35　承包人提供主要材料和工程设备一览表

工程名称：住宅楼采暖工程清单计价　　　　第 1 页 共 2 页

序号	名称、规格、型号	单位	数量	风险系数（%）	基准单价/元	投标单价/元	发承包人确认单价/元	备注

注：1. 此表由招标人填写除“投标单价”栏的内容，投标人在投标时自主确定投标单价。
2. 招标人应优先采用工程造价管理机构发布的单价作为基准单价，未发布的，通过市场调查确定其基准单价。

2. 工程量清单计价（以投标报价为例）

依据招标文件中提供的某采暖工程招标工程量清单，根据《建设工程工程量清单计价规范》（GB 50500—2013）、《通用安装工程工程量计算规范》（GB 50856—2013）及2012年《全国统一安装工程预算定额河北省消耗量定额》编制清单投标价。

根据2012年《河北省建筑、安装、市政、装饰装修工程费用标准》的安装工程类别划分，该采暖工程为二类工程取费。工程费用标准参见表6-6。

（1）封面　封面如图6-5所示。

投 标 总 价

招标人：某开发商

工程名称：某高层（12）住宅楼采暖工程

投标总价（小写）：人民币 650922.17

（大写）：陆拾伍万零玖佰贰拾贰元壹角柒分

投标人：某安装工程公司
（单位盖章）

法定代表人

或其授权人：××法定代表人
（签字或盖章）

编　制　人：××签字盖造价工程师或造价员专用章
（造价人员签字盖专用章）

编制时间：2015 年　× 月　× 日

图 6-5　某工程投标总价封面

（2）总说明　总说明如图6-6所示。

总 说 明

工程名称:某住宅楼采暖工程　　　　第1页 共1页

1. 工程概况

本工程是某开发公司投资建设的某小区住宅楼。结构类型为框架剪力墙结构，总建筑面积为7535m^2，建筑层数为12层，招标计划工期为:360天(本年5月4日至下一年4月30日)，投标工期为350天。

2. 投标报价范围

本次招标的住宅楼工程施工图样范围内的采暖系统安装工程。

3. 投标报价编制依据

(1)《建设工程工程量清单计价规范》(GB 50500—2013)。

(2)建设主管部门颁发的计价办法。

(3)企业定额，建设主管部门颁发的计价定额。

(4)招标文件、工程量清单及其补充通知、答疑纪要。

(5)建设工程设计文件及相关资料。

(6)施工现场情况、工程特点及拟定的投标施工组织设计。

(7)与建设项目相关的标准、规范等技术资料。

(8)市场价格信息及工程所在地工程造价管理机构×年×月工程造价信息发布的价格。

(9)其他的相关资料。

图6-6　某工程投标总价总说明

（3）单位工程投标报价汇总表　单位工程投标报价汇总表见表6-36。

表6-36　单位工程投标报价汇总表

工程名称：某住宅楼采暖工程清单计价　　　　第1页　共1页

序号	名称	计算基础	基数/元	费率(%)	金额/元	其中/元		
						人工费	材料费	机械费
1	分部分项工程量清单计价合计	分部分项合计	—	—	467338.14	103000.98	315018.92	15998.69
2	措施项目清单计价合计	单价措施项目工程量清单计价合计+其他总价措施项目清单计价合计	—	—	47752.40	11137.35	6571.13	21035.54
2.1	单价措施项目工程量清单计价合计	单价措施项目	—	—		—		—
2.2	其他总价措施项目清单计价合计	其他总价措施项目	—	—	47752.40	—		—
3	其他项目清单计价合计	其他项目合计	—	—	46787.00	—		—
4	规费	规费合计	151172.56	27	40816.59	—		—
5	安全生产、文明施工费	安全生产、文明施工费	602694.13	4.37	26337.73	—		—
6	税金	分部分项工程量清单计价合计+措施项目清单计价合计+其他项目清单计价合计+规费+安全生产、文明施工费	629031.86	3.48	21890.31	—		—
合计		—		—	650922.17	114138.33	321590.05	37034.23

注：1. 本表适用于单位工程招标控制价或投标报价的汇总，如无单位工程划分，单项工程也使用本表汇总。

2. 为了方便教学，表格增加基数列。

（4）分部分项工程量清单与计价表　分部分项工程量清单与计价表见表6-37。

表6-37　分部分项工程量清单与计价表

工程名称：某住宅楼采暖工程清单计价　　　　第1页　共4页

序号	项目编码	项目名称	项目特征	计量单位	工程数量	金额/元		
						综合单价	合价	其中 暂估价
1	031001002001	钢管	1. 安装部位:室内 2. 输送介质:热媒体 3. 规格:*DN*15 4. 连接形式:螺纹连接 5. 压力试验、水冲洗:按规范要求	m	1325	23.051	30542.58	
2	031001002002	钢管	1. 安装部位:室内 2. 输送介质:热媒体 3. 规格:*DN*20 4. 连接形式:螺纹连接 5. 压力试验、水冲洗:按规范要求	m	1855	25.994	48218.87	
3	031001002003	钢管	1. 安装部位:室内 2. 输送介质:热媒体 3. 规格:*DN*25 4. 连接形式:螺纹连接 5. 压力试验、水冲洗:按规范要求	m	1030	35.083	36135.49	
4	031001002004	钢管	1. 安装部位:室内 2. 输送介质:热媒体 3. 规格:*DN*32 4. 连接形式:螺纹连接 5. 压力试验、水冲洗:按规范要求	m	95	39.750	3776.25	
5	031001002005	钢管	1. 安装部位:室内 2. 输送介质:热媒体 3. 规格:*DN*40 4. 连接形式:焊接 5. 压力试验、水冲洗:按规范要求	m	120	36.480	4377.60	
6	031001002006	钢管	1. 安装部位:室内 2. 输送介质:热媒体 3. 规格:*DN*50 4. 连接形式:焊接 5. 压力试验、水冲洗:按规范要求	m	230	44.779	10299.17	
7	031001002007	钢管	1. 安装部位:室内 2. 输送介质:热媒体 3. 规格:*DN*70 4. 连接形式:焊接 5. 压力试验、水冲洗:按规范要求	m	180	66.292	11932.56	
8	031001002008	钢管	1. 安装部位:室内 2. 输送介质:热媒体 3. 规格:*DN*80 4. 连接形式:焊接 5. 压力试验、水冲洗:按规范要求	m	95	79.547	7556.97	
			本页小计				152839.49	

（续）

第 2 页 共 4 页

序号	项目编码	项目名称	项目特征	计量单位	工程数量	金额/元		
						综合单价	合价	其中 暂估价
9	031001002009	钢管	1. 安装部位:室内 2. 输送介质:热媒体 3. 规格:*DN*100 4. 连接形式:焊接 5. 压力试验、水冲洗:按规范要求	m	70	103.803	7266.21	
10	031003009001	补偿器	1. 类型:方形伸缩器制作 2. 规格:*DN*100	个	2	448.260	896.52	
11	031003009002	补偿器	1. 类型:方形伸缩器制作 2. 规格:*DN*80	个	2	346.030	692.06	
12	031003009003	补偿器	1. 类型:方形伸缩器制作 2. 规格:*DN*70	个	4	247.350	989.40	
13	031003009004	补偿器	1. 类型:方形伸缩器制作 2. 规格:*DN*50	个	4	136.660	546.64	
14	031003001001	螺纹阀门	1. 类型:J11T—16—15 截止阀 2. 规格:*DN*15 3. 压力等级:$p=1.6$MPa 4. 连接形式:螺纹连接	个	84	21.180	1779.12	
15	031003001002	螺纹阀门	1. 类型:J11T—16—20 截止阀 2. 规格:*DN*20 3. 压力等级:$p=1.6$MPa 4. 连接形式:螺纹连接	个	76	23.985	1822.86	
16	031003001003	螺纹阀门	1. 类型:J11T—16—25 截止阀 2. 规格:*DN*25 3. 压力等级:$p=1.6$MPa 4. 连接形式:螺纹连接	个	52	29.690	1543.88	
17	031003003001	焊接法兰阀门	1. 类型:J41T—16—100 截止阀 2. 规格:*DN*100 3. 压力等级:$p=1.6$MPa 4. 焊接方法:平焊	个	6	778.570	4671.42	
18	031005001001	铸铁散热器	1. 型号、规格:柱型 813 铸铁暖气片 2. 安装方式:落地安装	片	5385	35.396	190607.46	
19	031003001004	螺纹阀门	1. 类型:自动排气阀 2. 材质:铜 3. 规格:*DN*20 4. 压力等级 $p=1.6$MPa 5. 连接形式:螺纹连接	个	5	61.69	308.45	
20	031002001001	管道支架	1. 材质:型钢 2. 管架形式:一般管架	kg	1200	22.194	26632.8	
21	031002003001	套管	1. 名称、类型:套管 2. 材质:镀锌铁皮 3. 规格:*DN*15	个	250	3.32	830.0	
本页小计							238586.82	

（续）

第 3 页　共 4 页

序号	项目编码	项目名称	项目特征	计量单位	工程数量	金额/元		
						综合单价	合价	其中 暂估价
22	031002003003	套管	1. 名称、类型：套管 2. 材质：镀锌铁皮 3. 规格：*DN*20	个	267	6.14	1639.38	
23	031002003004	套管	1. 名称、类型：套管 2. 材质：镀锌铁皮 3. 规格：*DN*25	个	105	6.14	644.7	
24	031002003005	套管	1. 名称、类型：套管 2. 材质：镀锌铁皮 3. 规格：*DN*32	个	21	6.14	128.94	
25	031002003002	套管	1. 名称、类型：套管 2. 材质：钢管 3. 规格：*DN*40	个	30	28.203	846.09	
26	031002003006	套管	1. 名称、类型：套管 2. 材质：钢管 3. 规格：*DN*50	个	50	37.571	1878.55	
27	031002003007	套管	1. 名称、类型：套管 2. 材质：钢管 3. 规格：*DN*65	个	34	45.548	1548.63	
28	031002003008	套管	1. 名称、类型：套管 2. 材质：钢管 3. 规格：*DN*80	个	30	63.082	1892.46	
29	031002003009	套管	1. 名称、类型：套管 2. 材质：钢管 3. 规格：*DN*100	个	30	74.138	2224.14	
30	031201001001	管道刷油	1. 除锈级别：手工除微锈 2. 油漆品种：防锈漆 3. 涂刷遍数：一遍	m^2	524.5	6.595	3459.08	
31	031201001002	管道刷油	1. 油漆品种：银粉漆 2. 涂刷遍数：两遍	m^2	368.6	6.182	2278.69	
32	031201003001	金属结构刷油	1. 除锈级别：手工除微锈 2. 油漆品种及涂刷遍数：防锈漆一遍 3. 油漆品种及涂刷遍数：银粉漆两遍	kg	1200	1.685	2022.00	
33	031201004001	铸铁管、暖气片刷油	1. 除锈级别：手工除微锈 2. 油漆品种及涂刷遍数：防锈漆一遍 3. 油漆品种及涂刷遍数：银粉漆两遍	m^2	1507.8	14.254	21492.18	
			本页小计				40054.84	

（续）

第 4 页 共 4 页

序号	项目编码	项目名称	项目特征	计量单位	工程数量	金额/元		
						综合单价	合价	其中 暂估价
34	031208002002	管道绝热	1. 绝热材料品种：岩棉管壳 2. 绝热厚度：$\delta=50$mm 3. 管道 ϕ57mm 以下保温	m^3	6.06	1009.467	6117.37	
35	031208002001	管道绝热	1. 绝热材料品种：岩棉管壳 2. 绝热厚度：$\delta=50$mm 3. 管道 ϕ133mm 以下保温	m^3	7.78	856.315	6662.13	
36	031208007001	防潮层、保护层	1. 材料：玻璃丝布 2. 厚度：$\delta=0.5$mm 3. 层数：一层	m^2	402.8	5.560	2239.57	
37	031201006001	布面刷油	1. 布面品种：玻璃丝布 2. 油漆品种：调和漆 3. 涂刷遍数：两遍	m^2	402.8	18.319	7378.89	
38	031009001001	采暖工程系统调试		系统	1	13459.03	13459.03	
本页小计							35856.99	
合　计							467338.14	

注：为方便计取规费等，可在表格中增设其中“定额人工费”。

（5）总价措施项目清单与计价表　总价措施项目清单与计价表见表 6-38。

表 6-38　总价措施项目清单与计价表

工程名称：某住宅楼采暖工程清单计价　　　　第 1 页　共 1 页

序号	项目编码	项目名称	计算基数	费率（%）	金额/元	调整费率（%）	调整后金额/元	备注
1 安全生产、文明施工费			—	—	—	—	—	—
1	031302001001	安全生产、文明施工费	602694.13	4.37	26337.73			
	—	小计			26337.73			
2　其他总价措施项目			—	—	—	—	—	—
1	031302B01001	冬期施工增加费	113092.46	1.0372	1172.99			
2	031302B02001	雨期施工增加费	113092.46	2.4164	2732.77			
3	031302002001	夜间施工增加费	113092.46	1.2264	1386.97			
4	031302004001	二次搬运费						
5	031302B03001	生产工具用具使用费						
6	031302B04001	检验试验配合费						
7	031302B05001	工程定位复测场地清理费						
8	031302B06001	停水停电增加费						
9	031302006001	已完工程及设备保护费	113092.46	0.6832	772.65			
10	031302007001	高层施工增加			34536.84			
		第八册	90462.62	24.7296	22371.04			
		第十一册	22629.84	53.76	12165.80			
11	031302B07001	垂直运输费	90462.62	1.536	1389.51			

（续）

序号	项目编码	项目名称	计算基数	费率（%）	金额/元	调整费率（%）	调整后金额/元	备注
12	031302B08001	施工与生产同时进行增加费用						
13	031302B09001	有害环境中施工增加费						
14	031301017001	脚手架搭拆			5760.67			
		第八册	90462.62	4.494	4065.39			
		第十一册刷油	14770.35	7.1904	1062.05			
		第十一册保温	3522.64	17.976	633.23			
	—	小计			47752.40			

注：1. 表中项目编码是河北省的补充项目编码，其中第7位用“B”表示。

2. 措施项目的“费率”是综合费率，包括人工费率、材料费率、机械费率、管理费率及利润率。其中，管理费率 =（定额人工费率 + 定额机械费率）×相应工程类别的管理费费率（二类工程为17%）；利润率 =（定额人工费率 + 定额机械费率）×相应工程类别的利润率（二类工程为11%）。

3. 第八册和第十一册费率不同时，措施项目要分册计算。

4. 表中113092.46元是全部直接工程费（实体项目）中的人工费、机械费之和；其中90462.62元是第八册定额直接工程费（实体项目）中的人工费、机械费之和；其中22629.84元是第十一册定额直接工程费（实体项目）中的人工费、机械费之和（第十一册定额直接工程费（实体项目）的人工费、机械费之和22629.84元包括刷油的14770.35元；除锈的4336.85元；绝热的3522.64元）。

5. 本例可竞争措施项目只举例计取了冬雨期施工增加费、夜间施工增加费、已完工程及设备保护费、高层建筑增加费、垂直运输费和脚手架搭拆费，一般还要计取的生产工具用具使用费、检验试验配合费、工程定位复测场地清理费、停水停电增加费计算方法同上，由于篇幅限制，此次投标报价不再一一列举，实际工程按规定计取措施费。

（6）其他项目清单与计价汇总表、计日工表　其他项目清单与计价汇总表见表6-39，计日工表见表6-40。

表6-39　其他项目清单与计价汇总表

工程名称：某住宅楼采暖工程　　　　标段：　　　　第1页　共1页

序号	项目名称	金额/元	结算金额/元	备注
1	暂列金额	23320.00		详见招标文件
2	暂估价	—		
2.1	材料(设备暂估价)暂估价			
2.2	专业工程暂估价			
3	计日工	23467.00		详见计日工表
4	总承包服务费	—		
合　计		46787.00		

注：材料暂估单价进入清单项目综合单价，此处不汇总。

表6-40　计日工表

工程名称：某住宅楼采暖工程　　　　标段：　　　　第1页　共1页

编号	项目名称	单位	暂定数量	实际数量	综合单价/元	合价/元	
						暂定	实际
一	人　工		—	—	—	—	—
1	管道工	工日	120		45.00	5400.00	
2	电焊工	工日	50		45.00	2250.00	
3	其他工	工日	50		45.00	2250.00	
	人工小计					9900.00	
二	材　料		—	—	—	—	—
1	电焊条	kg	10		4.00	40.00	
2	氧气	m^3	15		5.00	75.00	

（续）

编号	项 目 名 称	单位	暂定数量	实际数量	综合单价/元	合 价/元	
						暂定	实际
3	乙炔气	kg	90		12.80	1152.00	
材 料 小 计						1267.00	
三	施 工 机 械		—	—	—	—	—
1	电焊机直流 20kW	台班	50		30.00	1500.00	
2	汽车起重机 8t	台班	40		150.00	6000.00	
3	载重汽车 8t	台班	40		120.00	4800.00	
施 工 机 械 小 计						12300.00	
四、企业管理费和利润（综合单价中已包含此项）						0	
合 计						23467.00	

注：1. 此表项目名称、数量由招标人填写，编制招标控制价时，单价由招标人按有关计价规定确定；投标时，单价由投标人自主报价，计入投标总价中；结算时，按承发包双方确定的实际数量计算合价。
2. 企业管理费和利润已经包含在综合单价的报价中，所以企业管理费和利润报价为“0”。

（7）规费、税金项目清单与计价表 规费、税金项目清单与计价表见表 6-41。

表 6-41 规费、税金项目清单与计价表

工程名称：某住宅楼采暖工程　　　标段：　　　第 1 页 共 1 页

序号	项目名称	计算基础	计算基数	计算费率（%）	金额/元
1	规费	分部分项工程费和措施项目费中的人工费、机械费之和	151172.56	27%	40816.59
1.1	社会保险费				
(1)	养老保险费				
(2)	失业保险费				
(3)	医疗保险费				
(4)	工伤保险费				
(5)	生育保险费				
1.2	住房公积金				
1.3	工程排污费				
2	税金	分部分项工程费 + 措施项目费 + 其他项目费 + 规费 - 按规定不计税的工程设备金额	629031.86	3.48%	21890.31
合 计					62706.90

编制人（造价人员）：　　　复核人（造价工程师）：

注：1. 所有分部分项项目、措施项目中的人工费和机械费之和为：103000.98 元 + 15998.69 元 + 11137.35 元 + 21035.54 元 = 151172.56 元。
2. 《河北省建筑、安装、市政、装饰装修工程费用标准》中安装工程规费费率总计为 27%，没细分到各项。
3. 税金计算为［467338.14 元（分部分项工程费）+47752.40 元（措施项目费）+46787.00 元（其他项目费）+40816.59 元（规费）+26337.73 元（安全生产、文明施工费）］×3.48% =629031.86 元×3.48% =21890.31 元。

（8）安全生产、文明施工费明细表 安全生产、文明施工费明细表见表 6-42。

表 6-42 安全生产、文明施工费明细表

工程名称：某住宅楼采暖工程清单计价　　　第 1 页 共 1 页

序号	取费专业名称	取费基数	取费金额/元	固定费率	安全文明施工费金额/元
1	一般土建工程	工程总造价（不包括安全生产、文明施工费和税金）	—	—	—
2	安装工程		602694.13	4.37%	26337.73
3	其他工程		—	—	—
	合计				26337.73

注：1. 安全生产、文明施工费费率按 6.1.4 节小知识中《关于调整河北安全生产文明施工费的通知》（冀建市〔2015〕11 号）执行。
2. 安全生产、文明施工费计算为［467338.14 元（分部分项工程费）+47752.40 元（措施项目费）+46787.00 元（其他项目费）+40816.59 元（规费）］×4.37% =602694.13 元×4.37% =26337.73 元

（9）工程量清单综合单价分析表　工程量清单综合单价分析表见表6-43～表6-80。

表6-43　工程量清单综合单价分析表——*DN*15钢管安装

工程名称：某住宅楼采暖工程清单计价　　　　标段：　　　　第1页　共38页

项目编码	031001002001	项目名称		钢管		计量单位		m	工程量		1325
清单综合单价组成明细											
定额编号	定额名称	定额单位	数量	单价/元				合价/元			
				人工费	材料费	机械费	管理费和利润	人工费	材料费	机械费	管理费和利润
8—175	室内管道焊接钢管(螺纹连接)公称直径(15mm以内)	10m	132.5	100.20	31.56	0	28.06	13276.50	4181.70	0	3717.95
人工单价		小计						13276.50	4181.70	0	3717.95
综合用工二类:60元/工日		未计价材料费						9365.90			
清单项目综合单价								23.051			
材料费明细	主要(未计价)材料名称、规格、型号				单位	数量	单价/元	合价/元	暂估单价/元	暂估合价/元	
	焊接钢管 *DN*15				m	1351.5	6.93	9365.90			
	未计价材料费小计						—	9365.90	—		
	其他材料费						—	4181.70	—		

注：1. 如不使用省级或行业建设主管部门发布的计价依据，可不填定额项目、编号等。

2. 招标文件提供了暂估单价的材料，按暂估的单价填入表内“暂估单价”栏及“暂估合价”栏。

表6-44　工程量清单综合单价分析表——*DN*20钢管安装

工程名称：某住宅楼采暖工程清单计价　　　　标段：　　　　第2页　共38页

项目编码	031001002002	项目名称		钢管		计量单位		m	工程量		1855
清单综合单价组成明细											
定额编号	定额名称	定额单位	数量	单价/元				合价/元			
				人工费	材料费	机械费	管理费和利润	人工费	材料费	机械费	管理费和利润
8—176	室内管道　焊接钢管(螺纹连接)公称直径(20mm以内)	10m	185.5	100.20	40.19	0	28.06	18587.10	7455.25	0	5205.13
人工单价		小计						18587.10	7455.25	0	5205.13
综合用工二类:60元/工日		未计价材料费						16972.14			
清单项目综合单价								25.994			
材料费明细	主要(未计价)材料名称、规格、型号				单位	数量	单价/元	合价/元	暂估单价/元	暂估合价/元	
	焊接钢管 *DN*20				m	1892.1	8.97	16972.14			
	未计价材料费小计						—	16972.14	—		
	其他材料费						—	7455.25	—		

注：1. 如不使用省级或行业建设主管部门发布的计价依据，可不填定额项目、编号等。

2. 招标文件提供了暂估单价的材料，按暂估的单价填入表内“暂估单价”栏及“暂估合价”栏。

表 6-45 工程量清单综合单价分析表——*DN*25 钢管安装

工程名称：某住宅楼采暖工程清单计价　　　　标段：　　　　第 3 页　共 38 页

项目编码	031001002003	项目名称	钢管		计量单位		m	工程量	1030
清单综合单价组成明细									
定额编号	定额名称	定额单位	数量	单价/元				合价/元	
				人工费	材料费	机械费	管理费和利润	人工费	材料费
8—177	室内管道 焊接钢管(螺纹连接)公称直径(25mm 以内)	10m	103	120.60	59.19	1.58	34.21	12421.80	6096.57
人工单价		小计						12421.80	6096.57
综合用工二类:60 元/工日		未计价材料费						13930.96	
清单项目综合单价								35.083	

(续上表：合价/元 机械费、管理费和利润两列)

定额编号	机械费	管理费和利润
8—177	162.74	3523.63
小计	162.74	3523.63

材料费明细	主要(未计价)材料名称、规格、型号	单位	数量	单价/元	合价/元	暂估单价/元	暂估合价/元
	焊接钢管 *DN*25	m	1050.6	13.26	13930.96		
	未计价材料费小计			—	13930.96	—	
	其他材料费			—	6096.57	—	

注：1. 如不使用省级或行业建设主管部门发布的计价依据，可不填定额项目、编号等。

2. 招标文件提供了暂估单价的材料，按暂估的单价填入表内“暂估单价”栏及“暂估合价”栏。

表 6-46 工程量清单综合单价分析表——*DN*32 钢管安装

工程名称：某住宅楼采暖工程清单计价　　　　标段：　　　　第 4 页　共 38 页

项目编码	031001002004	项目名称	钢管		计量单位		m	工程量	95
清单综合单价组成明细									
定额编号	定额名称	定额单位	数量	单价/元				合价/元	
				人工费	材料费	机械费	管理费和利润	人工费	材料费
8—178	室内管道 焊接钢管(螺纹连接)公称直径(32mm 以内)	10m	9.5	120.60	66.18	1.58	34.21	1145.70	628.71
人工单价		小计						1145.70	628.71
综合用工二类:60 元/工日		未计价材料费						1661.84	
清单项目综合单价								39.750	

(续上表：合价/元 机械费、管理费和利润两列)

定额编号	机械费	管理费和利润
8—178	15.01	325.00
小计	15.01	325.00

材料费明细	主要(未计价)材料名称、规格、型号	单位	数量	单价/元	合价/元	暂估单价/元	暂估合价/元
	焊接钢管 *DN*32	m	96.9	17.15	1661.84		
	未计价材料费小计			—	1661.84	—	
	其他材料费			—	628.71	—	

注：1. 如不使用省级或行业建设主管部门发布的计价依据，可不填定额项目、编号等。

2. 招标文件提供了暂估单价的材料，按暂估的单价填入表内“暂估单价”栏及“暂估合价”栏。

表 6-47 工程量清单综合单价分析表——*DN*40 钢管安装

工程名称：某住宅楼采暖工程清单计价　　　　标段：　　　　第 5 页　共 38 页

项目编码	031001002005	项目名称	钢管	计量单位	m	工程量	120

定额编号	定额名称	定额单位	数量	单价/元				合价/元			
				人工费	材料费	机械费	管理费和利润	人工费	材料费	机械费	管理费和利润
8—187	室内管道 钢管(焊接)公称直径(40mm 以内)	10m	12	97.20	10.86	13.17	30.90	1166.40	130.32	158.04	370.80
人工单价		小计						1166.40	130.32	158.04	370.80
综合用工二类:60 元/工日		未计价材料费						2552.04			
清单项目综合单价								36.48			

材料费明细	主要(未计价)材料名称、规格、型号	单位	数量	单价/元	合价/元	暂估单价/元	暂估合价/元
	焊接钢管 *DN*40	m	122.4	20.85	2552.04		
	未计价材料费小计			—	2552.04	—	
	其他材料费			—	130.32	—	

注：1. 如不使用省级或行业建设主管部门发布的计价依据，可不填定额项目、编号等。

2. 招标文件提供了暂估单价的材料，按暂估的单价填入表内“暂估单价”栏及“暂估合价”栏。

表 6-48 工程量清单综合单价分析表——*DN*50 钢管安装

工程名称：某住宅楼采暖工程清单计价　　　　标段：　　　　第 6 页　共 38 页

项目编码	031001002006	项目名称	钢管	计量单位	m	工程量	230

定额编号	定额名称	定额单位	数量	单价/元				合价/元			
				人工费	材料费	机械费	管理费和利润	人工费	材料费	机械费	管理费和利润
8—188	室内管道 钢管(焊接)公称直径(50mm 以内)	10m	23	106.80	21.45	15.11	34.13	2456.40	493.35	347.53	784.99
人工单价		小计						2456.40	493.35	347.53	784.99
综合用工二类:60 元/工日		未计价材料费						6216.90			
清单项目综合单价								44.779			

材料费明细	主要(未计价)材料名称、规格、型号	单位	数量	单价/元	合价/元	暂估单价/元	暂估合价/元
	焊接钢管 *DN*50	m	234.6	26.50	6216.90		
	未计价材料费小计			—	6216.90	—	
	其他材料费			—	493.35	—	

注：1. 如不使用省级或行业建设主管部门发布的计价依据，可不填定额项目、编号等。

2. 招标文件提供了暂估单价的材料，按暂估的单价填入表内“暂估单价”栏及“暂估合价”栏。

表 6-49　工程量清单综合单价分析表——DN70 钢管安装

工程名称：某住宅楼采暖工程清单计价　　　　标段：　　　　第 7 页　共 38 页

项目编码	031001002007	项目名称	钢管	计量单位	m	工程量	180

清单综合单价组成明细

定额编号	定额名称	定额单位	数量	单价/元				合价/元			
				人工费	材料费	机械费	管理费和利润	人工费	材料费	机械费	管理费和利润
8—189	室内管道　钢管（焊接）公称直径（65mm 以内）	10m	18	97.20	45.90	98.05	54.67	1749.60	826.20	1764.90	984.06
人工单价		小计						1749.60	826.20	1764.90	984.06
综合用工二类:60 元/工日		未计价材料费						6607.76			
清单项目综合单价								66.292			

材料费明细	主要(未计价)材料名称、规格、型号	单位	数量	单价/元	合价/元	暂估单价/元	暂估合价/元
	焊接钢管 DN65	m	183.6	35.99	6607.76		
	未计价材料费小计			—	6607.76	—	
	其他材料费			—	826.20	—	

注：1. 如不使用省级或行业建设主管部门发布的计价依据，可不填定额项目、编号等。
2. 招标文件提供了暂估单价的材料，按暂估的单价填入表内“暂估单价”栏及“暂估合价”栏。

表 6-50　工程量清单综合单价分析表——DN80 钢管安装

工程名称：某住宅楼采暖工程清单计价　　　　标段：　　　　第 8 页　共 38 页

项目编码	031001002008	项目名称	钢管	计量单位	m	工程量	95

清单综合单价组成明细

定额编号	定额名称	定额单位	数量	单价/元				合价/元			
				人工费	材料费	机械费	管理费和利润	人工费	材料费	机械费	管理费和利润
8—190	室内管道　钢管（焊接）公称直径（80mm 以内）	10m	9.5	111.00	53.81	108.23	61.38	1054.50	511.20	1028.19	583.11
人工单价		小计						1054.50	511.20	1028.19	583.11
综合用工二类:60 元/工日		未计价材料费						4379.88			
清单项目综合单价								79.546			

材料费明细	主要(未计价)材料名称、规格、型号	单位	数量	单价/元	合价/元	暂估单价/元	暂估合价/元
	焊接钢管 DN80	m	96.9	45.20	4379.88		
	未计价材料费小计			—	4379.88	—	
	其他材料费			—	511.20	—	

注：1. 如不使用省级或行业建设主管部门发布的计价依据，可不填定额项目、编号等。
2. 招标文件提供了暂估单价的材料，按暂估的单价填入表内“暂估单价”栏及“暂估合价”栏。

表 6-51 工程量清单综合单价分析表——*DN*100 钢管安装

工程名称：某住宅楼采暖工程清单计价　　　　标段：　　　　第 9 页　共 38 页

项目编码	031001002009	项目名称	钢管	计量单位	m	工程量	70

清单综合单价组成明细

定额编号	定额名称	定额单位	数量	单价/元				合价/元			
				人工费	材料费	机械费	管理费和利润	人工费	材料费	机械费	管理费和利润
8—191	室内管道 钢管(焊接)公称直径(100mm 以内)	10m	7	134.40	74.46	148.47	79.20	940.80	521.22	1039.29	554.40
人工单价		小计						940.80	521.22	1039.29	554.40
综合用工二类:60 元/工日		未计价材料费						4210.46			
清单项目综合单价								103.803			

材料费明细	主要(未计价)材料名称、规格、型号	单位	数量	单价/元	合价/元	暂估单价/元	暂估合价/元
	焊接钢管 *DN*100	m	71.4	58.97	4210.46		
	未计价材料费小计			—	4210.46	—	
	其他材料费			—	521.22	—	

注：1. 如不使用省级或行业建设主管部门发布的计价依据，可不填定额项目、编号等。

2. 招标文件提供了暂估单价的材料，按暂估的单价填入表内“暂估单价”栏及“暂估合价”栏。

表 6-52 工程量清单综合单价分析表——方形伸缩器安装 *DN*100

工程名称：某住宅楼采暖工程清单计价　　　　标段：　　　　第 10 页　共 38 页

项目编码	031003009001	项目名称	补偿器	计量单位	个	工程量	2

清单综合单价组成明细

定额编号	定额名称	定额单位	数量	单价/元				合价/元			
				人工费	材料费	机械费	管理费和利润	人工费	材料费	机械费	管理费和利润
8—400	方形伸缩器制作安装 公称直径(100mm 以内)	个	2	219.00	55.36	87.95	85.95	438.00	110.72	175.90	171.90
人工单价		小计						438.00	110.72	175.90	171.90
综合用工二类:60 元/工日		未计价材料费						—			
清单项目综合单价								448.26			

材料费明细	主要(未计价)材料名称、规格、型号	单位	数量	单价/元	合价/元	暂估单价/元	暂估合价/元
	—			—	—	—	
	未计价材料费小计			—	—	—	
	其他材料费			—	110.72	—	

注：1. 如不使用省级或行业建设主管部门发布的计价依据，可不填定额项目、编号等。

2. 招标文件提供了暂估单价的材料，按暂估的单价填入表内“暂估单价”栏及“暂估合价”栏。

表 6-53 工程量清单综合单价分析表——方形伸缩器安装 *DN*80

工程名称：某住宅楼采暖工程清单计价　　标段：　　第 11 页 共 38 页

项目编码	031003009002	项目名称	补偿器	计量单位	个	工程量	2

清单综合单价组成明细

定额编号	定额名称	定额单位	数量	单价/元				合价/元			
				人工费	材料费	机械费	管理费和利润	人工费	材料费	机械费	管理费和利润
8—399	方形伸缩器制作安装 公称直径(80mm 以内)	个	2	152.40	43.35	84.07	66.21	304.80	86.70	168.14	132.42
人工单价		小计						304.80	86.70	168.14	132.42
综合用工二类:60 元/工日		未计价材料费						—			
清单项目综合单价								346.03			
材料费明细	主要(未计价)材料名称、规格、型号			单位	数量			单价/元	合价/元	暂估单价/元	暂估合价/元
	—							—	—	—	
	未计价材料费小计							—	—	—	
	其他材料费							—	86.70	—	

注：1. 如不使用省级或行业建设主管部门发布的计价依据，可不填定额项目、编号等。
2. 招标文件提供了暂估单价的材料，按暂估的单价填入表内“暂估单价”栏及“暂估合价”栏。

表 6-54 工程量清单综合单价分析表——方形伸缩器安装 *DN*70

工程名称：某住宅楼采暖工程清单计价　　标段：　　第 12 页 共 38 页

项目编码	031003009003	项目名称	补偿器	计量单位	个	工程量	4

清单综合单价组成明细

定额编号	定额名称	定额单位	数量	单价/元				合价/元			
				人工费	材料费	机械费	管理费和利润	人工费	材料费	机械费	管理费和利润
8—398	方形伸缩器制作安装 公称直径(65mm 以内)	个	4	83.40	32.99	84.07	46.89	333.60	131.96	336.28	187.56
人工单价		小计						333.60	131.96	336.28	187.56
综合用工二类:60 元/工日		未计价材料费						—			
清单项目综合单价								247.35			
材料费明细	主要(未计价)材料名称、规格、型号			单位	数量			单价/元	合价/元	暂估单价/元	暂估合价/元
	—							—	—	—	
	未计价材料费小计							—	—	—	
	其他材料费							—	131.96	—	

注：1. 如不使用省级或行业建设主管部门发布的计价依据，可不填定额项目、编号等。
2. 招标文件提供了暂估单价的材料，按暂估的单价填入表内“暂估单价”栏及“暂估合价”栏。

表 6-55　工程量清单综合单价分析表——方形伸缩器安装 *DN*50

工程名称：某住宅楼采暖工程清单计价　　　　标段：　　　　第 13 页　共 38 页

项目编码	031003009004	项目名称	补偿器	计量单位	个	工程量	4

清单综合单价组成明细

定额编号	定额名称	定额单位	数量	单价/元				合价/元			
				人工费	材料费	机械费	管理费和利润	人工费	材料费	机械费	管理费和利润
8—397	方形伸缩器制作安装 公称直径(50mm 以内)	个	4	52.80	22.41	36.46	24.99	211.20	89.64	145.84	99.96
人工单价		小计						211.20	89.64	145.84	99.96
综合用工二类:60 元/工日		未计价材料费						—			
清单项目综合单价								136.66			

材料费明细	主要(未计价)材料名称、规格、型号	单位	数量	单价/元	合价/元	暂估单价/元	暂估合价/元
	—			—	—	—	
	未计价材料费小计			—	—	—	
	其他材料费			—	89.64	—	

注：1. 如不使用省级或行业建设主管部门发布的计价依据，可不填定额项目、编号等。
2. 招标文件提供了暂估单价的材料，按暂估的单价填入表内“暂估单价”栏及“暂估合价”栏。

表 6-56　工程量清单综合单价分析表——螺纹阀门安装 *DN*15

工程名称：某住宅楼采暖工程清单计价　　　　标段：　　　　第 14 页　共 38 页

项目编码	031003001001	项目名称	螺纹阀门	计量单位	个	工程量	84

清单综合单价组成明细

定额编号	定额名称	定额单位	数量	单价/元				合价/元			
				人工费	材料费	机械费	管理费和利润	人工费	材料费	机械费	管理费和利润
8—414	阀门安装 螺纹阀 *DN*15	个	84	6.00	1.38	0	1.68	504.00	115.92	0	141.12
人工单价		小计						504.00	115.92	0	141.12
综合用工二类:60 元/工日		未计价材料费						1018.08			
清单项目综合单价								21.18			

材料费明细	主要(未计价)材料名称、规格、型号	单位	数量	单价/元	合价/元	暂估单价/元	暂估合价/元
	螺纹阀门 J11T—16—15	个	84.84	10.00	848.40		
	阀门连接件	个	84.84	2.00	169.68		
	未计价材料费小计			—	1018.08	—	
	其他材料费			—	115.92	—	

注：1. 如不使用省级或行业建设主管部门发布的计价依据，可不填定额项目、编号等。
2. 招标文件提供了暂估单价的材料，按暂估的单价填入表内“暂估单价”栏及“暂估合价”栏。

表 6-57 工程量清单综合单价分析表——螺纹阀门安装 *DN*20

工程名称：某住宅楼采暖工程清单计价　　　　标段：　　　　第 15 页　共 38 页

项目编码	031003001002	项目名称	螺纹阀门	计量单位	个	工程量	76

清单综合单价组成明细											
定额编号	定额名称	定额单位	数量	单价/元				合价/元			
				人工费	材料费	机械费	管理费和利润	人工费	材料费	机械费	管理费和利润
8—415	阀门安装　螺纹阀 *DN*20	个	76	6.00	1.66	0	1.68	456.00	126.16	0	127.68
人工单价		小计						456.00	126.16	0	127.68
综合用工二类:60 元/工日		未计价材料费						1113.02			
清单项目综合单价								23.985			

材料费明细	主要(未计价)材料名称、规格、型号	单位	数量	单价/元	合价/元	暂估单价/元	暂估合价/元
	螺纹阀门 J11T—16—20	个	76.76	12.00	921.12		
	阀门连接件	个	76.76	2.50	191.9		
	未计价材料费小计			—	1113.02	—	
	其他材料费			—	126.16	—	

注：1. 如不使用省级或行业建设主管部门发布的计价依据，可不填定额项目、编号等。

2. 招标文件提供了暂估单价的材料，按暂估的单价填入表内“暂估单价”栏及“暂估合价”栏。

表 6-58 工程量清单综合单价分析表——螺纹阀门安装 *DN*25

工程名称：某住宅楼采暖工程清单计价　　　　标段：　　　　第 16 页　共 38 页

项目编码	031003001003	项目名称	螺纹阀门	计量单位	个	工程量	52

清单综合单价组成明细											
定额编号	定额名称	定额单位	数量	单价/元				合价/元			
				人工费	材料费	机械费	管理费和利润	人工费	材料费	机械费	管理费和利润
8—416	阀门安装　螺纹阀 *DN*25	个	52	6.60	2.05	0	1.85	343.20	106.60	0	96.20
人工单价		小计						343.20	106.60	0	96.20
综合用工二类:60 元/工日		未计价材料费						997.88			
清单项目综合单价								29.69			

材料费明细	主要(未计价)材料名称、规格、型号	单位	数量	单价/元	合价/元	暂估单价/元	暂估合价/元
	螺纹阀门 J11T—16—25	个	52.52	16.00	840.32		
	阀门连接件	个	52.52	3.00	157.56		
	未计价材料费小计			—	997.88	—	
	其他材料费			—	106.60	—	

注：1. 如不使用省级或行业建设主管部门发布的计价依据，可不填定额项目、编号等。

2. 招标文件提供了暂估单价的材料，按暂估的单价填入表内“暂估单价”栏及“暂估合价”栏。

表 6-59 工程量清单综合单价分析表——焊接法兰阀门安装 *DN*100

工程名称：某住宅楼采暖工程清单计价　　　　标段：　　　　第 17 页　共 38 页

项目编码	031003003001	项目名称	焊接法兰阀门	计量单位	个	工程量	6

清单综合单价组成明细											
定额编号	定额名称	定额单位	数量	单价/元				合价/元			
				人工费	材料费	机械费	管理费和利润	人工费	材料费	机械费	管理费和利润
8—434	阀门安装　焊接法兰阀 *DN*100	个	6	36.60	164.62	52.42	24.93	219.60	987.72	314.52	149.58
人工单价		小计						219.60	987.72	314.52	149.58
综合用工二类:60 元/工日		未计价材料费						3000			
清单项目综合单价								778.57			

材料费明细	主要(未计价)材料名称、规格、型号	单位	数量	单价/元	合价/元	暂估单价/元	暂估合价/元
	法兰阀门 J41T—16—100	个	6	500.00	3000.00		
	未计价材料费小计			—	3000.00	—	
	其他材料费			—	987.72	—	

注：1. 如不使用省级或行业建设主管部门发布的计价依据，可不填定额项目、编号等。
2. 招标文件提供了暂估单价的材料，按暂估的单价填入表内“暂估单价”栏及“暂估合价”栏。

表 6-60 工程量清单综合单价分析表——暖气片安装

工程名称：某住宅楼采暖工程清单计价　　　　标段：　　　　第 18 页　共 38 页

项目编码	031005001001	项目名称	铸铁散热器	计量单位	片	工程量	5385

清单综合单价组成明细											
定额编号	定额名称	定额单位	数量	单价/元				合价/元			
				人工费	材料费	机械费	管理费和利润	人工费	材料费	机械费	管理费和利润
8—674	铸铁散热器组成安装　型号　柱型	10 片	538.5	22.80	35.59	0	6.384	12277.80	19165.22	0	3437.78
人工单价		小计						12277.80	19165.22	0	3437.78
综合用工二类:60 元/工日		未计价材料费						155723.72			
清单项目综合单价								35.396			

材料费明细	主要(未计价)材料名称、规格、型号	单位	数量	单价/元	合价/元	暂估单价/元	暂估合价/元
	铸铁散热器 柱型	片	3721.04	28.00	104189.12		
	柱型散热器 足片	片	1717.82	30.00	51534.60		
	未计价材料费小计			—	155723.72	—	
	其他材料费			—	19165.22	—	

注：1. 如不使用省级或行业建设主管部门发布的计价依据，可不填定额项目、编号等。
2. 招标文件提供了暂估单价的材料，按暂估的单价填入表内“暂估单价”栏及“暂估合价”栏。

表 6-61 工程量清单综合单价分析表——自动排气阀安装 *DN*20

工程名称：某住宅楼采暖工程清单计价　　　　标段：　　　　第 19 页 共 38 页

项目编码	031003001004	项目名称	螺纹阀门	计量单位	个	工程量	5

清单综合单价组成明细											
定额编号	定额名称	定额单位	数量	单价/元				合价/元			
				人工费	材料费	机械费	管理费和利润	人工费	材料费	机械费	管理费和利润
8—473	阀门安装　自动排气阀 *DN*20	个	5	12.00	10.33	0	3.36	60.00	51.65	0	16.80
人工单价		小计						60.00	51.65	0	16.80
综合用工二类:60 元/工日		未计价材料费						180.00			
清单项目综合单价								61.69			

材料费明细	主要(未计价)材料名称、规格、型号	单位	数量	单价/元	合价/元	暂估单价/元	暂估合价/元
	自动排气阀 *DN*20	个	5	36.00	180.00		
	未计价材料费小计			—	180.00	—	
	其他材料费			—	51.65	—	

注：1. 如不使用省级或行业建设主管部门发布的计价依据，可不填定额项目、编号等。
2. 招标文件提供了暂估单价的材料，按暂估的单价填入表内“暂估单价”栏及“暂估合价”栏。

表 6-62 工程量清单综合单价分析表——管道支架

工程名称：某住宅楼采暖工程清单计价　　　　标段：　　　　第 20 页 共 38 页

项目编码	031002001001	项目名称	管道支架	计量单位	kg	工程量	1200

清单综合单价组成明细											
定额编号	定额名称	定额单位	数量	单价/元				合价/元			
				人工费	材料费	机械费	管理费和利润	人工费	材料费	机械费	管理费和利润
8—355	室内管道　管道支架制作安装　一般管架	100kg	12	315.60	253.37	771.52	304.39	3787.20	3040.44	9258.24	3652.68
人工单价		小计						3787.20	3040.44	9258.24	3652.68
综合用工二类:60 元/工日		未计价材料费						6894.24			
清单项目综合单价								22.19			

材料费明细	主要(未计价)材料名称、规格、型号	单位	数量	单价/元	合价/元	暂估单价/元	暂估合价/元
	型钢	kg	1272	5.42	6894.24		
	未计价材料费小计			—	6894.24	—	
	其他材料费			—	3040.44	—	

注：1. 如不使用省级或行业建设主管部门发布的计价依据，可不填定额项目、编号等。
2. 招标文件提供了暂估单价的材料，按暂估的单价填入表内“暂估单价”栏及“暂估合价”栏。

表 6-63 工程量清单综合单价分析表——套管 *DN*15

工程名称：某住宅楼采暖工程清单计价　　　　标段：　　　　第 21 页 共 38 页

项目编码	031002003001	项目名称		套管		计量单位		个	工程量		250
清单综合单价组成明细											
定额编号	定额名称	定额单位	数量	单价/元				合价/元			
				人工费	材料费	机械费	管理费和利润	人工费	材料费	机械费	管理费和利润
8—319	室内管道 镀锌铁皮套管制作、安装 *DN*15	个	250	1.80	1.02	0	0.50	450.00	255.00	0	125.00
人工单价		小计						450.00	255.00	0	125.00
综合用工二类:60 元/工日		未计价材料费						—			
清单项目综合单价								3.32			
材料费明细	主要(未计价)材料名称、规格、型号					单位	数量	单价/元	合价/元	暂估单价/元	暂估合价/元
	—							—	—	—	
	未计价材料费小计							—	—	—	
	其他材料费							—	255.00	—	

注：1. 如不使用省级或行业建设主管部门发布的计价依据，可不填定额项目、编号等。
2. 招标文件提供了暂估单价的材料，按暂估的单价填入表内“暂估单价”栏及“暂估合价”栏。

表 6-64 工程量清单综合单价分析表——套管 *DN*20

工程名称：某住宅楼采暖工程清单计价　　　　标段：　　　　第 22 页 共 38 页

项目编码	031002003003	项目名称		套管		计量单位		个	工程量		267
清单综合单价组成明细											
定额编号	定额名称	定额单位	数量	单价/元				合价/元			
				人工费	材料费	机械费	管理费和利润	人工费	材料费	机械费	管理费和利润
8—320	室内管道 镀锌铁皮套管制作、安装 *DN*20	个	267	3.60	1.53	0	1.01	961.20	408.51	0	269.67
人工单价		小计						961.20	408.51	0	269.67
综合用工二类:60 元/工日		未计价材料费						—			
清单项目综合单价								6.14			
材料费明细	主要(未计价)材料名称、规格、型号					单位	数量	单价/元	合价/元	暂估单价/元	暂估合价/元
	—							—	—	—	
	未计价材料费小计							—	—	—	
	其他材料费							—	408.51	—	

注：1. 如不使用省级或行业建设主管部门发布的计价依据，可不填定额项目、编号等。
2. 招标文件提供了暂估单价的材料，按暂估的单价填入表内“暂估单价”栏及“暂估合价”栏。

表 6-65 工程量清单综合单价分析表——套管 *DN*25

工程名称：某住宅楼采暖工程清单计价　　标段：　　第 23 页　共 38 页

项目编码	031002003004	项目名称	套管	计量单位	个	工程量	105

清单综合单价组成明细											
定额编号	定额名称	定额单位	数量	单价/元				合价/元			
				人工费	材料费	机械费	管理费和利润	人工费	材料费	机械费	管理费和利润
8—321	室内管道 镀锌铁皮套管制作、安装 *DN*25	个	105	3.60	1.53	0	1.01	378.00	160.65	0	106.05
人工单价		小计						378.00	160.65	0	106.05
综合用工二类:60 元/工日		未计价材料费						—			
清单项目综合单价								6.14			
材料费明细	主要(未计价)材料名称、规格、型号				单位	数量		单价/元	合价/元	暂估单价/元	暂估合价/元
	—							—	—	—	
	未计价材料费小计							—	—	—	
	其他材料费							—	160.65	—	

注：1. 如不使用省级或行业建设主管部门发布的计价依据，可不填定额项目、编号等。
2. 招标文件提供了暂估单价的材料，按暂估的单价填入表内“暂估单价”栏及“暂估合价”栏。

表 6-66 工程量清单综合单价分析表——套管 *DN*32

工程名称：某住宅楼采暖工程清单计价　　标段：　　第 24 页　共 38 页

项目编码	031002003005	项目名称	套管	计量单位	个	工程量	21

清单综合单价组成明细											
定额编号	定额名称	定额单位	数量	单价/元				合价/元			
				人工费	材料费	机械费	管理费和利润	人工费	材料费	机械费	管理费和利润
8—322	室内管道 镀锌铁皮套管制作、安装 *DN*32	个	21	3.60	1.53	0	1.01	75.60	32.13	0	21.21
人工单价		小计						75.60	32.13	0	21.21
综合用工二类:60 元/工日		未计价材料费						—			
清单项目综合单价								6.14			
材料费明细	主要(未计价)材料名称、规格、型号				单位	数量		单价/元	合价/元	暂估单价/元	暂估合价/元
	—							—	—	—	
	未计价材料费小计							—	—	—	
	其他材料费							—	32.13	—	

注：1. 如不使用省级或行业建设主管部门发布的计价依据，可不填定额项目、编号等。
2. 招标文件提供了暂估单价的材料，按暂估的单价填入表内“暂估单价”栏及“暂估合价”栏。

表 6-67 工程量清单综合单价分析表——套管 *DN*40

工程名称：某住宅楼采暖工程清单计价　　　　标段：　　　　第 25 页　共 38 页

项目编码	031002003002	项目名称	套管	计量单位	个	工程量	30

清单综合单价组成明细											
定额编号	定额名称	定额单位	数量	单价/元				合价/元			
				人工费	材料费	机械费	管理费和利润	人工费	材料费	机械费	管理费和利润
8—332	室内管道　套管制作、安装 *DN*40	个	30	5.40	8.88	1.09	1.82	162.00	266.40	32.70	54.60
人工单价		小计						162.00	266.40	32.70	54.60
综合用工二类:60 元/工日		未计价材料费						330.39			
清单项目综合单价								28.203			

材料费明细	主要(未计价)材料名称、规格、型号	单位	数量	单价/元	合价/元	暂估单价/元	暂估合价/元
	焊接钢管 *DN*70	m	9.18	35.99	330.39		
	未计价材料费小计			—	330.39	—	
	其他材料费			—	266.40	—	

注：1. 如不使用省级或行业建设主管部门发布的计价依据，可不填定额项目、编号等。
2. 招标文件提供了暂估单价的材料，按暂估的单价填入表内“暂估单价”栏及“暂估合价”栏。

表 6-68 工程量清单综合单价分析表——套管 *DN*50

工程名称：某住宅楼采暖工程清单计价　　　　标段：　　　　第 26 页　共 38 页

项目编码	031002003006	项目名称	套管	计量单位	个	工程量	50

清单综合单价组成明细											
定额编号	定额名称	定额单位	数量	单价/元				合价/元			
				人工费	材料费	机械费	管理费和利润	人工费	材料费	机械费	管理费和利润
8—333	室内管道　钢套管制作、安装 *DN*50	个	50	7.80	12.08	1.31	2.55	390.00	604.00	65.50	127.50
人工单价		小计						390.00	604.00	65.50	127.50
综合用工二类:60 元/工日		未计价材料费						691.56			
清单项目综合单价								37.571			

材料费明细	主要(未计价)材料名称、规格、型号	单位	数量	单价/元	合价/元	暂估单价/元	暂估合价/元
	焊接钢管 *DN*80	m	15.3	45.20	691.56		
	未计价材料费小计			—	691.56	—	
	其他材料费			—	604.00	—	

注：1. 如不使用省级或行业建设主管部门发布的计价依据，可不填定额项目、编号等。
2. 招标文件提供了暂估单价的材料，按暂估的单价填入表内“暂估单价”栏及“暂估合价”栏。

表 6-69 工程量清单综合单价分析表——套管 *DN*65

工程名称：某住宅楼采暖工程清单计价　　标段：　　第 27 页　共 38 页

项目编码	031002003007	项目名称	套管	计量单位	个	工程量	34

清单综合单价组成明细

定额编号	定额名称	定额单位	数量	单价/元				合价/元			
				人工费	材料费	机械费	管理费和利润	人工费	材料费	机械费	管理费和利润
8—334	室内管道 钢套管制作、安装 *DN*65	个	34	9	13.94	1.60	2.97	306.00	473.96	54.40	100.98
人工单价		小计						306.00	473.96	54.40	100.98
综合用工二类:60 元/工日		未计价材料费						613.29			
清单项目综合单价								45.548			

材料费明细	主要(未计价)材料名称、规格、型号	单位	数量	单价/元	合价/元	暂估单价/元	暂估合价/元
	焊接钢管 *DN*100	m	10.4	58.97	613.29		
	未计价材料费小计			—	613.29	—	
	其他材料费			—	473.96	—	

注：1. 如不使用省级或行业建设主管部门发布的计价依据，可不填定额项目、编号等。
2. 招标文件提供了暂估单价的材料，按暂估的单价填入表内“暂估单价”栏及“暂估合价”栏。

表 6-70 工程量清单综合单价分析表——套管 *DN*80

工程名称：某住宅楼采暖工程清单计价　　标段：　　第 28 页　共 38 页

项目编码	031002003008	项目名称	套管	计量单位	个	工程量	30

清单综合单价组成明细

定额编号	定额名称	定额单位	数量	单价/元				合价/元			
				人工费	材料费	机械费	管理费和利润	人工费	材料费	机械费	管理费和利润
8—335	室内管道 钢套管制作、安装 *DN*80	个	30	12.60	18.93	1.94	4.07	378.00	567.90	58.20	122.10
人工单价		小计						378.00	567.90	58.20	122.10
综合用工二类:60 元/工日		未计价材料费						766.25			
清单项目综合单价								63.082			

材料费明细	主要(未计价)材料名称、规格、型号	单位	数量	单价/元	合价/元	暂估单价/元	暂估合价/元
	焊接钢管 *DN*125	m	9.18	83.47	766.25		
	未计价材料费小计			—	766.25	—	
	其他材料费			—	567.9	—	

注：1. 如不使用省级或行业建设主管部门发布的计价依据，可不填定额项目、编号等。
2. 招标文件提供了暂估单价的材料，按暂估的单价填入表内“暂估单价”栏及“暂估合价”栏。

表 6-71 工程量清单综合单价分析表——套管 *DN*100

工程名称：某住宅楼采暖工程清单计价　　　　标段：　　　　第 29 页 共 38 页

项目编码	031002003009	项目名称	套管	计量单位	个	工程量	30				
清单综合单价组成明细											
定额编号	定额名称	定额单位	数量	单价/元				合价/元			
				人工费	材料费	机械费	管理费和利润	人工费	材料费	机械费	管理费和利润
8—336	室内管道 钢套管制作、安装 *DN*100	个	30	14.40	22.46	2.34	4.69	432.00	673.80	70.20	140.70
人工单价		小计						432.00	673.80	70.20	140.70
综合用工二类:60 元/工日		未计价材料费						907.44			
清单项目综合单价								74.138			
材料费明细	主要(未计价)材料名称、规格、型号				单位	数量	单价/元	合价/元	暂估单价/元	暂估合价/元	
	焊接钢管 *DN*150				m	9.18	98.85	907.44			
	未计价材料费小计						—	907.44	—		
	其他材料费						—	673.8	—		

注：1. 如不使用省级或行业建设主管部门发布的计价依据，可不填定额项目、编号等。
2. 招标文件提供了暂估单价的材料，按暂估的单价填入表内“暂估单价”栏及“暂估合价”栏。

表 6-72 工程量清单综合单价分析表——管道刷油（防锈漆）

工程名称：某住宅楼采暖工程清单计价　　　　标段：　　　　第 30 页 共 38 页

项目编码	031201001001	项目名称	管道刷油	计量单位	m^2	工程量	524.5				
清单综合单价组成明细											
定额编号	定额名称	定额单位	数量	单价/元				合价/元			
				人工费	材料费	机械费	管理费和利润	人工费	材料费	机械费	管理费和利润
11—1	手工除锈 管道轻锈	$10m^2$	52.45	18.60	2.75	0	5.21	975.57	144.24	0	273.26
11—53	管道刷油 防锈漆 第一遍	$10m^2$	52.45	15.00	3.16	0	4.20	786.75	165.74	0	220.29
人工单价		小计						1762.32	309.98	0	493.55
综合用工二类:60 元/工日		未计价材料费						893.23			
清单项目综合单价								6.595			
材料费明细	主要(未计价)材料名称、规格、型号				单位	数量	单价/元	合价/元	暂估单价/元	暂估合价/元	
	酚醛防锈漆各色				kg	68.71	13	893.23			
	未计价材料费小计						—	893.23	—		
	其他材料费						—	309.98	—		

注：1. 如不使用省级或行业建设主管部门发布的计价依据，可不填定额项目、编号等。
2. 招标文件提供了暂估单价的材料，按暂估的单价填入表内“暂估单价”栏及“暂估合价”栏。

表 6-73 工程量清单综合单价分析表——管道刷油（银粉漆）

工程名称：某住宅楼采暖工程清单计价　　　标段：　　　第 31 页 共 38 页

项目编码	031201001002	项目名称	管道刷油	计量单位	m^2	工程量	368.6

定额编号	定额名称	定额单位	数量	单价/元				合价/元			
				人工费	材料费	机械费	管理费和利润	人工费	材料费	机械费	管理费和利润
11—56	管道刷油 银粉漆 第一遍	$10m^2$	36.86	15.00	4.37	0	4.20	552.90	161.08	0	154.81
11—57	管道刷油 银粉漆 第二遍	$10m^2$	36.86	14.40	2.92	0	4.03	530.78	107.63	0	148.55
人工单价		小计						1083.68	268.71	0	303.36
综合用工二类:60 元/工日		未计价材料费						622.96			
清单项目综合单价								6.182			
材料费明细	主要(未计价)材料名称、规格、型号				单位	数量		单价/元	合价/元	暂估单价/元	暂估合价/元
	酚醛清漆各色(银粉)				kg	47.92		13.00	622.96		
	未计价材料费小计							—	622.96	—	
	其他材料费							—	268.71	—	

注：1. 如不使用省级或行业建设主管部门发布的计价依据，可不填定额项目、编号等。
2. 招标文件提供了暂估单价的材料，按暂估的单价填入表内“暂估单价”栏及“暂估合价”栏。

表 6-74 工程量清单综合单价分析表——金属结构刷油

工程名称：某住宅楼采暖工程清单计价　　　标段：　　　第 32 页 共 38 页

项目编码	031201003001	项目名称	金属结构刷油	计量单位	kg	工程量	1200

定额编号	定额名称	定额单位	数量	单价/元				合价/元			
				人工费	材料费	机械费	管理费和利润	人工费	材料费	机械费	管理费和利润
11—7	手工除锈 一般钢结构 轻锈	100kg	12	18.60	2.03	12.72	8.77	223.20	24.36	152.64	105.24
11—115	一般钢结构刷油 防锈漆 第一遍	100kg	12	12.60	2.27	12.72	7.09	151.20	27.24	152.64	85.08
11—118	一般钢结构刷油 银粉漆 第一遍	100kg	12	12.00	5.49	12.72	6.92	144.00	65.88	152.64	83.04
11—119	一般钢结构刷油 银粉漆 第二遍	100kg	12	12.00	4.77	12.72	6.92	144.00	57.24	152.64	83.04
人工单价		小计						662.40	174.72	610.56	356.40
综合用工二类:60 元/工日		未计价材料费						218.40			
清单项目综合单价								1.685			
材料费明细	主要(未计价)材料名称、规格、型号				单位	数量		单价/元	合价/元	暂估单价/元	暂估合价/元
	酚醛防锈漆各色				kg	11.04		13.00	143.52		
	酚醛清漆各色				kg	5.76		13.00	74.88		
	未计价材料费小计							—	218.40	—	
	其他材料费							—	174.72	—	

注：1. 如不使用省级或行业建设主管部门发布的计价依据，可不填定额项目、编号等。
2. 招标文件提供了暂估单价的材料，按暂估的单价填入表内“暂估单价”栏及“暂估合价”栏。

表 6-75 工程量清单综合单价分析表——铸铁管、暖气片刷油

工程名称：某住宅楼采暖工程清单计价　　标段：　　第 33 页　共 38 页

项目编码	031201004001	项目名称	铸铁管、暖气片刷油	计量单位	m^2	工程量	1507.8

清单综合单价组成明细											
定额编号	定额名称	定额单位	数量	单价/元				合价/元			
				人工费	材料费	机械费	管理费和利润	人工费	材料费	机械费	管理费和利润
11—4	手工除锈 设备 ϕ1000mm 以上 轻锈	$10m^2$	150.78	19.80	2.75	0	5.54	2985.44	414.65	0	835.32
11—194	铸铁管、暖气片刷油 防锈漆 一遍	$10m^2$	150.78	18.00	3.32	0	5.04	2714.04	500.59	0	759.93
11—196	铸铁管、暖气片刷油 银粉漆 第一遍	$10m^2$	150.78	18.60	8.73	0	5.21	2804.51	1316.31	0	785.56
11—197	铸铁管、暖气片刷油 银粉漆 第二遍	$10m^2$	150.78	18.00	7.68	0	5.04	2714.04	1157.99	0	759.93
人工单价		小计						11218.03	3389.53	0	3140.74
综合用工二类:60 元/工日		未计价材料费						3743.87			
清单项目综合单价								14.254			

材料费明细	主要(未计价)材料名称、规格、型号	单位	数量	单价/元	合价/元	暂估单价/元	暂估合价/元
	酚醛防锈漆各色	kg	158.32	13.00	2058.16		
	酚醛清漆各色	kg	129.67	13.00	1685.71		
	未计价材料费小计			—	3743.87	—	
	其他材料费			—	3389.53	—	

注：1. 如不使用省级或行业建设主管部门发布的计价依据，可不填定额项目、编号等。

2. 招标文件提供了暂估单价的材料，按暂估的单价填入表内“暂估单价”栏及“暂估合价”栏。

表 6-76 工程量清单综合单价分析表——管道绝热

工程名称：某住宅楼采暖工程清单计价　　标段：　　第 34 页　共 38 页

项目编码	031208002002	项目名称	管道绝热	计量单位	m^3	工程量	6.06

清单综合单价组成明细											
定额编号	定额名称	定额单位	数量	单价/元				合价/元			
				人工费	材料费	机械费	管理费和利润	人工费	材料费	机械费	管理费和利润
11—1926	纤维类制品(管壳)安装 管道 ϕ57mm 以下(厚度)50mm	m^3	6.06	228.60	29.75	13.91	67.90	1385.32	180.29	84.29	411.47
人工单价		小计						1385.32	180.29	84.29	411.47
综合用工二类:60 元/工日		未计价材料费						4056.00			
清单项目综合单价								1009.467			

材料费明细	主要(未计价)材料名称、规格、型号	单位	数量	单价/元	合价/元	暂估单价/元	暂估合价/元
	岩棉管壳	m^3	6.24	650.00	4056.00		
	未计价材料费小计			—	4056.00	—	
	其他材料费			—	180.29	—	

注：1. 如不使用省级或行业建设主管部门发布的计价依据，可不填定额项目、编号等。

2. 招标文件提供了暂估单价的材料，按暂估的单价填入表内“暂估单价”栏及“暂估合价”栏。

表 6-77 工程量清单综合单价分析表——管道绝热

工程名称：某住宅楼采暖工程清单计价　　　　标段：　　　　第 35 页　共 38 页

项目编码	031208002001	项目名称	管道绝热	计量单位	m^3	工程量	7.78

清单综合单价组成明细											
定额编号	定额名称	定额单位	数量	单价/元				合价/元			
				人工费	材料费	机械费	管理费和利润	人工费	材料费	机械费	管理费和利润
11—1934	纤维类制品(管壳)安装 管道 ϕ133mm 以下(厚度)50mm	m^3	7.78	116.40	20.30	13.91	36.49	905.59	157.93	108.22	283.89
人工单价		小计						905.59	157.93	108.22	283.89
综合用工二类:60 元/工日		未计价材料费						5206.50			
清单项目综合单价								856.315			
材料费明细	主要(未计价)材料名称、规格、型号					单位	数量	单价/元	合价/元	暂估单价/元	暂估合价/元
	岩棉管壳					m^3	8.01	650.00	5206.50		
	未计价材料费小计							—	5206.50	—	
	其他材料费							—	157.93	—	

注：1. 如不使用省级或行业建设主管部门发布的计价依据，可不填定额项目、编号等。
2. 招标文件提供了暂估单价的材料，按暂估的单价填入表内“暂估单价”栏及“暂估合价”栏。

表 6-78 工程量清单综合单价分析表——防潮层、保护层

工程名称：某住宅楼采暖工程清单计价　　　　标段：　　　　第 36 页　共 38 页

项目编码	031208007001	项目名称	防潮层、保护层	计量单位	m^2	工程量	402.8

清单综合单价组成明细											
定额编号	定额名称	定额单位	数量	单价/元				合价/元			
				人工费	材料费	机械费	管理费和利润	人工费	材料费	机械费	管理费和利润
11—2306	防潮层、保护层安装 玻璃布 管道	$10m^2$	40.28	25.80	0.18	0	7.22	1039.22	7.25	0	290.82
人工单价		小计						1039.22	7.25	0	290.82
综合用工二类:60 元/工日		未计价材料费						902.27			
清单项目综合单价								5.56			
材料费明细	主要(未计价)材料名称、规格、型号					单位	数量	单价/元	合价/元	暂估单价/元	暂估合价/元
	玻璃丝布 0.5mm					m^2	563.92	1.60	902.27		
	未计价材料费小计							—	902.27	—	
	其他材料费							—	7.25	—	

注：1. 如不使用省级或行业建设主管部门发布的计价依据，可不填定额项目、编号等。
2. 招标文件提供了暂估单价的材料，按暂估的单价填入表内“暂估单价”栏及“暂估合价”栏。

表 6-79 工程量清单综合单价分析表——布面刷油

工程名称：某住宅楼采暖工程清单计价　　标段：　　第 37 页　共 38 页

项目编码	031201006001	项目名称	布面刷油	计量单位	m^2	工程量	402.8				
清单综合单价组成明细											
定额编号	定额名称	定额单位	数量	单价/元				合价/元			
				人工费	材料费	机械费	管理费和利润	人工费	材料费	机械费	管理费和利润
11—242	玻璃布、白布面刷油管道调和漆第一遍	$10m^2$	40.28	50.40	1.78	0	14.11	2030.11	71.70	0	568.35
11—243	玻璃布、白布面刷油管道调和漆第二遍	$10m^2$	40.28	43.20	1.30	0	12.10	1740.10	52.36	0	487.39
人工单价		小计						3770.21	124.06	0	1055.74
综合用工二类:60 元/工日		未计价材料费						2428.92			
清单项目综合单价								18.319			
材料费明细	主要(未计价)材料名称、规格、型号				单位	数量	单价/元	合价/元	暂估单价/元	暂估合价/元	
	酚醛调和漆各色				kg	134.94	18.00	2428.92			
	未计价材料费小计						—	2428.92	—		
	其他材料费						—	124.06	—		

注：1. 如不使用省级或行业建设主管部门发布的计价依据，可不填定额项目、编号等。
2. 招标文件提供了暂估单价的材料，按暂估的单价填入表内“暂估单价”栏及“暂估合价”栏。

表 6-80 工程量清单综合单价分析表——采暖工程系统调试

工程名称：某住宅楼采暖工程清单计价　　标段：　　第 38 页　共 38 页

项目编码	031009001001	项目名称	采暖工程系统调试	计量单位	系统	工程量	1				
清单综合单价组成明细											
定额编号	定额名称	定额单位	计算基数	单价/元				合价/元			
				人工费	材料费	机械费	管理费和利润	人工费	材料费	机械费	管理费和利润
8—957	采暖工程系统调整费	元	90462.62	6.53%	6.52%	0	1.828%	5907.21	5898.16	0	1653.66
人工单价		小计						5907.21	5898.16	0	1653.66
		未计价材料费						—			
清单项目综合单价								13459.03			
材料费明细	主要(未计价)材料名称、规格、型号				单位	数量	单价/元	合价/元	暂估单价/元	暂估合价/元	
	—						—	—	—		
	未计价材料费小计						—	—	—		
	其他材料费						—	5898.16	—		

注：1. 如不使用省级或行业建设主管部门发布的计价依据，可不填定额项目、编号等。
2. 招标文件提供了暂估单价的材料，按暂估的单价填入表内“暂估单价”栏及“暂估合价”栏。
3. 采暖工程系统调试的工程量按“系统”为 1，其中 1 代表第八册给排水、采暖、燃气工程各实体项目的人工费与机械费之和，即 90462.62 元，所以计算基数为 90462.62 元。

（10）主要材料和工程设备一览表 主要材料和工程设备一览表见表6-81。

表6-81 承包人提供主要材料和工程设备一览表

工程名称：住宅楼采暖工程清单计价　　　　第1页 共1页

序号	名称、规格、型号	单位	数量	风险系数（%）	基准单价/元	投标单价/元	发承包人确认单价/元	备注
1	型钢	kg	1272			5.42		
2	酚醛调和漆各色	kg	134.94			18.00		
3	酚醛防锈漆各色	kg	238.07			13.00		
4	酚醛清漆各色	kg	135.43			13.00		
5	玻璃丝布0.5mm	m^2	563.92			1.60		
6	岩棉管壳 管道 ϕ57mm 以下	m^3	6.24			650.00		
7	岩棉管壳 管道 ϕ133mm 以下	m^3	8.01			650.00		
8	焊接钢管 *DN*70	m	9.18			35.99		
9	焊接钢管 *DN*80	m	15.3			45.20		
10	焊接钢管 *DN*100	m	10.40			58.97		
11	焊接钢管 *DN*125	m	9.18			83.47		
12	焊接钢管 *DN*150	m	9.18			98.85		
13	焊接钢管 *DN*15	m	1351.5			6.93		
14	焊接钢管 *DN*20	m	1892.1			8.97		
15	焊接钢管 *DN*25	m	1050.6			13.26		
16	焊接钢管 *DN*32	m	96.9			17.15		
17	焊接钢管 *DN*40	m	122.4			20.85		
18	焊接钢管 *DN*50	m	234.6			26.50		
19	焊接钢管 *DN*70	m	183.6			35.99		
20	焊接钢管 *DN*80	m	96.9			45.20		
21	焊接钢管 *DN*100	m	71.4			58.97		
22	螺纹阀门 J11T—16—15*DN*15	个	84.84			10.00		
23	螺纹阀门 J11T—16—20*DN*20	个	76.76			12.00		
24	螺纹阀门 J11T—16—25*DN*25	个	52.52			16.00		
25	自动排气阀 *DN*20	个	5.0			36.00		
26	阀门连接件 *DN*15	个	84.84			2.00		
27	阀门连接件 *DN*20	个	76.76			2.50		
28	阀门连接件 *DN*25	个	52.52			3.00		
29	柱型散热器足片	片	1717.82			30.00		
30	铸铁散热器柱型	片	3721.04			28.00		
31	银粉漆	kg	47.92			13.00		
32	法兰阀门 J41T— 16—100*DN*100	个	6.0			500.00		

注：1. 此表由招标人填写除“投标单价”栏的内容，投标人在投标时自主确定投标单价。

2. 招标人应优先采用工程造价管理机构发布的单价作为基准单价；未发布的，通过市场调查确定其基准单价。

6.2.3 清单综合单价计算实例

本例以6.2.2的采暖工程实例中的分部分项工程为例，计算参考2012年《全国统一安装工程预算定额河北省消耗量定额》、《建设工程工程量清单计价规范》（GB 50500—2013）、《通用安装工程工程量计算规范》（GB 50856—2013）的有关规定，相关定额、清单查询详见本书附录A、附录B。

[例6-2] 清单项目编码为031001002001的室内焊接钢管安装螺纹连接*DN*15工程数量为1325m，根据清单描述的项目特征计算清单项目综合单价。

解：首先，根据清单项目特征及工作内容的描述，计算相应的数量。

1. 管理费、利润单价

根据“安装工程类别划分”的规定，该工程为二类工程。查表6-6二类工程的管理费费率为17%，利润率为11%。

根据2012年《河北省安装工程费用标准》，管理费和利润的计算基数为直接费中的人工费、机械费之和。

管理费单价=(直接费中人工费单价+机械费单价)×管理费费率

利润单价=(直接费中人工费单价+机械费单价)×利润率

查附录A定额编号8—175，*DN*15室内焊接钢管螺纹连接的人工费单价为100.2元/10m，机械费单价为0元/10m。

则焊接钢管*DN*15安装的管理费和利润单价为（100.2+0)元/10m×(17%+11%)=28.06元/10m。

2. 主要材料（未计价材）数量

查附录A定额编号8—175，*DN*15室内焊接钢管螺纹连接的定额消耗量为：10.2m/10m。

则*DN*15焊接钢管的材料数量=1325m×10.2m/10m=1351.50m

3. 工程量清单综合单价分析表（见表6-43）

*DN*15室内焊接钢管螺纹连接的综合单价为：(13276.5+4181.7+0+3717.95+9365.9)元/1325m=23.05元/m。

[例6-3] 清单项目编码为031005001001的铸铁散热器工程量为5385片，根据清单描述的项目特征计算清单项目综合单价。

解：

1. 管理费、利润单价

根据“安装工程类别划分”的规定，该工程为二类工程。查表6-6，二类工程的管理费费率为17%，利润率为11%。

根据2012年《河北省安装工程费用标准》，管理费和利润的计算基数为直接费中的人工费、机械费之和。

管理费单价=(直接费中人工费单价+机械费单价)×管理费费率

利润单价=(直接费中人工费单价+机械费单价)×利润率

查附录A定额编号8—674，铸铁散热器的人工费单价为22.8元/10片，机械费单价为0元/10片。

则铸铁散热器安装的管理费和利润单价为：(22.8 +0)元/10 片 ×(17% +11%) =6.38 元/10 片。

2. 主要材料（未计价材）**数量**

查附录 A 定额编号 8—674，铸铁散热器定额消耗量为：铸铁散热器柱型（中片）6.91 片/10 片；柱型散热器足片 3.19 片/10 片。

则铸铁散热器柱型（中片）材料数量 =5385 片 ×6.91 片/10 片 =3721.04 片

柱型散热器足片材料数量 =5385 片 ×3.19 片/10 片 =1717.82 片

3. 工程量清单综合单价分析表（见表 6-60）

铸铁散热器的综合单价计算为：(12277.8 +19165.22 +0 +3437.78 +155723.72) 元/5385 片 =35.40 元/片

[例 6-4] 清单项目编码为 031201003001 的金属结构刷油工程量为 1200kg，根据清单描述的项目特征计算清单项目综合单价。

解：先根据清单项目特征及工作内容的描述，需要分别套用金属结构除锈、金属结构刷防锈漆第一遍、金属结构刷银粉漆第一遍、金属结构刷银粉漆第二遍的定额。

1. 管理费、利润单价

根据“安装工程类别划分”的规定，该工程为二类工程。查表 6-6，二类工程的管理费费率为 17%，利润率为 11%。

根据 2012 年《河北省安装工程费用标准》，管理费和利润的计算基数为直接费中的人工费、机械费之和。

管理费单价 =(直接费中人工费单价 + 机械费单价) × 管理费费率

利润单价 =(直接费中人工费单价 + 机械费单价) × 利润率

查附录 A 定额编号 11—7，一般钢结构除轻锈的人工费单价为 18.6 元/100kg，机械费单价为 12.72 元/100kg。

则金属结构除锈的管理费和利润单价为：(18.6 +12.72)元/100kg ×(17% +11%) =8.77 元/100kg。

查附录 A 定额编号 11—115，一般钢结构刷防锈漆第一遍的人工费单价为 12.60 元/100kg，机械费单价为 12.72 元/100kg。

金属结构刷防锈漆第一遍的管理费和利润单价为：(12.6 +12.72)元/100kg ×(17% +11%) =7.09 元/100kg。

查附录 A 定额编号 11—118，一般钢结构刷银粉漆第一遍的人工费单价为 12.0 元/100kg，机械费单价为 12.72 元/100kg。

金属结构刷银粉漆第一遍的管理费和利润单价为 (12.0 +12.72)元/100kg ×(17% +11%) =6.92 元/100kg

查附录 A 定额编号 11—119，一般钢结构银粉漆第二遍的人工费单价为 12.0 元/100kg，机械费单价为 12.72 元/100kg。

金属结构刷银粉漆第二遍的管理费和利润单价为：(12.0 +12.72)元/100kg ×(17% +11%) =6.92 元/100kg。

2. 主要材料（未计价材）**数量**

定额不同材料消耗量不同，分别计算未计价材数量。

查附录A定额编号11—115，一般钢结构刷防锈漆第一遍的酚醛防锈漆各色的定额消耗量为0.92kg/100kg，则酚醛防锈漆数量=1200kg×0.92kg/100kg=11.04kg。

查附录A定额编号11—118，一般钢结构刷银粉漆第一遍的酚醛清漆各色的定额消耗量为0.25kg/100kg，则酚醛清漆数量=1200kg×0.25kg/100kg=3.0kg。

查附录A定额编号11—119，一般钢结构刷银粉漆第二遍的酚醛清漆各色的定额消耗量为0.23kg/100kg，则酚醛清漆数量=1200kg×0.23kg/100kg=2.76kg。

酚醛清漆数量=3.0kg+2.76kg=5.76kg。

3. 工程量清单综合单价分析表（见表6-74）。

金属结构刷油的综合单价计算为：(662.4+174.72+610.56+356.4+218.4)元/1200kg=1.69元/kg。

[例6-5] 措施费项目综合单价（费率）计算实例（依据2012年《全国统一安装工程定额河北省消耗量定额》举例说明）

解：本例中可竞争措施项目计取了脚手架搭拆费、超高费、垂直运输费、系统调整费；其他措施项目计取了冬雨期施工增加费、夜间施工增加费、已完工程及设备保护费；不可竞争措施费项目包括安全生产、文明施工费。

1. 脚手架搭拆费计算（见表6-82）

表6-82 脚手架搭拆费计算

工程名称：某住宅楼采暖工程

定额编号	工程内容	单位	计算基数	费率单价(%)					合价/元				
				人工费	材料费	机械费	管理费和利润	综合费率	人工费	材料费	机械费	管理费和利润	小计
8—956	脚手架搭拆费	元	90462.62	1.05	3.15	0	0.294	4.494	949.86	2849.57	0	265.96	4065.39
11—2794	脚手架搭拆费	元	14770.35	1.68	5.04	0	0.4704	7.1904	248.14	744.43	0	69.48	1062.05
11—2796	脚手架搭拆费	元	3522.64	4.2	12.6	0	1.176	17.976	147.95	443.85	0	41.43	633.23
合计		元							1345.95	4037.9	0	376.87	5760.67

注：1. 脚手架搭拆费的计算以实体消耗项目的人工费、机械费之和为基数，分册分类计算，如“90462.62”是第八册给排水、采暖、燃气工程各实体消耗项目的人工费、机械费之和；“14770.35”是第十一册刷油工程各实体消耗项目的人工费、机械费之和；“3522.64”是第十一册绝热工程各实体消耗项目的人工费、机械费之和。

2. 管理费和利润费率单价以直接工程费中的人工费、机械费之和为基数，二类工程的费率分别为17%、11%，如8—956子目的管理费和利润费率单价=(1.05%+0)×(17%+11%)=0.294%，其他定额计算与此相同。

3. 综合费率=人工费费率+材料费费率+机械费费率+管理费费率+利润率。

2. 超高费计算（见表 6-83）

表 6-83 超高费计算

工程名称：某住宅楼采暖工程

定额编号	工程内容	单位	计算基数	费率单价(%)					合价/元				
				人工费	材料费	机械费	管理费和利润	综合费率	人工费	材料费	机械费	管理费和利润	小计
8—959	（八册）超高费	元	90462.62	2.52	0	16.8	5.409	24.73	2279.66	0	15197.72	4893.12	22371.41
11—2799	（十一册）超高费	元	22629.84	21	0	21	11.76	53.76	4752.27	0	4752.27	2661.27	12165.81
	合计	元							7031.93	0	19949.99	7555.3	34537.22

注：1. 超高费的计算以实体消耗项目的人工费、机械费之和为基数，分册分类计算，如“90462.62”是第八册给排水、采暖、燃气工程各实体消耗项目的人工费、机械费之和；“22629.84”是第十一册刷油、防腐蚀、绝热工程各实体消耗项目的人工费、机械费之和。

2. 管理费和利润费率单价以直接工程费中的人工费、机械费之和为基数，计算同表 6-82。

3. 垂直运输费计算（见表 6-84）

表 6-84 垂直运输费计算

工程名称：某住宅楼采暖工程

定额编号	工程内容	单位	计算基数	费率单价(%)					合价/元				
				人工费	材料费	机械费	管理费和利润	综合费率	人工费	材料费	机械费	管理费和利润	小计
8—991	垂直运输费	元	90462.62	0	0	1.2	0.336	1.536	0	0	1085.55	303.96	1389.51
	合计	元							0	0	1085.55	303.96	1389.51

注：1. 垂直运输费的计算以实体消耗项目的人工费、机械费之和为基数，“90462.62”是第八册给排水、采暖、燃气工程工程各实体消耗项目的人工费、机械费之和。

2. 管理费和利润费率单价以直接工程费中的人工费、机械费之和为基数，计算同表 6-82。

4. 其他措施项目计算（见表 6-85）

表 6-85 其他措施项目计算

工程名称：某住宅楼采暖工程

定额编号	工程内容	单位	计算基数	费率单价(%)					合价/元				
				人工费	材料费	机械费	管理费和利润	综合费率	人工费	材料费	机械费	管理费和利润	小计
8—985 11—2810	已完工程及设备保护费	元	113092.46	0.19	0.44	0	0.532	0.683	214.88	497.61	0	60.17	772.66
8—982 11—2807	冬期施工增加费	元	113092.46	0.49	0.41	0	0.137	1.037	554.15	463.68	0	154.94	1172.77

（续）

定额编号	工程内容	单位	计算基数	费率单价(%)					合价/元				
				人工费	材料费	机械费	管理费和利润	综合费率	人工费	材料费	机械费	管理费和利润	小计
8—983 11—2808	雨期施工增加费	元	113092.46	1.13	0.97	0	0.316	2.416	1277.94	1097.00	0	357.37	2732.31
8—984 11—2809	夜间施工增加费	元	113092.46	0.63	0.42	0	0.176	1.226	712.48	474.99	0	199.04	1386.51
	合计	元							2759.45	2533.28	0	771.52	6064.25

注：1. 其他措施费的计算以各实体消耗项目的人工费、机械费之和为基数，“113092.46”是第八册给排水、采暖、燃气工程和第十一册刷油、防腐蚀、绝热工程各实体消耗项目的人工费、机械费之和。

2. 管理费和利润费率单价以直接工程费中的人工费、机械费之和为基数，计算同表6-82。

3. 河北省将冬雨期施工增加费分为冬期施工增加费和雨期施工增加费，计算基数不变。施工期在采暖期、非采暖期的天数占50%以内时，增加费按50%计取；施工期在采暖期、非采暖期的天数占50%以上时，增加费按100%计取。本工程工期为360天，施工期在采暖期、非采暖期的天数占50%以上，增加费按100%计取。

5. 安全文明施工费计算（见表6-86）

表6-86 安全生产、文明施工费计算

工程名称：某住宅楼采暖工程

定额编号	工程名称	计费基数	单位	计算基数	固定费率	合价
8—993 11—2817	安全生产、文明施工费	工程总造价（不包括安全生产、文明施工费和税金）	元	602694.13	4.37%	26337.73
	合计		元			26337.73

注：1. 河北省安全生产、文明施工费的计费基数为工程总造价（不包括安全生产、文明施工费和税金）。即467338.141元（分部分项工程费）+47752.4元（措施项目费）+46787.0元（其他项目费）+40816.59元（规费）=602694.13元。

2. 安全生产、文明施工费费率按6.1.4节小知识中《关于调整河北省安全生产文明施工费的通知》（冀建市〔2015〕11号）执行。

本章回顾

1. 定额计价程序如下：

（1）直接工程费=∑［工程量×预算定额基价（人工费+材料费+施工机具使用费）］

（2）措施费=∑［按规定计算基数×相应费率（人工费+材料费+施工机具使用费）］

（3）直接费用=直接工程费+措施费

（4）企业管理费=（直接工程费中的计算基数+措施费中的计算基数）×相应管理费费率

=直接费中的计算基数×相应管理费费率

(5) 规费=(直接工程费中的计算基数+措施费中的计算基数)×相应规费费率

=直接费中的计算基数×相应管理费费率

(6) 利润=(直接工程费中的计算基数+措施费中的计算基数)×相应利润率

=直接费中的计算基数×相应利润率

(7) 税金=(直接工程费+措施费+企业管理费+规费+利润)×相应税率

=(直接费+企业管理费+规费+利润)×相应税率

(8) 单位工程造价=直接工程费+措施费+企业管理费+规费+利润+税金

=直接费+企业管理费+规费+利润+税金

(9) 单项工程造价=∑单位工程造价

(10) 建设项目总造价=∑单项工程造价

2. 全部使用国有资金投资或国有资金投资为主的工程建设项目必须采用工程量清单计价。此外，凡是实行工程量清单计价招标投标的建设工程，不分招标主体和资金来源，都应执行《建设工程工程量清单计价规范》(GB 50500—2013)。

3.《建设工程工程量清单计价规范》(GB 50500—2013) 由总则、术语、工程量清单编制、工程量清单计价、工程量清单计价表格五个章节和六个专业附录组成。

4. 建设工程工程量清单是建设工程的分部分项工程项目、措施项目、其他项目、规费项目和税金项目的名称和相应数量等的明细清单。

5. 分部分项工程量清单的项目编码采用十二位阿拉伯数字表示，一至九位为统一编码，其中一、二位为专业工程代码，三、四位为附录分类顺序码，五、六位为分部工程顺序码，七、八、九位为分项工程项目名称顺序码，十、十一、十二位为清单项目名称顺序码。

6. 工程量清单与计价采用统一的格式：由封面，总说明，汇总表，分部分项工程量清单表，措施项目清单表，其他项目清单表，规费、税金项目清单与计价表，工程款支付申请表等组成。

7. 综合单价由完成一个规定计量单位的分部分项工程量清单项目或措施项目所需的人工费、材料费、施工机械使用费、企业管理费与利润，以及一定范围内的风险费用组成。

8. 工程量清单计价方法如下：

(1) 分部分项工程费=∑ (分部分项工程量×分部分项工程相应综合单价)

(2) 措施项目费=单价措施项目费+总价措施项目费

1) 单价措施项目费=∑ (措施项目工程量×相应措施项目综合单价)

2) 总价措施项目费=∑ (措施项目计算基数×相应措施项目综合费率)

(3) 其他项目费=暂列金额+专业工程暂估价+计日工费+总承包服务费

(4) 规费=(分部分项工程费中的计算基数+措施项目费中的计算基数+其他项目费中的计算基数)×费率

(5) 税金=(分部分项工程费+措施项目费+其他项目费+规费)×税率

(6) 单位工程造价=分部分项工程费+措施项目费+其他项目费+规费+税金

(7) 单项工程造价=∑单位工程造价

(8) 建设项目总造价=∑单项工程造价

思 考 题

6-1 简述定额计价计算工程造价的步骤。

6-2 工程量清单由哪几部分组成?

6-3 工程量清单计价的五要件是什么?

6-4 工程量清单的综合单价由哪几部分组成?

6-5 其他项目清单包括哪些内容?

6-6 根据本地定额完成 6.2.2 工程量清单实例中清单编码为 031001002005 和 031001002006 的综合单价的计算。

6-7 根据本地定额完成 6.2.2 工程量清单实例中清单编码为 031003001002 和 031201003001 的综合单价的计算。

附　录

附录A　2012年《全国统一安装工程预算定额河北省消耗量定额》（部分）

1. 第八册　给排水、采暖、燃气工程

表A-1　焊接钢管（螺纹连接）

工作内容：留堵洞眼、切管、套螺纹、上零件、调直、管卡、管道及管件安装、水压试验。

（单位：10m）

定额编号				8—175	8—176	8—177	8—178	8—179
项目名称				公称直径（mm以内）				
				15	20	25	32	40
基价/元				131.76	140.39	181.37	188.26	199.64
其中	100.20			100.20	120.60	120.60	144.00	96.00
	31.56			40.19	59.19	66.18	53.12	46.43
	—			—	1.58	1.58	2.52	2.33
	名　称	单位	单价/元	数　量				
人工	综合用工二类	工日	60.00	1.670	1.670	2.010	2.010	2.400
材料	焊接钢管	m	—	(10.200)	(10.200)	(10.200)	(10.200)	(10.200)
	焊接钢管接头零件 DN15	个	0.59	16.960	—	—	—	—
	焊接钢管接头零件 DN20	个	0.93	—	16.190	—	—	—
	焊接钢管接头零件 DN25	个	1.55	—	—	15.140	—	—
	焊接钢管接头零件 DN32	个	2.84	—	—	—	10.880	—
	焊接钢管接头零件 DN40	个	3.57	—	—	—	—	7.840
	焊接钢管接头零件 DN50	个	5.61	—	—	—	—	—
	膨胀螺栓 M8～10×120～150	套	0.80	2.080	2.420	2.980	2.980	—
	水泥 32.5	kg	0.36	2.835	2.385	1.935	1.485	1.035
	管卡子（单立管）DN25	个	0.50	0.710	1.320	1.930	—	—
	管卡子（单立管）DN50	个	1.21	—	—	—	1.930	—
	管子托钩 DN15	个	0.60	1.370	—	—	—	—
	管子托钩 DN20	个	0.80	—	1.100	—	—	—
	管子托钩 DN25	个	1.00	—	—	1.050	1.050	—
	镀锌铁丝 8#～12#	kg	6.00	0.05	0.05	0.060	0.070	0.080
	砂轮片 ϕ400mm	片	35.00	—	—	0.060	0.070	0.070
	聚四氟乙烯生料带 宽20	m	1.60	9.362	11.010	12.960	11.489	9.471

（续）

名　称		单位	单价/元	数　量				
材料	乙炔气	kg	30.00	—	—	0.120	0.120	0.100
	氧气	m^3	4.67	—	—	0.360	0.360	0.270
	机油	kg	11.20	0.160	0.200	0.130	0.150	0.140
	砂子	m^3	34.00	0.009	0.008	0.006	0.005	0.003
	水	m^3	5.00	0.050	0.060	0.080	0.100	0.130
	其他材料	元	1.00	0.060	0.070	0.090	0.090	0.090
机械	管子切断机 ϕ60~150mm	台班	46.90	—	—	0.020	0.020	0.040
	管子切断套螺纹机	台班	21.51	—	—	0.030	0.030	0.030

表 A-2　焊接钢管（焊接）

工作内容：留堵洞眼、切管、坡口、调直、摵弯、挖眼接管、异形管制作、对口、焊接、管道及管件安装、水压试验。（单位：10m）

定 额 编 号				8—186	8—187	8—188	8—189	8—190
项 目 名 称				公称直径（mm 以内）				
				32	40	50	65	80
基价/元				109.55	121.23	143.36	241.15	273.04
其中	人工费/元			89.40	97.20	106.80	97.20	111.00
	材料费/元			8.92	10.86	21.45	45.90	53.81
	机械费/元			11.23	13.17	15.11	98.05	108.23
名　称		单位	单价/元	数　量				
人工	综合用工二类	工日	60.00	1.490	1.620	1.780	1.620	1.850
材料	焊接钢管	m	—	(10.200)	(10.200)	(10.200)	(10.200)	(10.200)
	压制弯头 ϕ76mm	个	12.92	—	—	—	0.700	—
	压制弯头 ϕ89mm	个	14.96	—	—	—	—	0.740
	压制弯头 ϕ108mm	个	20.40	—	—	—	—	—
	水泥 32.5	kg	0.36	1.485	1.035	0.585	1.430	1.490
	普通钢板 0#~3#δ3.5~4.0	kg	4.44	0.090	0.090	0.090	0.100	0.100
	尼龙砂轮片 ϕ100mm	片	10.40	0.150	0.180	0.220	0.410	0.760
	电焊条 结 422ϕ3.2mm	kg	4.85	0.008	0.010	0.010	0.810	0.920
	碳钢气焊条 <ϕ2mm	kg	5.23	0.020	0.020	0.020	0.020	—
	砂轮片 ϕ400mm	片	35.00	—	—	—	0.100	0.110
	砂子	m^3	34.00	0.005	0.003	0.002	0.004	0.004
	乙炔气	kg	30.00	0.080	0.120	0.340	0.450	0.470
	铁丝 8#	kg	3.42	0.080	0.080	0.080	0.080	0.080
	氧气	m^3	4.67	0.240	0.340	1.010	1.320	1.410
	铅油	kg	16.10	0.010	0.010	0.010	0.020	0.020
	机油	kg	11.20	0.040	0.040	0.060	0.080	0.100
	水	m^3	5.00	0.040	0.040	0.060	0.090	0.100
	其他材料	元	1.00	1.510	1.690	2.010	2.360	2.150
机械	直流电焊机 20kW	台班	194.13	0.030	0.040	0.050	0.470	0.520
	管子切断机 ϕ150mm	台班	46.90	—	—	—	0.030	0.040
	弯管机 ϕ108mm	台班	90.04	0.060	0.060	0.060	0.060	0.060

表 A-3　镀锌铁皮套管制作、安装

工作内容：下料、卷制、咬口、安装。　　　　（单位：个）

定额编号				8—319	8—320	8—321	8—322	8—323	8—324
项目名称				公称直径（mm 以内）					
				15	20	25	32	40	50
基价/元				2.82	5.13	5.13	5.13	7.70	7.70
其中	人工费/元			1.80	3.60	3.60	3.60	5.40	5.40
	材料费/元			1.02	1.53	1.53	1.53	2.30	2.30
	机械费/元			—	—	—	—	—	—
名　称		单位	单价/元	数　量					
人工	综合用工二类	工日	60.00	0.030	0.060	0.060	0.060	0.090	0.090
材料	镀锌钢板 $\delta=0.5$mm	m^2	25.51	0.040	0.060	0.060	0.060	0.090	0.090

表 A-4　钢套管制作、安装

工作内容：留堵洞眼、切管、安装。　　　　（单位：个）

定额编号				8—332	8—333	8—334	8—335	8—336
项目名称				管外径（mm 以内）				
				40	50	65	80	100
基价/元				15.37	21.91	25.54	33.47	39.20
其中	人工费/元			5.40	7.80	9.00	12.60	14.40
	材料费/元			8.88	12.08	13.94	18.93	22.46
	机械费/元			1.09	1.31	1.60	1.94	2.34
名　称		单位	单价/元	数　量				
人工	综合用工二类	工日	60.00	0.090	0.130	0.150	0.210	0.240
材料	焊接钢管 *DN*70	m	—	(0.306)	—	—	—	—
	焊接钢管 *DN*80	m	—	—	(0.306)	—	—	—
	焊接钢管 *DN*100	m	—	—	—	(0.306)	—	—
	焊接钢管 *DN*125	m	—	—	—	—	(0.306)	—
	焊接钢管 *DN*150	m	—	—	—	—	—	(0.306)
	石棉扭绳	kg	14.00	0.500	0.700	0.800	1.110	1.320
	防水油膏	kg	3.00	0.170	0.230	0.280	0.370	0.430
	砂轮片 ϕ350mm	片	32.00	0.038	0.043	0.052	0.061	0.072
	其他材料	元	1.00	0.150	0.210	0.240	0.330	0.390
机械	砂轮切割机 ϕ350mm	台班	57.11	0.019	0.023	0.028	0.034	0.041

表 A-5　管道支架制作安装

工作内容：切断、调直、摵制、钻孔、组对、焊接、安装。　（单位：100kg）

定额编号				8—355	8—356
项目名称				制作安装	
				一般管架	木垫式管架
基价/元				1340.49	687.00
其中	人工费/元			315.60	328.80
	材料费/元			253.37	194.56
	机械费/元			771.52	163.64
名　称		单位	单价/元	数　量	
人工	综合用工二类	工日	60.00	5.260	5.480
材料	型钢	kg	—	(106.000)	(106.000)
	电焊条结 422φ3.2mm	kg	4.85	5.400	2.000
	尼龙砂轮片 φ100mm	片	10.40	0.080	—
	膨胀螺栓 M10×100	套	1.2	96.000	—
	砂轮片 φ400mm	片	35.00	1.440	—
	橡胶板 $\delta=1\sim3$mm	kg	2.00	0.510	—
	混凝土 C15	m^3	230.00	0.020	—
	乙炔气	kg	30.00	0.870	0.719
	氧气	m^3	4.67	2.550	2.105
	清油 C01—1	kg	17.00	0.010	—
	机油	kg	11.20	0.450	—
	铅油	kg	16.10	0.030	—
	螺母	kg	6.70	—	0.020
	钢垫圈	kg	10.35	—	0.350
	水泥 42.5	kg	0.39	—	9.000
	方木	m^3	2300.00	—	0.048
	焦炭	kg	0.30	—	17.130
	螺栓	kg	6.80	—	3.520
	砂子	m^3	34.00	—	0.020
	木柴	kg	1.50	—	3.000
	水	m^3	5.00	0.020	—
	其他材料	元	1.00	11.330	1.538
机械	直流电焊机 20kW	台班	194.13	3.230	—
	立式钻床 φ25mm	台班	98.00	0.620	0.105
	立式钻床 φ50mm	台班	130.91	0.020	—
	台式钻床 φ16mm×12.7mm	台班	94.53	0.520	—
	砂轮切割机 φ500mm	台班	71.00	0.450	—
	交流电焊机 21kV·A	台班	172.94	—	0.451
	鼓风机 8～18m^3/min	台班	243.09	—	0.310

表 A-6　方形伸缩器制作安装

工作内容：做样板、筛砂、炒砂、灌砂、打砂、制堵、加热、摵制、倒砂、清管腔、组成、焊接、张拉、安装。　　　　(单位：个)

定额编号				8—396	8—397	8—398	8—399	8—400
项目名称				公称直径（mm 以内）				
				40	50	65	80	100
基价/元				81.28	111.67	200.46	279.82	362.31
其中	人工费/元			40.20	52.80	83.40	152.40	219.00
	材料费/元			16.77	22.41	32.99	143.35	55.36
	机械费/元			24.31	36.46	84.07	84.07	87.95
名称		单位	单价/元	数量				
人工	综合用工二类	工日	60.00	0.670	0.880	1.390	2.540	3.650
材料	碳钢气焊条 < ϕ2mm	kg	5.23	0.020	0.030	0.300	0.470	0.570
	木材（一级红松）	m^3	2500.00	0.002	0.002	0.002	0.002	0.002
	乙炔气	kg	30.00	0.040	0.040	0.120	0.140	0.160
	氧气	m^3	4.67	0.110	0.120	0.360	0.410	0.510
	焦炭	kg	0.30	16.00	28.000	40.000	52.000	80.000
	砂子	m^3	34.00	0.001	0.003	0.006	0.015	0.026
	木柴	kg	1.50	3.000	4.000	4.000	7.200	8.000
	铅油	kg	16.10	0.030	0.050	0.050	0.050	0.080
	机油	kg	11.20	0.010	0.015	0.200	0.200	0.200
	其他材料费	元	1.00	0.020	0.020	—	—	—
机械	鼓风机 8 ~ 18m^3/min	台班	243.09	0.100	0.150	0.250	0.250	0.250
	直流电焊机 20kW	台班	194.13	—	—	0.120	0.120	0.140

表 A-7　螺纹阀门安装

工作内容：切管、套螺纹、加垫、上阀门、水压试验。　　　　(单位：个)

定额编号				8—414	8—415	8—416	8—417	8—418	8—419
项目名称				公称直径（mm 以内）					
				15	20	25	32	40	50
基价/元				7.38	7.66	8.65	10.32	16.80	17.51
其中	人工费/元			6.00	6.00	6.60	7.80	13.80	13.80
	材料费/元			1.38	1.66	2.05	2.52	3.00	3.71
	机械费/元			—	—	—	—	—	—
名称		单位	单价/元	数量					
人工	综合用工二类	工日	60.00	0.100	0.100	0.110	0.130	0.230	0.230
材料	螺纹阀门	个	—	(1.010)	(1.010)	(1.010)	(1.010)	(1.010)	(1.010)
	阀门连接件	个	—	(1.010)	(1.010)	(1.010)	(1.010)	(1.010)	(1.010)
	聚四乙烯生料带宽 20mm	m	1.60	0.552	0.680	0.856	1.056	1.208	1.504
	机油	kg	11.20	0.012	0.012	0.012	0.012	0.016	0.016
	砂纸 0#	张	0.50	0.100	0.120	0.150	0.190	0.240	0.300
	其他材料费	元	1.00	0.310	0.380	0.470	0.600	0.770	0.970

表 A-8 焊接法兰阀安装

工作内容：切管、焊接法兰、制垫加垫、紧螺栓、水压试验。 (单位：个)

定额编号				8—431	8—432	8—433	8—434	8—435	8—436
项目名称				公称直径（mm 以内）					
				50	65	80	100	125	150
基价/元				146.56	185.12	215.92	253.64	281.07	348.52
其中	人工费/元			19.80	23.40	28.80	36.60	50.40	61.20
	材料费/元			101.52	117.07	142.47	164.62	176.31	229.08
	机械费/元			25.24	44.65	44.65	52.42	54.36	58.24
名称		单位	单价/元	数量					
人工	综合用工二类	工日	60.00	0.330	0.390	0.480	0.610	0.840	1.020
材料	法兰阀门	个	—	(1.000)	(1.000)	(1.000)	(1.000)	(1.000)	(1.000)
	平焊法兰 1.6MPa *DN*50	副	80.77	1.000	—	—	—	—	—
	平焊法兰 1.6MPa *DN*65	副	92.15	—	1.000	—	—	—	—
	平焊法兰 1.6MPa *DN*80	副	104.50	—	—	1.000	—	—	—
	平焊法兰 1.6MPa *DN*100	副	122.38	—	—	—	1.000	—	—
	平焊法兰 1.6MPa *DN*125	副	128.25	—	—	—	—	1.000	—
	平焊法兰 1.6MPa *DN*150	副	147.29	—	—	—	—	—	1.000
	精致六角带帽螺栓 带垫 M16×65~80	套	1.20	8.240	8.240	16.480	16.480	16.480	—
	精致六角带帽螺栓 带垫 M20×85~100	套	2.90	—	—	—	—	—	16.480
	电焊条结 422ϕ3.2mm	kg	4.85	0.210	0.420	0.490	0.590	0.720	0.880
	石棉橡胶垫 ϕ50mm	个	3.00	2.300	—	—	2.300	—	—
	石棉橡胶垫 ϕ65mm	个	3.90	—	2.300	—	—	—	—
	石棉橡胶垫 ϕ80mm	个	4.80	—	—	2.300	—	—	—
	石棉橡胶垫 ϕ100mm	个	6.00	—	—	—	2.300	—	—
	石棉橡胶垫 ϕ125mm	个	7.50	—	—	—	—	2.300	—
	石棉橡胶垫 ϕ150mm	个	9.00	—	—	—	—	—	2.300
	乙炔气	kg	30.00	—	0.014	0.020	0.024	0.030	0.037
	氧气	m^3	4.67	—	0.040	0.060	0.070	0.090	0.110
	铅油	kg	16.10	0.080	0.090	0.120	0.150	0.220	0.280
	清油 C01—1	kg	17.00	0.015	0.015	0.015	0.020	0.020	0.030
	砂纸 0#	张	0.50	0.400	0.500	0.500	0.500	0.600	0.700
	其他材料	元	1.00	1.200	1.460	1.460	1.750	2.040	2.040
机械	直流电焊机 20kW	台班	194.13	0.130	0.230	0.230	0.270	0.280	0.300

表 A-9 自动排气阀、手动放风阀安装

工作内容：支架制作安装、套螺纹、丝堵攻螺纹、安装、水压试验。 （单位：个）

定额编号				8—472	8—473	8—474	8—475
项目名称				自动排气阀			手动排气阀
				15	20	25	10
基价/元				17.85	22.33	28.28	2.24
其中	人工费/元			9.00	12.00	15.00	1.80
	材料费/元			8.85	10.33	13.28	0.44
	机械费/元			—	—	—	—
名称		单位	单价/元	数量			
人工	综合用工二类	工日	60.00	0.150	0.200	0.250	0.030
材料	自动排气阀	个	—	(1.000)	(1.000)	(1.000)	—
	手动放风阀 *DN*10	个	—	—	—	—	(1.010)
	黑玛钢管箍 *DN*15	个	0.71	2.020	—	—	—
	黑玛钢管箍 *DN*20	个	0.86	—	2.020	—	—
	黑玛钢管箍 *DN*25	个	1.45	—	—	2.020	—
	黑玛钢弯头 *DN*15	个	0.76	1.010	—	—	—
	黑玛钢弯头 *DN*20	个	1.16	—	1.010	—	—
	黑玛钢弯头 *DN*25	个	1.89	—	—	1.010	—
	黑玛钢丝堵（堵头）*DN*15	个	0.41	1.010	—	—	—
	黑玛钢丝堵（堵头）*DN*20	个	0.58	—	1.010	—	—
	黑玛钢丝堵（堵头）*DN*25	个	0.89	—	—	1.010	—
	水泥 32.5	kg	0.36	0.500	0.500	0.500	—
	精制六角螺母 M8	个	0.07	2.060	2.060	2.060	—
	钢垫圈 M8.5	个	0.02	2.060	2.060	2.060	—
	角钢∟60	kg	4.52	0.650	0.650	0.650	—
	圆钢 $\phi8\sim\phi14$mm	kg	4.31	0.210	0.210	0.210	—
	聚四氟乙烯生料带宽 20mm	m	1.60	0.828	1.020	1.284	0.276
	机油	kg	11.20	0.009	0.009	0.009	—
	其他材料费	元	1.00	0.600	0.890	1.180	—

表 A-10 铸铁散热器组成安装

工作内容：加垫、组成、栽卡、稳固、水压试验。 (单位：10片)

定额编号				8—674
项目名称				型号
				柱型
基价/元				58.39
其中	人工费/元			22.80
	材料费/元			35.59
	机械费/元			—
名称		单位	单价/元	数量
人工	综合用工二类	工日	60.00	0.380
材料	铸铁散热器柱型	片	—	(6.910)
	柱型散热器足片	片	—	(3.190)
	散热器专用膨胀螺栓（带卡子）	套	2.60	0.870
	方形钢垫圈 $\phi 12mm \times 50mm \times 50mm$	个	0.40	1.740
	汽包对丝 $DN38$	个	1.21	18.920
	汽包丝堵 $DN38$	个	1.21	1.750
	汽包补芯 $DN38$	个	1.21	1.750
	汽包胶垫 $\delta=3mm$	个	0.15	23.520
	铁砂布 0# ~ 2#	张	0.90	2.000
	水	m^3	5.00	0.030
	其他材料	元	1.00	0.030

表 A-11 第八册可竞争措施项目、不可竞争措施项目

		可竞争措施项目								不可竞争措施项目	
定额编号		8—956	8—957	8—959	8—991	8—982	8—983	8—984	8—985	8—992	8—993
项目名称		脚手架搭拆费	采暖工程系统调整费	超高费	垂直运输费	冬期施工增加费	雨期施工增加费	夜间施工增加费	二次搬运费	安全防护、文明施工费	
				12层/40m						建筑面积10000m^2以上	建筑面积10000m^2以下
基价（%）		4.20	13.05	19.32	1.20	0.90	2.10	1.05	2.77	3.97	4.37
其中	人工费（%）	1.05	6.53	2.52	—	0.49	1.13	0.63	1.50	—	—
	材料费（%）	3.15	6.52	—	—	0.41	0.97	0.42	1.27	—	—
	机械费（%）	—	—	16.80	1.20	—	—	—	—	—	—

注：1. 可竞争措施项目除另有注明外，均以定额中实体消耗项目的人工费、机械费之和为计算基数。

2. 安全生产、文明施工费按直接费（人工费、材料费、机械费及调整，不含安全生产、文明施工费、设备费）、企业管理费、利润、规费、价款调整之和作为计算基数。

2. 第十一册　刷油、防腐蚀、绝热工程

表 A-12　手工除锈

工作内容：除锈、除尘。（单位：$10m^2$）

定额编码				11—1	11—2	11—3	11—4	11—5	11—6
项目名称				管道			设备		
				轻锈	中锈	重锈	轻锈	中锈	重锈
基价/元				21.35	49.91	177.82	22.55	36.11	111.22
其中	人工费/元			18.60	44.40	166.80	19.80	30.60	100.20
	材料费/元			2.75	5.51	11.02	2.75	5.51	11.02
	机械费/元			—	—	—	—	—	—
名称		单位	单价/元	数量					
人工	综合用工二类	工日	60.00	0.310	0.740	2.780	0.330	0.510	1.670
材料	钢丝刷	把	4.00	0.200	0.400	0.800	0.200	0.400	0.800
	铁砂布 0# ~ 2#	张	0.90	1.500	3.000	6.000	1.500	3.000	6.000
	破布	kg	3.02	0.200	0.400	0.800	0.200	0.400	0.800

表 A-13　手工除锈

工作内容：除锈、除尘。（单位：100kg）

定额编码				11—7	11—8	11—9
项目名称				一般钢结构		
				轻锈	中锈	重锈
基价/元				33.35	46.12	58.51
其中	人工费/元			18.60	29.40	37.80
	材料费/元			2.03	4.00	7.99
	机械费/元			12.72	12.72	12.72
名称		单位	单价/元	数量		
人工	综合用工二类	工日	60.00	0.310	0.490	0.630
材料	钢丝刷	把	4.00	0.150	0.290	0.580
	铁砂布 0# ~ 2#	张	0.90	1.090	2.180	4.350
	破布	kg	3.02	0.150	0.290	0.580
机械	汽车式起重机 16t	台班	1272.40	0.010	0.010	0.010

表 A-14 管道刷油

工作内容：调配、涂刷。 （单位：$10m^2$）

定额编号				11—53	11—54	11—56	11—57
项目名称				防锈漆		银粉漆	
				第一遍	第二遍	第一遍	第二遍
基价/元				18.16	17.84	19.37	17.32
其中	人工费/元			15.00	15.00	15.00	14.40
	材料费/元			3.16	2.84	4.37	2.92
	机械费/元			—	—	—	—
名称		单位	单价/元	数量			
人工	综合用工二类	工日	60.00	0.250	0.250	0.250	0.240
材料	酚醛防锈漆各色	kg	—	(1.310)	(1.120)	—	—
	银粉漆	kg	—	—	—	(0.670)	(0.63)
	稀释剂	kg	8.10	0.390	0.350	0.540	0.36

表 A-15 金属结构刷油（一般钢结构）

工作内容：调配、涂刷。 （单位：100kg）

定额编号				11—115	11—116	11—118	11—119
项目名称				防锈漆		银粉漆	
				第一遍	第二遍	第一遍	第二遍
基价/元				27.59	26.75	30.21	29.49
其中	人工费/元			12.60	12.00	12.00	12.00
	材料费/元			2.27	2.03	5.49	4.77
	机械费/元			12.72	12.72	12.72	12.72
名称		单位	单价/元	数量			
人工	综合用工二类	工日	60.00	0.210	0.200	0.200	0.200
材料	酚醛防锈漆各色	kg	—	(0.920)	(0.780)	—	—
	酚醛清漆各色	kg	—	—	—	(0.250)	(0.230)
	稀释剂	kg	8.10	0.280	0.250	0.520	0.470
	银粉漆	kg	16.00	—	—	0.080	0.060
机械	汽车式起重机 16t	台班	1272.40	0.010	0.010	0.010	0.010

表 A-16　铸铁管、暖气片刷油

工作内容：调配、涂刷。　（单位：$10m^2$）

定额编号				11—194	11—195	11—196	11—197
项目名称				防锈漆	带锈底漆	银粉漆	
				一遍		第一遍	第二遍
基价/元				21.32	21.56	27.33	26.68
其中	人工费/元			18.00	18.00	18.60	18.00
	材料费/元			3.32	3.56	8.73	7.68
	机械费/元			—	—	—	—
名　称		单位	单价/元	数　量			
人工	综合用工二类	工日	60.00	0.300	0.300	0.310	0.300
材料	酚醛防锈漆各色	kg	—	(1.050)	—	—	—
	带锈底漆	kg	—	—	(0.920)	—	—
	酚醛清漆各色	kg	—	—	—	(0.450)	(0.410)
	银粉漆	kg	16.00	—	—	0.090	0.080
	稀释剂	kg	8.10	0.410	0.440	0.900	0.790

表 A-17　纤维类制品（管壳）安装

工作内容：运料、下料、开口、安装、捆扎、修理找平。　（单位：m^3）

定额编号				11—1925	11—1926	11—1933	11—1934
项目名称				管道 ϕ57mm 以下	管道 ϕ57mm 以下	管道 ϕ133mm 以下	管道 ϕ133mm 以下
				厚度 40mm	厚度 50mm	厚度 40mm	厚度 50mm
基价/元				320.26	272.26	168.61	150.61
其中	人工费/元			276.60	228.60	134.40	116.40
	材料费/元			29.75	29.75	20.30	20.30
	机械费/元			13.91	13.91	13.91	13.91
名称		单位	单价/元	数　量			
人工	综合用工二类	工日	60.00	4.610	3.810	2.240	1.940
材料	岩棉管壳	m^3	—	(1.030)	(1.030)	(1.030)	(1.030)
	镀锌铁丝 13# ~ 17#	kg	7.00	4.25	4.250	2.900	2.900
机械	卷扬机（单筒快速）1t	台班	115.95	0.12	0.120	0.120	0.120

表 A-18 防潮层、保护层安装

工作内容：裁油毡纸、包油毡纸、熬沥青、黏结、绑铁线。 （单位：$10m^2$）

定额编号				11—2306	11—2307	11—2316	11—2317	11—2318
项目名称				玻璃布		铝箔-复合玻璃钢		铝箔
				管道	设备	管道	设备	管道
基价/元				25.98	22.38	171.30	158.40	272.03
其中	人工费/元			25.80	25.80	124.20	113.40	76.80
	材料费/元			0.18	0.18	47.10	45.00	195.23
	机械费/元			—	—	—	—	—
名称		单位	单价/元	数量				
人工	综合用工二类	工日	60.00	0.430	0.370			1.28
材料	玻璃丝布 0.5	m^2	—	(14.000)	(14.000)	(12.000)	(12.000)	—
	铝箔	m^2	13.93	—	—	—	—	14.000
	镀锌铁丝 16#~18#	kg	5.73	0.030	0.030	—	—	0.03
	镀锌自攻螺钉 M4—6×20—35	10个	0.7	—	—	21.000	18.000	—

表 A-19 玻璃丝布、白布面刷油

工作内容：调配、涂刷。 （单位：$10m^2$）

定额编号				11—242	11—243	11—246	11—247
项目名称				管道			
				调和漆		沥青漆	
				第一遍	第二遍	第一遍	第二遍
基价/元				52.18	44.50	57.90	48.33
其中	人工费/元			50.40	43.20	47.40	40.20
	材料费/元			1.78	1.30	10.50	8.13
	机械费/元			—	—	—	—
名称		单位	单价/元	数量			
人工	综合用工二类	工日	60.00	0.840	0.720	0.790	0.67
材料	酚醛防锈漆各色	kg	—	(1.900)	(1.450)	—	—
	煤焦油沥青漆 L01—17	kg	—	—	—	(5.200)	(3.850)
	稀释剂	kg	8.10	0.220	0.160	—	—
	动力苯	kg	12.50	—	—	0.840	0.650

表 A-20 第十一册 可竞争措施项目、不可竞争措施项目

	可竞争措施项目							不可竞争措施项目	
定额编号	11—2794	11—2795	11—2796	11—2781	11—2807	11—2808	11—2809	11—2816	11—2817
项目名称	脚手架搭拆费			超高费	冬期施工增加费	雨期施工增加费	夜间施工增加费	安全生产、文明施工费	
	刷油工程	防腐工程	绝热工程	40m以内				建筑面积 $10000m^2$ 以上	建筑面积 $10000m^2$ 以下
基价（%）	6.72	10.08	16.80	42.00	0.90	2.10	1.05	3.97	4.37
其中 人工费（%）	1.68	2.52	4.20	21.00	0.49	1.13	0.63	—	—
其中 材料费（%）	5.04	7.56	12.60	—	0.41	0.97	0.42	—	—
其中 机械费（%）	—	—	—	21.00	—	—	—	—	—

注：1. 可竞争措施项目除另有注明外，均以定额中实体消耗项目的人工费、机械费之和为计算基数。

2. 安全生产、文明施工费按直接费（人工费、材料费、机械费及调整，不含安全生产、文明施工费、设备费）、企业管理费、利润、规费、价款调整之和作为计算基数。

3. 第九册 通风空调工程（部分）

表 A-21 镀锌薄钢板矩形风管（$\delta=1.2mm$ 以内咬口） （单位：$10m^2$）

定额编号				9—9	9—11	9—13	9—15
项目名称				镀锌薄钢板矩形风管($\delta=1.2mm$ 以内咬口)周长/mm			
				800mm 以下	2000mm 以下	4000mm 以下	4000mm 以上
				制作安装			
基价/元				874.50	665.15	519.00	616.15
其中	人工费/元			422.40	327.60	255.00	321.60
其中	材料费/元			247.20	230.55	202.79	246.55
其中	机械费/元			204.90	107.00	61.21	48.00
名称		单位	单价/元	数量			
人工	综合用工二类	工日	60.00	7.040	5.460	4.250	5.360
材料	镀锌钢板 $\delta=0.5\sim1.2mm$	m^2	—	(11.380)	(11.380)	(11.380)	(11.380)
材料	角钢∟60mm	kg	4.52	40.420	35.660	35.040	45.140
材料	角钢∟63mm	kg	4.30	—	—	0.160	0.260
材料	镀锌扁钢 < -59	kg	5.40	2.150	1.330	1.120	1.020
材料	圆钢 $\phi5.5\sim\phi9mm$	kg	4.31	1.350	1.930	1.490	0.080
材料	圆钢 $\phi8\sim\phi14mm$	kg	4.31	—	—	—	1.850
材料	电焊条结 422ϕ3.2mm	kg	4.85	2.240	1.060	0.490	0.34
材料	精制六角带帽螺栓 M6×75	10套	1.2	16.900	—	—	—
材料	精制六角带帽螺栓 M8×75	10套	4.0	—	9.050	4.300	3.350

（续）

名称		单位	单价/元	数量			
材料	铁铆钉	kg	4.3	0.430	0.240	0.220	0.220
	橡胶板 $\delta=1\sim3$mm	kg	2.0	1.840	1.300	0.920	0.810
	膨胀螺栓 M12	套	1.29	2.00	1.500	1.500	1.000
	乙炔气	kg	30.00	0.180	0.160	0.160	0.200
	氧气	m^3	4.67	0.50	0.450	0.450	0.560
	电	kW·h	1.00	0.084	0.056	0.056	0.056
机械	交流电焊机 21kV·A	台班	172.94	0.48	0.220	0.100	0.070
	台式钻床 ϕ16mm×12.7mm	台班	94.53	1.150	0.590	0.360	0.310
	剪板机 6.3mm×2000mm	台班	153.07	0.040	0.040	0.030	0.020
	折方机 4mm×2000mm	台班	47.62	0.040	0.040	0.030	0.020
	咬口机 1.5mm	台班	128.85	0.040	0.040	0.030	0.020
	其他机械费	元	1.0	—	—	—	—

附录 B 《通用安装工程工程量计算规范》（GB 50856—2013）（部分）

1. 电气设备安装工程

表 B-1 控制设备及低压电器安装（编码：030404）

项目编码	项目名称	项目特征	计量单位	工程量计算规则	工作内容
030404016	控制箱	1. 名称 2. 型号 3. 规格 4. 基础形式、材质、规格 5. 接线端子材质、规格 6. 端子板外部接线材质、规格 7. 安装方式	台		1. 本体安装 2. 基础型钢制作、安装 3. 焊、压接线端子 4. 补刷（喷）油漆 5. 接地
030404017	配电箱				
030404018	插座箱	1. 名称 2. 型号 3. 规格 4. 安装方式			1. 本体安装 2. 接地
030404019	控制开关	1. 名称 2. 型号 3. 规格 4. 接线端子材质、规格 5. 额定电流（A）	个		1. 本体安装 2. 焊、压接线端子 3. 接线
030404031	小电器	1. 名称 2. 型号 3. 规格 4. 接线端子材质、规格	个（套、台）		1. 本体安装 2. 焊、压接地端子 3. 接线

（续）

项目编码	项目名称	项目特征	计量单位	工程量计算规则	工作内容
030404032	端子箱	1. 名称 2. 型号 3. 规格 4. 安装部位	台		1. 本体安装 2. 接线
030404034	照明开关	1. 名称 2. 材质 3. 规格 4. 安装方式	个		1. 本体安装 2. 接线
030404035	插座				
030404036	其他电器	1. 名称 2. 规格 3. 安装方式	个（套、台）		1. 安装 2. 接线

表 B-2　电缆安装（编码：030408）

项目编码	项目名称	项目特征	计量单位	工程量计算规则	工作内容
030408001	电力电缆	1. 名称 2. 型号 3. 规格 4. 材质 5. 敷设方式、部位 6. 电压等级（kV） 7. 地形	m	按设计图示尺寸以长度计算（含预留长度及附加长度）	1. 电缆敷设 2. 揭（盖）盖板
030408002	控制电缆				
030408003	电缆保护管	1. 名称 2. 材质 3. 规格 4. 敷设方式		按设计图示尺寸以长度计算	保护管敷设
030408004	电缆槽盒	1. 名称 2. 材质 3. 规格 4. 型号			槽盒安装
030408005	铺砂、盖保护板（砖）	1. 种类 2. 规格			1. 铺砂 2. 盖板（砖）
030408006	电力电缆头	1. 名称 2. 型号 3. 规格 4. 材质、类型 5. 安装部位 6. 电压等级（kV）	个	按设计图示数量计算	1. 电力电缆头制作 2. 电力电缆头安装 3. 接地
030408007	控制电缆头	1. 名称 2. 型号 3. 规格 4. 材质、类型 5. 安装方式			

表 B-3 防雷及接地装置（编码：030409）

项目编码	项目名称	项目特征	计量单位	工程量计算规则	工作内容
030409001	接地极	1. 名称 2. 材质 3. 规格 4. 土质 5. 基础接地形式	根(块)	按设计图示数量计算	1. 接地极（板、桩）制作、安装 2. 基础接地网安装 3. 补刷(喷)油漆
030409002	接地母线	1. 名称 2. 材质 3. 规格 4. 安装部位	m	按设计图示尺寸以长度计算(含附加长度)	1. 接地母线制作、安装 2. 补刷(喷)油漆
030409003	避雷引下线	1. 名称 2. 材质 3. 规格 4. 安装部位 5. 安装形式 6. 断接卡子、箱材质、规格			1. 避雷引下线制作、安装 2. 断接卡子、箱制作、安装 3. 利用主钢筋焊接 4. 补刷(喷)油漆
030409004	均压环	1. 名称 2. 材质 3. 规格 4. 安装形式			1. 均压环敷设 2. 钢铝窗接地 3. 柱主筋与圈梁焊接 4. 利用圈梁钢筋焊接 5. 补刷(喷)油漆
030409005	避雷网	1. 名称 2. 材质 3. 规格 4. 安装形式 5. 混凝土块标号			1. 避雷网制作、安装 2. 跨接 3. 混凝土块制作 4. 补刷(喷)油漆
030409006	避雷针	1. 名称 2. 材质 3. 规格 4. 安装形式、高度	根	按设计图示数量计算	1. 避雷针制作、安装 2. 跨接 3. 补刷(喷)油漆
030409008	等电位端子箱、测试板	1. 名称 2. 材质 3. 规格	台(块)		本体安装

表 B-4 电器调整试验（编码：030414）

项目编码	项目名称	项目特征	计量单位	工程量计算规则	工作内容
030414002	送配电装置系统	1. 名称 2. 型号 3. 电压等级(kV) 4. 类型	系统	按设计图示系统计算	系统调试
030414004	自动投入装置	1. 名称 2. 类型	系统(台、套)	按设计图示数量计算	调试
030414006	事故照明切换系统	1. 名称 2. 类型	系统(台)	按设计图示数量计算	

（续）

项目编码	项目名称	项目特征	计量单位	工程量计算规则	工作内容
030414011	接地装置	1. 名称 2. 类型	1. 系统 2. 组	1. 以系统计量，按设计图示系统计算 2. 以组计量，按设计图示数量计算	接地电阻测试

表 B-5 配管配线（编码：030411）

项目编码	项目名称	项目特征	计量单位	工程量计算规则	工作内容
030411001	配管	1. 名称 2. 材质 3. 规格 4. 配置形式 5. 接地要求 6. 钢索材质、规格	m	按设计图示尺寸以长度计算	1. 电线管路敷设 2. 钢索架设（拉紧装置安装） 3. 预留沟槽 4. 接地
030411003	桥架	1. 名称 2. 型号 3. 规格 4. 材质 5. 类型 6. 接地方式			1. 本体安装 2. 接地
030411004	配线	1. 名称 2. 配线形式 3. 型号 4. 规格 5. 材质 6. 配线部位 7. 配线线制 8. 钢索材质、规格		按设计图示尺寸以单位长度计算（含预留长度）	1. 配线 2. 钢索架设（拉紧装置安装） 3. 支持体（夹板、绝缘子、槽板等）安装
030411005	接线箱	1. 名称 2. 材质 3. 规格 4. 安装形式	个	按设计图示数量计算	本体安装
030411006	接线盒				

表 B-6 照明器具安装（编码：030412）

项目编码	项目名称	项目特征	计量单位	工程量计算规则	工作内容
030412001	普通灯具	1. 名称 2. 型号 3. 规格 4. 类型	套	按设计图示数量计算	本体安装
030412005	荧光灯	1. 名称 2. 型号 3. 规格 4. 安装形式			

2. 给排水、采暖、燃气工程

表 B-7 给排水、采暖、燃气管道（编码 031001）

项目编码	项目名称	项目特征	计量单位	工程量计算规则	工作内容
031001001	镀锌钢管	1. 安装部位 2. 介质 3. 规格、压力等级 4. 连接形式 5. 压力试验及吹、洗设计要求 6. 警示带形式	m	按设计图示管道中心线以长度计算	1. 管道安装 2. 管件制作、安装 3. 压力试验 4. 吹扫、冲洗 5. 警示带铺设
031001002	钢管				
031001006	塑料管	1. 安装部位 2. 介质 3. 材质、规格 4. 连接形式 5. 阻火圈设计要求 6. 压力试验及吹、洗设计要求 7. 警示带形式			1. 管道安装 2. 管件安装 3. 塑料卡固定 4. 阻火圈安装 5. 压力试验 6. 吹扫、冲洗 7. 警示带铺设

表 B-8 支架及其他（编码 031002）

项目编码	项目名称	项目特征	计量单位	工程量计算规则	工作内容
031002001	管道支架	1. 材质 2. 管架形式	1. kg 2. 套	1. 以 kg 计量，按设计图示质量计算 2. 以套计量，按设计图示数量计算	1. 制作 2. 安装
031002002	设备支架	1. 材质 2. 形式			
031002003	套管	1. 名称、类型 2. 材质 3. 规格 4. 填料材质	个	按设计图示数量计算	1. 制作 2. 安装 3. 除锈、刷油

表 B-9 管道附件（编码 031003）

项目编码	项目名称	项目特征	计量单位	工程量计算规则	工作内容
031003001	螺纹阀门	1. 类型 2. 材质 3. 规格、压力等级 4. 连接形式 5. 焊接方法	个	按设计图示数量计算	1. 安装 2. 电气接线 3. 调试
031003003	焊接法兰阀门				
031003005	塑料阀门	1. 规格 2. 连接形式			1. 安装 2. 调试
031003006	减压器	1. 材质 2. 规格、压力等级 3. 连接形式 4. 附件配置	组		组装
031003007	疏水器				

（续）

项目编码	项目名称	项目特征	计量单位	工程量计算规则	工作内容
031003009	补偿器	1. 类型 2. 材质 3. 规格、压力等级 4. 连接形式	个	按设计图示数量计算	安装
031003013	水表	1. 安装部位（室内外） 2. 型号、规格 3. 连接形式 4. 附件配置	组（个）		组装
031003014	热量表	1. 类型 2. 型号、规格 3. 连接形式	块		安装

表 B-10　卫生器具（编码 031004）

项目编码	项目名称	项目特征	计量单位	工程量计算规则	工作内容
031004001	浴缸	1. 材质 2. 规格、类型 3. 组装形式 4. 附件名称、数量	组	按设计图示数量计算	1. 器具安装 2. 附件安装
031004002	净身盆				
031004003	洗脸盆				
031004004	洗涤盆				
031004005	化验盆				
031004006	大便器				
031004007	小便器				
031004008	其他成品卫生器具	1. 材质 2. 型号、规格 3. 安装方式	个（组）		安装
031004014	给排水附（配）件				

表 B-11　供暖器具（编码 031005）

项目编码	项目名称	项目特征	计量单位	工程量计算规则	工作内容
031005001	铸铁散热器	1. 型号、规格 2. 安装方式 3. 托架形式 4. 器具、托架除锈、刷油设计要求	片（组）	按设计图示数量计算	1. 组对、安装 2. 水压试验 3. 托架制作、安装 4. 除锈、刷油
031005006	地板辐射采暖	1. 保温层材质、厚度 2. 钢丝网设计要求 3. 管道材质、规格 4. 压力试验及吹扫设计要求	1. m^2 2. m	1. 以 m^2 计量，按设计图示采暖房间净面积计算 2. 以 m 计量，按设计图示管道长度计算	1. 保温层及钢丝网铺设 2. 管道排布、绑扎、固定 3. 与分集水器连接 4. 水压试验、冲洗 5. 配合地面浇注
031005007	热媒集配装置	1. 材质 2. 规格 3. 附件名称、规格、数量	台	按设计图示数量计算	1. 制作 2. 安装 3. 附件安装
031005008	集气罐	1. 材质 2. 规格	个		1. 制作 2. 安装

3. 刷油、防腐、绝热工程

表 B-12　刷油工程（编码：031201）

项目编码	项目名称	项目特征	计量单位	工程量计算规则	工作内容
031201001	管道刷油	1. 除锈级别 2. 油漆品种 3. 涂刷遍数、漆膜厚度 4. 标志色方式、品种	1. m^2 2. m	1. 以 m^2 计量，按设计图示表面积尺寸以面积计算 2. 以 m 计量，按设计图示尺寸以长度计算	1. 除锈 2. 调配、涂刷
031201002	设备与矩形管道刷油				
031201003	金属结构刷油	1. 除锈级别 2. 油漆品种 3. 结构类型 4. 刷涂遍数、漆膜厚度	1. m^2 2. kg	1. 以 m^2 计量，按设计图示表面积尺寸以面积计算 2. 以 kg 计量，按金属结构的理论质量计算	
031201004	铸铁管、暖气片刷油	1. 除锈级别 2. 油漆品种 3. 涂刷遍数、漆膜厚度 4. 涂刷部位	1. m^2 2. m	1. 以 m^2 计量，按设计图示表面积尺寸以面积计算 2. 以 m 计量，按设计图示尺寸以长度计算	
031201006	布面刷油	1. 布面品种 2. 油漆品种 3. 涂刷遍数、漆膜厚度 4. 涂刷部位	m^2	按设计图示表面积计算	调配、涂刷

表 B-13　绝热工程（编码：031208）

项目编码	项目名称	项目特征	计量单位	工程量计算规则	工作内容
031208001	设备绝热	1. 绝热材料品种 2. 绝热厚度 3. 设备形式 4. 软木品种	m^3	按图示表面积加绝热层厚度及调整系数计算	1. 安装 2. 软木制品安装
031208002	管道绝热	1. 绝热材料品种 2. 绝热厚度 3. 管道外径 4. 软木品种			
031208003	通风管道绝热	1. 绝热材料品种 2. 绝热厚度 3. 软木品种	1. m^3 2. m^2	1. 以 m^3 计量，按图示表面积加绝热层厚度及调整系数计算 2. 以 m^2 计量，按图示表面积及调整系数计算	
031208007	防潮层、保护层	1. 材料 2. 厚度 3. 层数 4. 对象 5. 结构形式	1. m^2 2. kg	1. 以 m^2 计量，按图示表面积加绝热层厚度及调整系数计算 2. 以 kg 计量，按图示金属结构质量计算	安装

附录 C　某四层办公楼电气施工图（部分）

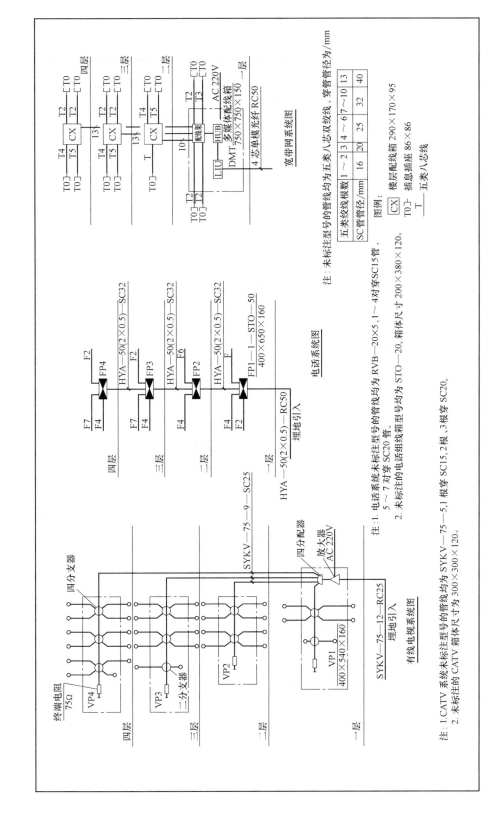

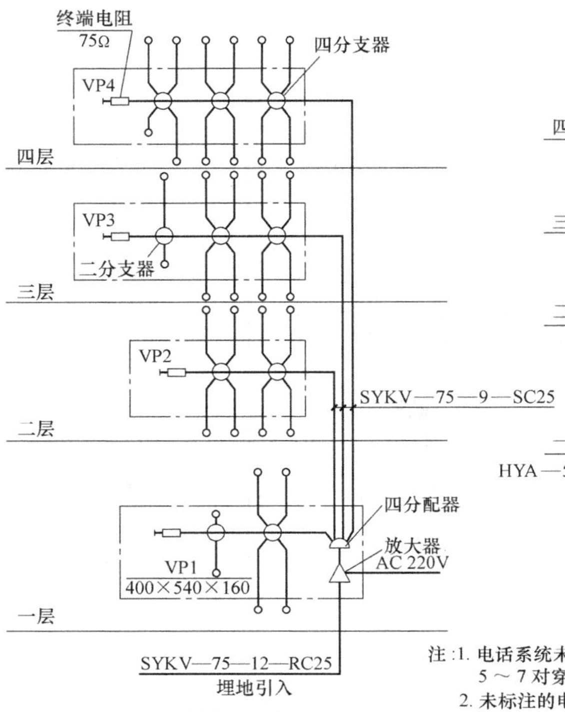

有线电视系统图

注：1.CATV 系统未标注型号的管线均为 SYKV—75—5,1 根穿 SC15,2根、3根穿 SC20。
2. 未标注的 CATV 箱体尺寸为 300×300×120。

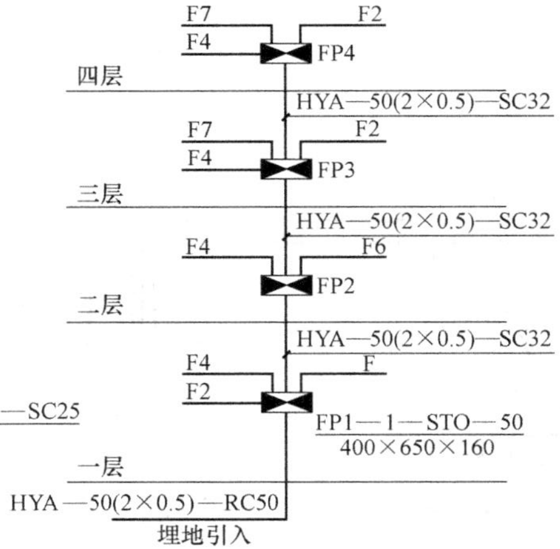

电话系统图

注：1. 电话系统未标注型号的管线均为 RVB—20×5，1～ 4对穿SC15管，5～7 对穿 SC20 管。
2. 未标注的电话组线箱型号均为 STO—20，箱体尺寸 200×380×120。

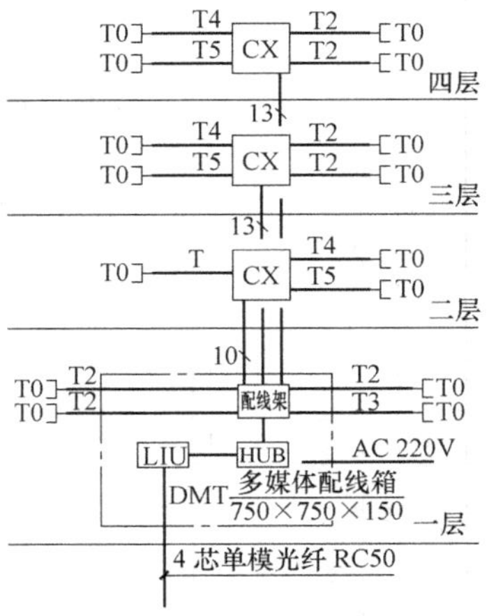

宽带网系统图

注：未标注型号的管线均为五类八芯双绞线，穿管管径为/mm

五类绞线根数	1～2	3	4～6	7～10	13
SC管管径/mm	16	20	25	32	40

图例：

CX　楼层配线箱 290×170×95

T0　插息插座 86×86

T　五类八芯线

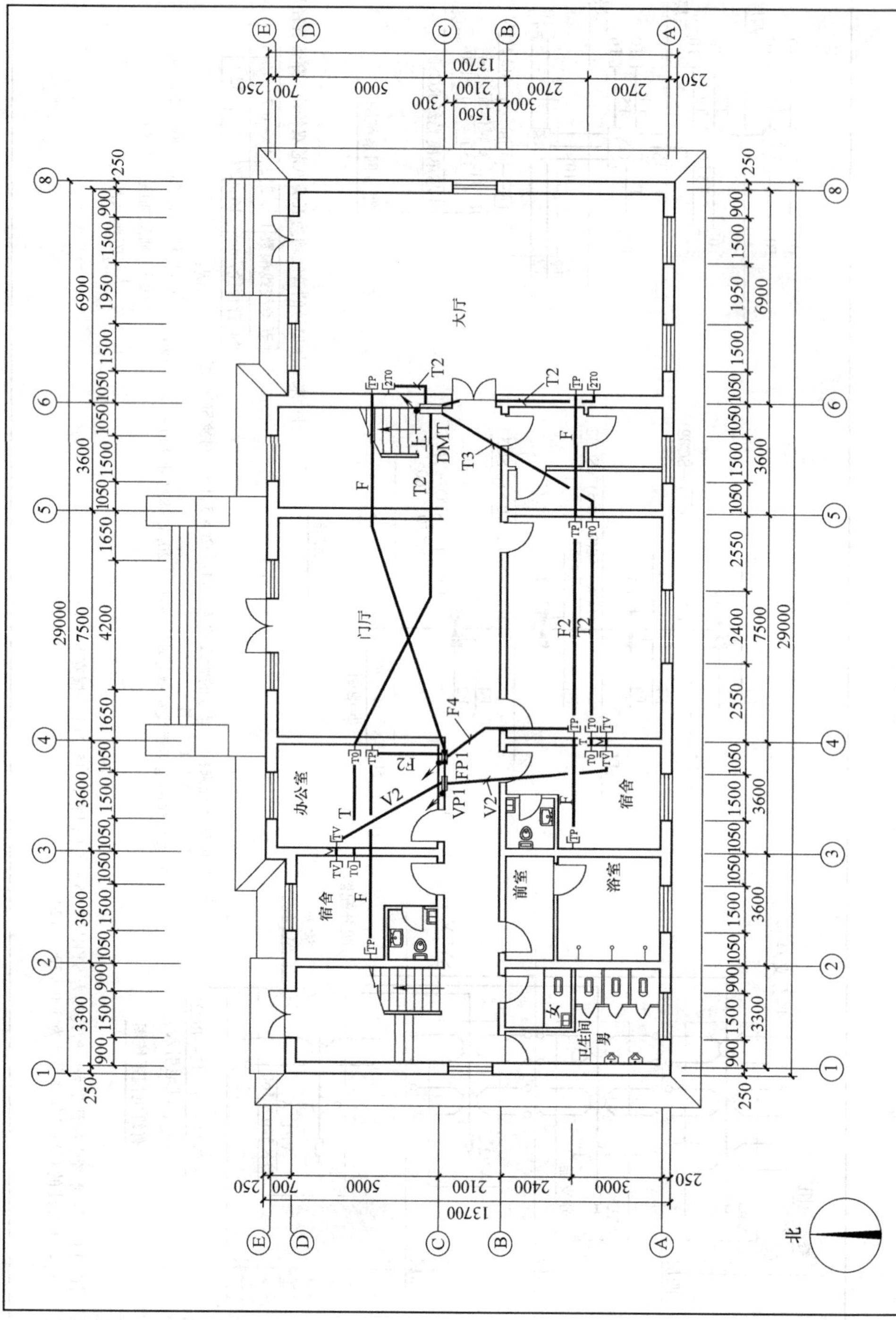

首层弱电平面图1:100

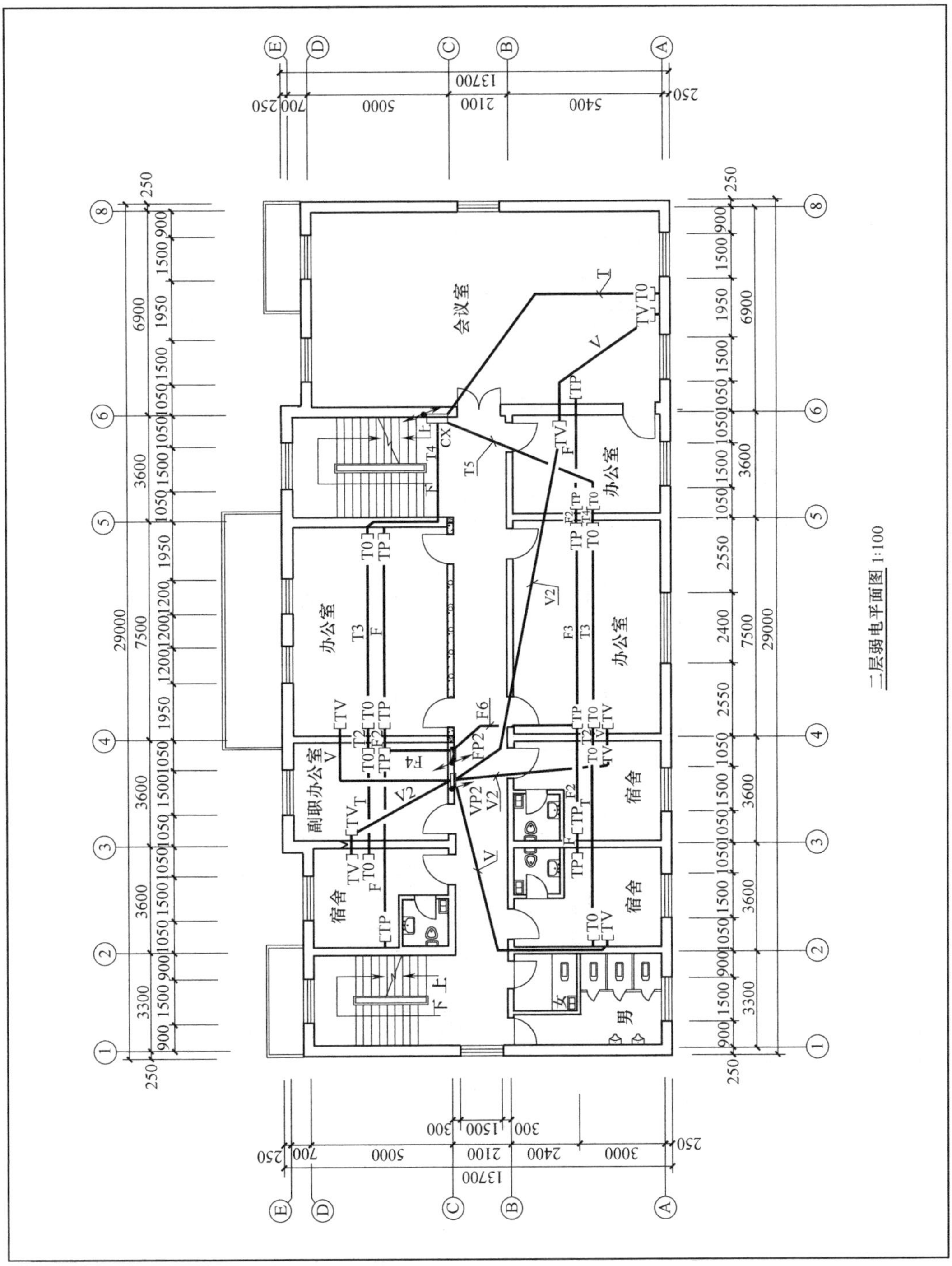

二层弱电平面图 1:100

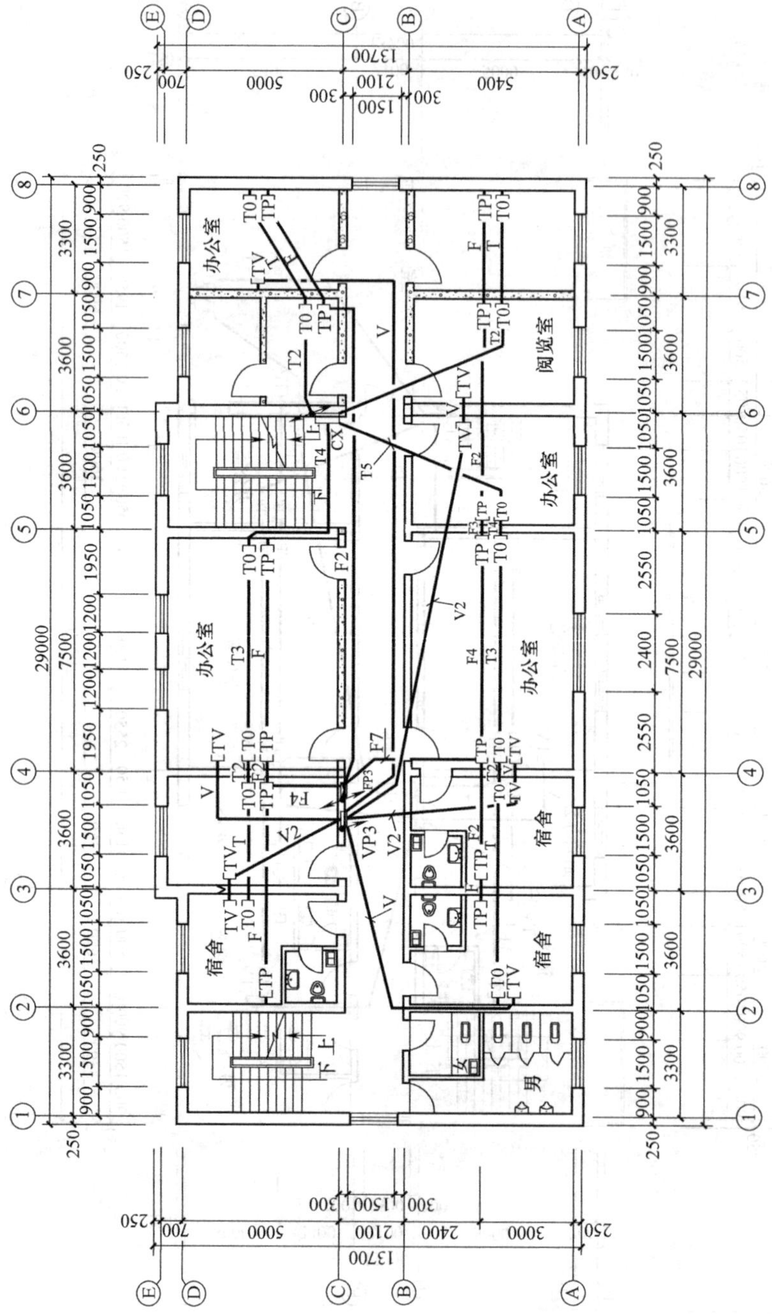

三层弱电平面图 1:100

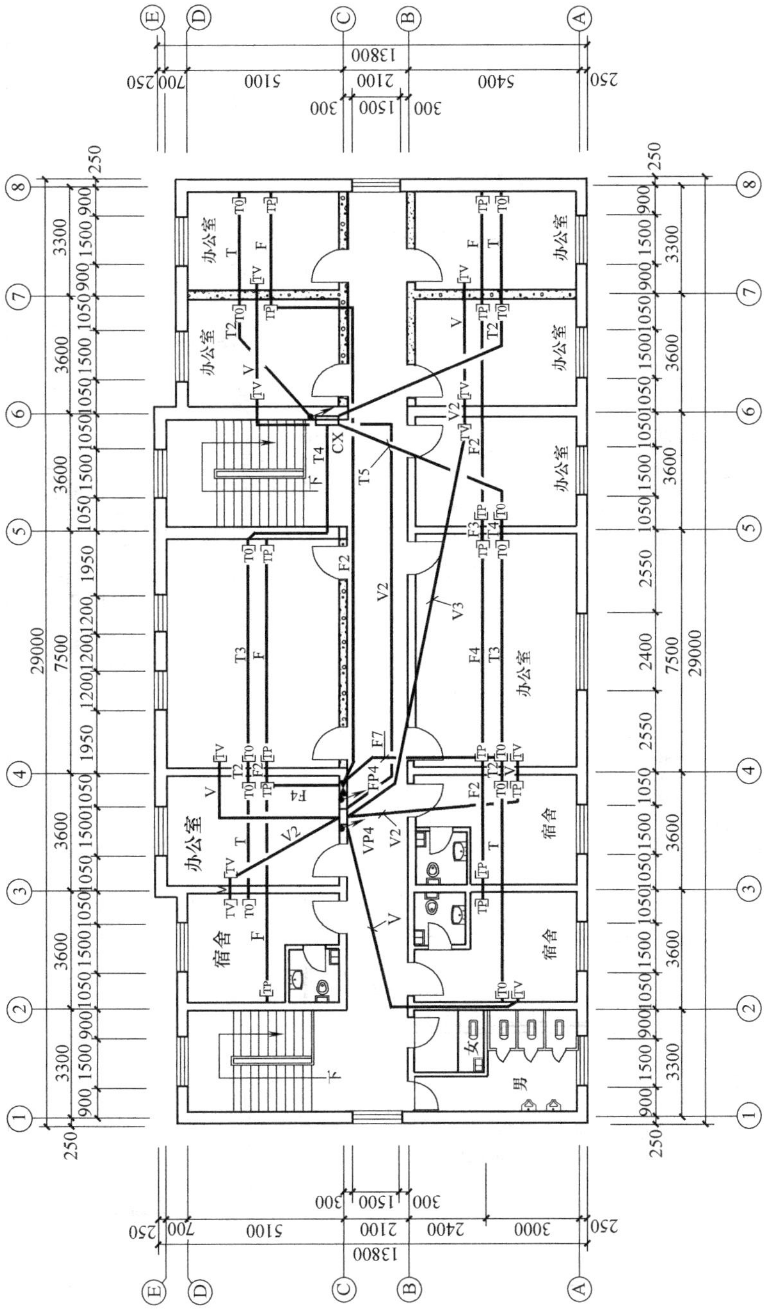

四层弱电平面图 1:100

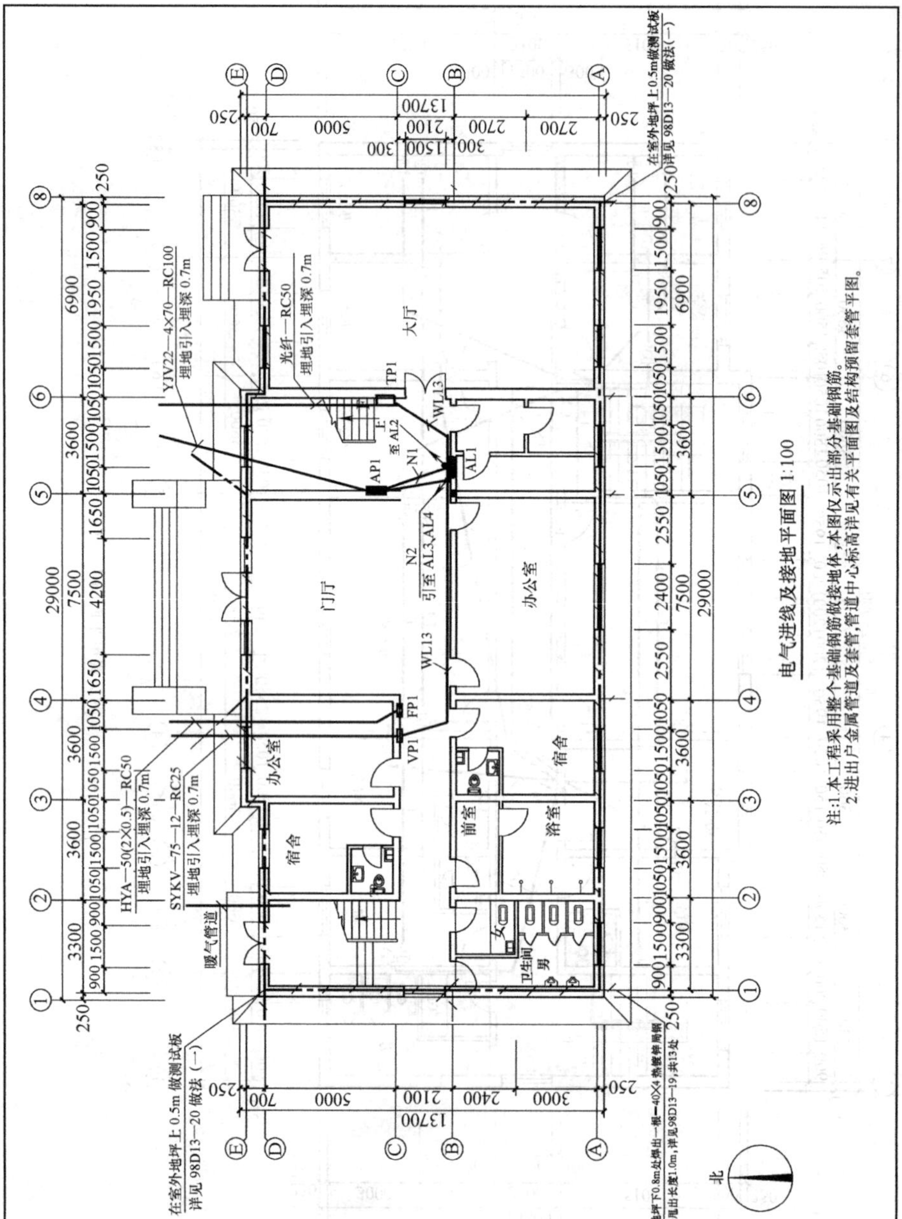
电气进线及接地平面图 1:100
注:1.本工程采用整个基础钢筋做接地体,本图仅示出部分基础钢筋。
2.进出户金属管道及套管,管道中心标高详见有关平面图及结构预留套管平面图。
YJV22—4×70—RC100
埋地引入埋深 0.7m
光纤—RC50
埋地引入埋深 0.7m
HYA—50(2×0.5)—RC50
埋地引入埋深 0.7m
SYKV—75—12—RC25
埋地引入埋深 0.7m
暖气管道
大厅
门厅
办公室
宿舍
前室
浴室
卫生间
男
女
AP1
AL1
TP1
FP1
VP1
N1
N2
WL13
引至 AL3、AL4
至 AL2
北

参考文献

［1］ 中华人民共和国住房和城乡建设部．GB 50500—2013 建设工程工程量清单计价规范［S］．北京：中国计划出版社，2013．

［2］ 中华人民共和国住房和城乡建设部．GB 50856—2013 通用安装工程工程量计算规范［S］．北京：中国计划出版社，2013．

［3］ 河北省工程建设造价管理总站．全国统一安装工程预算定额河北省消耗量定额［M］．北京：中国建材工业出版社，2012．

［4］ 河北省工程建设造价管理总站．河北省建筑、安装、市政、装饰装修工程费用标准［M］．北京：中国建材工业出版社，2012．

［5］ 王和平．安装工程预算常用定额项目对照图示［M］．北京：中国建筑工业出版社，2006．

［6］ 吴心伦，黎诚．安装工程造价［M］．重庆：重庆大学出版社，2006．

［7］ 张钦．建筑安装工程预算［M］．北京：机械工业出版社，2007．

［8］ 张文焕．电气安装工程定额与预算［M］．北京：中国建筑工业出版社，1999．

［9］ 王林根．建筑弱电系统安装与维护［M］．北京：高等教育出版社，2001．

［10］ 王晋生．新标准电气识图［M］．北京：中国电力出版社，2002．

［11］ 姚建刚．建筑电气与照明［M］．北京：高等教育出版社，2001．